메가스터디 **수능 수학**

수능 수학, 개념부터 달라야 한다!

확률과 통계

- 개념서 + 워크북 구성
- 최신 수능 맞춤 문제 수록
- 메가스터디 온라인 강의 진행(유료)

메가스터디BOOKS

이 책을 집필한 선생님

김기현 (메가스터디 온라인 강사)

정재복 (양정고등학교)

이 책의 검토진

김성빈 (서울대학교 수학교육과)

김성현 (서강대학교 수학교육과 석사)

박혜진 (경북대학교 수의학과)

메가스터디 수능 수학 KICK 확률과 통계

초판 2쇄	2024년 3월 15일
초판 1쇄	2024년 1월 26일
펴낸곳	메가스터디(주)
펴낸이	손은진
개발 책임	배경윤
개발	김민, 오성한, 신상희, 성기은
디자인	이정숙, 윤재경
마케팅	엄재욱, 김세정
제작	이성재, 장병미
주소	서울시 서초구 효령로 304(서초동) 국제전자센터 24층
대표전화	1661.5431 (내용 문의 02-6984-6901 / 구입 문의 02-6984-6868,9)
홈페이지	http://www.megastudybooks.com
출판사 신고 번호	제 2015-000159호
출간제안/원고투고	메가스터디북스 홈페이지 <투고 문의>에 등록

한눈에 보는 수능 공식

원과 접선

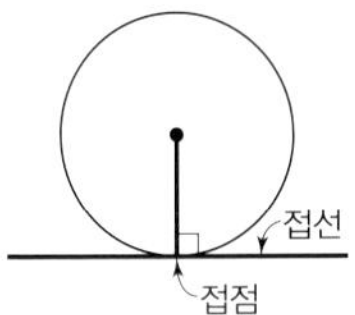

원과 현

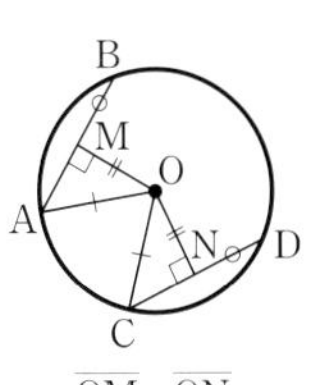

$\overline{OM}=\overline{ON}$

원 밖의 점에서 원에 그은 접선

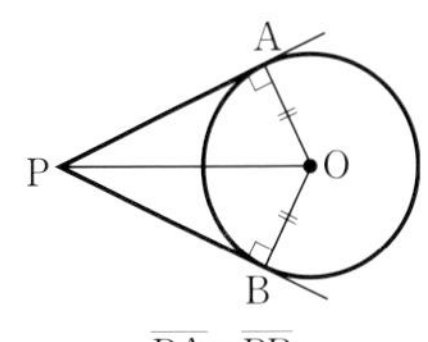

$\overline{PA}=\overline{PB}$

중심각과 원주각 ①

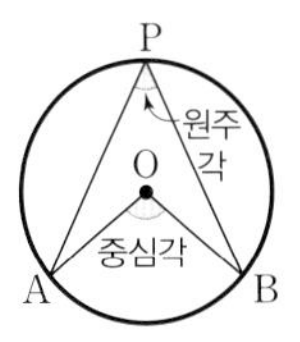

$\angle AOB=2\times\angle APB$

중심각과 원주각 ②

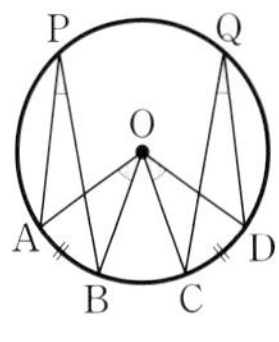

$\angle AOB=\angle COD$

$\angle APB=\angle CQD$

원주각

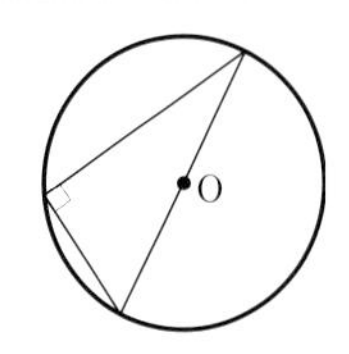

(지름에 대한 원주각)$=90^\circ$

접선과 할선

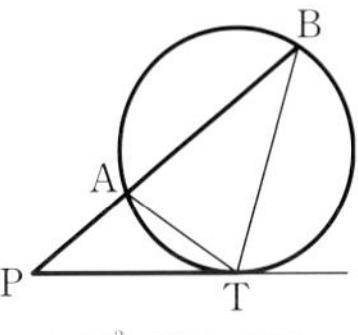

$\overline{PT}^2=\overline{PA}\times\overline{PB}$

할선과 할선

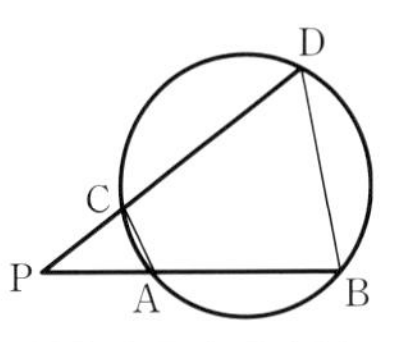

$\overline{PA}\times\overline{PB}=\overline{PC}\times\overline{PD}$

두 현이 서로 만날 때

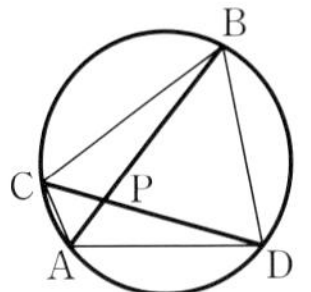

$\overline{PA}\times\overline{PB}=\overline{PC}\times\overline{PD}$

현과 접선이 이루는 각

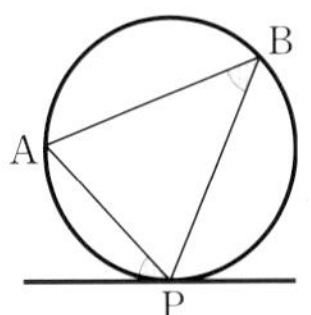

(접선과 현 AP가 이루는 각)

$=\angle ABP$

외심 [외접원의 중심]

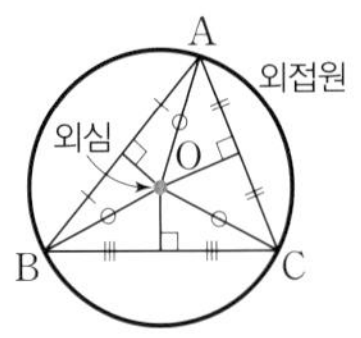

내심 [내접원의 중심]

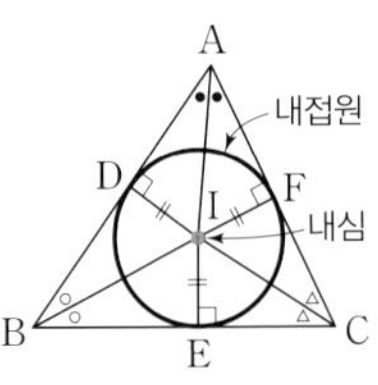

무게중심 [세 중선의 교점]

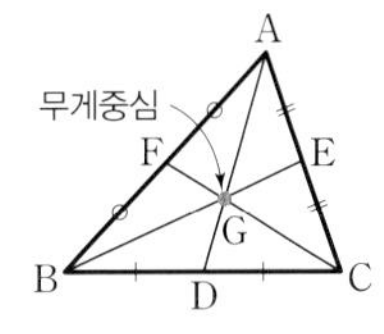

$\overline{AG}:\overline{GD}=2:1$

$\overline{BG}:\overline{GE}=2:1$

$\overline{CG}:\overline{GF}=2:1$

평행사변형의 성질

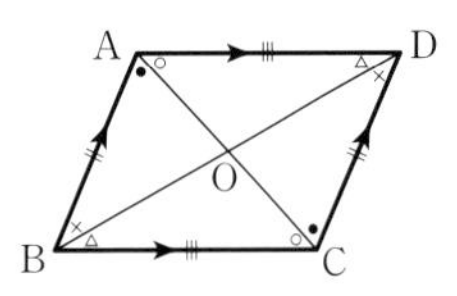

마름모의 성질

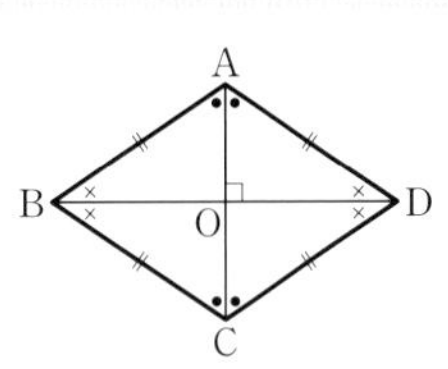

평행선과 선분의 길이의 비 ①

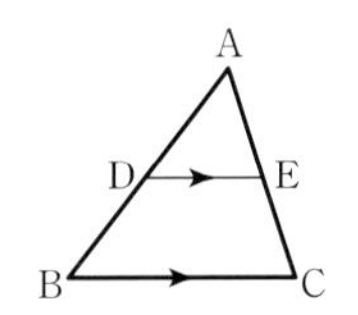

$\overline{AD}:\overline{AB}=\overline{AE}:\overline{AC}=\overline{DE}:\overline{BC}$

평행선과 선분의 길이의 비 ②

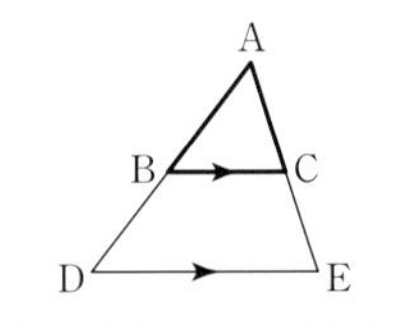

$\overline{AD}:\overline{AB}=\overline{AE}:\overline{AC}=\overline{DE}:\overline{BC}$

평행선과 선분의 길이의 비 ③

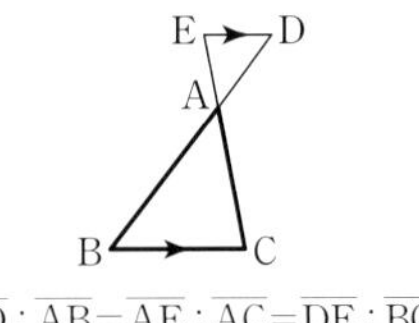

$\overline{AD}:\overline{AB}=\overline{AE}:\overline{AC}=\overline{DE}:\overline{BC}$

직각삼각형 [피타고라스 정리]

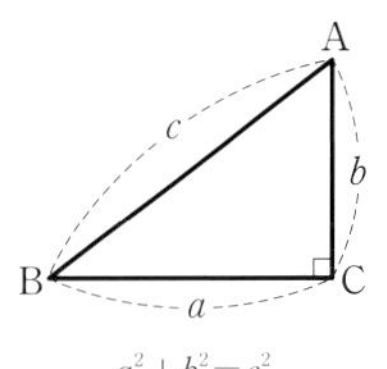

$a^2+b^2=c^2$

삼각비

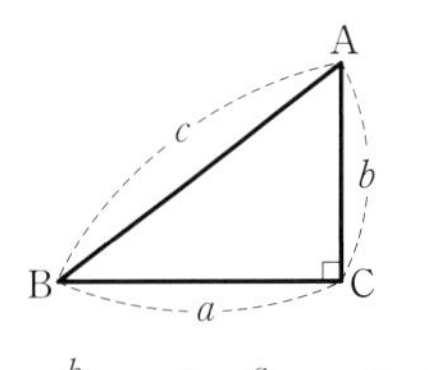

$\sin B=\frac{b}{c},\ \cos B=\frac{a}{c},\ \tan B=\frac{b}{a}$

직각 안에 직각

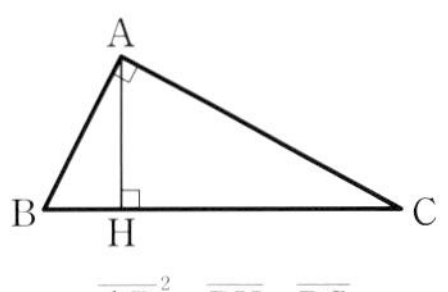

$\overline{AB}^2=\overline{BH}\times\overline{BC}$

$\overline{AC}^2=\overline{CH}\times\overline{CB}$

$\overline{AH}^2=\overline{BH}\times\overline{CH}$

$\overline{BH}:\overline{CH}=\overline{AB}^2:\overline{AC}^2$

높이를 공유하는 삼각형의 넓이의 비

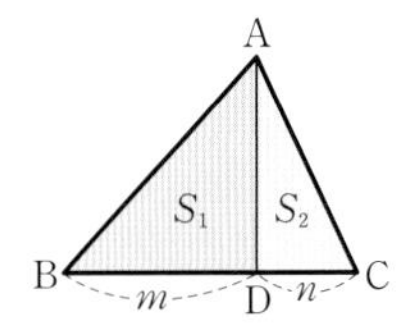

두 삼각형의 넓이의 비는

$S_1:S_2=m:n$

내각의 이등분선

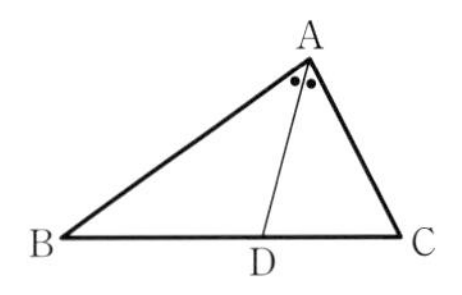

$\overline{AB}:\overline{AC}=\overline{BD}:\overline{CD}$

외각의 이등분선

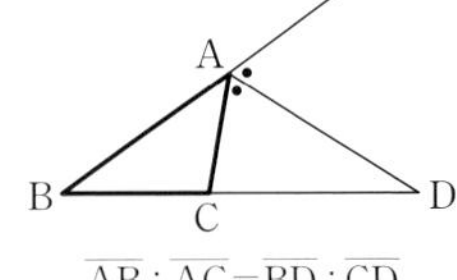

$\overline{AB}:\overline{AC}=\overline{BD}:\overline{CD}$

한눈에 보는 수능 공식

점과 직선 사이의 거리

점 $(x_1,\ y_1)$과 직선 $ax+by+c=0$ 사이의 거리 d는

$d=\dfrac{|ax_1+by_1+c|}{\sqrt{a^2+b^2}}$

이차방정식의 근과 계수의 관계

$ax^2+bx+c=0\ (a\neq0)$의 두 근을 α, β라 하면

$\alpha+\beta=-\dfrac{b}{a}$

$\alpha\beta=\dfrac{c}{a}$

삼차방정식의 근과 계수의 관계

$ax^3+bx^2+cx+d=0\ (a\neq0)$의 세 근을 α, β, γ라 하면

$\alpha+\beta+\gamma=-\dfrac{b}{a}$

$\alpha\beta+\beta\gamma+\gamma\alpha=\dfrac{c}{a}$

$\alpha\beta\gamma=-\dfrac{d}{a}$

이차방정식의 근의 공식

$ax^2+bx+c=0\ (a\neq0)$의 근은

$x=\dfrac{-b\pm\sqrt{b^2-4ac}}{2a}$

지수의 확장

$a^0=1\ (a\neq0)$

$a^{-n}=\dfrac{1}{a^n}\ (a\neq0)$

$a^{\frac{m}{n}}=\sqrt[n]{a^m}\ (a>0)$

로그의 연산

$\log_a 1=0$

$\log_a a=1$

$\log_a M+\log_a N=\log_a MN$

$\log_a M-\log_a N=\log_a \dfrac{M}{N}$

$\log_a M^k=k\log_a M$

$\log_a M=\dfrac{\log_b M}{\log_b a}$

$a^{\log_a b}=b$

부채꼴의 호의 길이와 넓이

호의 길이는 $l=r\theta$

넓이는 $S=\dfrac{1}{2}r^2\theta=\dfrac{1}{2}rl$

삼각함수 사이의 관계

$\tan\theta=\dfrac{\sin\theta}{\cos\theta}$

$\sin^2\theta+\cos^2\theta=1$

삼각함수의 각 변환 공식

$\sin(-\theta)=-\sin\theta$

$\cos(-\theta)=\cos\theta$

$\tan(-\theta)=-\tan\theta$

$\sin\left(\dfrac{\pi}{2}-\theta\right)=\cos\theta$

$\cos\left(\dfrac{\pi}{2}-\theta\right)=\sin\theta$

$\tan\left(\dfrac{\pi}{2}-\theta\right)=\dfrac{1}{\tan\theta}$

사인법칙

$\dfrac{a}{\sin A}=\dfrac{b}{\sin B}=\dfrac{c}{\sin C}=2R$

코사인법칙

$a^2=b^2+c^2-2bc\cos A$

$b^2=c^2+a^2-2ca\cos B$

$c^2=a^2+b^2-2ab\cos C$

삼각형의 넓이 S

$S=\dfrac{1}{2}\times$(밑변)$\times$(높이)

$S=\dfrac{1}{2}ab\sin C$

$S=2R^2\sin A\sin B\sin C$

$S=\dfrac{abc}{4R}$

$S=\dfrac{1}{2}r(a+b+c)$

평행사변형의 넓이 S

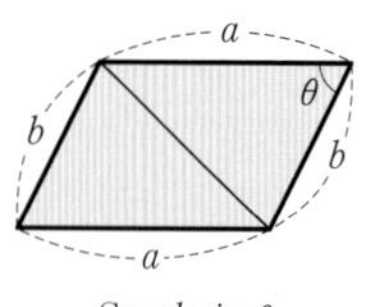

$S=ab\sin\theta$

사각형 ABCD의 넓이 S

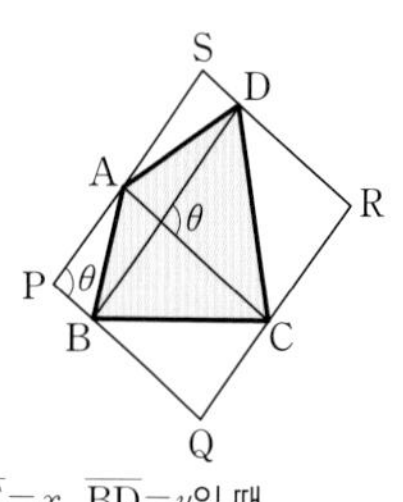

$\overline{AC}=x$, $\overline{BD}=y$일 때,

$S=\dfrac{1}{2}xy\sin\theta$

등차수열의 일반항과 합

$a_n=a_1+(n-1)d$

$S_n=\dfrac{\text{항}(\text{초}+\text{말})}{2}$

$=\dfrac{n\{2a+(n-1)d\}}{2}$

S_n과 a_n 사이의 관계

$S_1=a_1$

$S_n-S_{n-1}=a_n\ (n\geq2)$

등비수열의 일반항과 합

$a_n=a_1\times r^{n-1}$

$S_n=\dfrac{a(1-r^n)}{1-r}=\dfrac{a(r^n-1)}{r-1}$

(단, $r\neq1$)

시그마 계산 공식

$\sum_{k=1}^{n}k=\dfrac{n(n+1)}{2}$

$\sum_{k=1}^{n}k^2=\dfrac{n(n+1)(2n+1)}{6}$

$\sum_{k=1}^{n}k^3=\left\{\dfrac{n(n+1)}{2}\right\}^2$

$\sum_{k=1}^{n}k(k+1)=\dfrac{n(n+1)(n+2)}{3}$

$\sum_{k=1}^{n}(2k-1)=n^2=(\text{개수})^2$

함수의 연속

함수 $f(x)$가 $x=a$에서 연속이면

$\lim_{x\to a}f(x)=f(a)$

미분계수

$f'(a)=\lim_{h\to0}\dfrac{f(a+h)-f(a)}{h}$

$=\lim_{x\to a}\dfrac{f(x)-f(a)}{x-a}$

미분법 공식

$y=x^n$ (n은 양의 정수) $\to$ $y'=nx^{n-1}$

$y=f(x)\pm g(x)\to$ $y'=f'(x)\pm g'(x)$

$y=f(x)g(x)\to$ $y'=f'(x)g(x)+f(x)g'(x)$

$y=\{f(x)\}^n\to$ $y'=n\{f(x)\}^{n-1}\times f'(x)$

$y=f(ax+b)\to$ $y'=f'(ax+b)\times a$

함수의 증가·감소

다항함수 $f(x)$에 대하여

$f(x)$가 증가함수 $\Longleftrightarrow f'(x)\geq0$

$f(x)$가 감소함수 $\Longleftrightarrow f'(x)\leq0$

부정적분

$\int\left\{\dfrac{d}{dx}f(x)\right\}dx=f(x)+C$

$\dfrac{d}{dx}\left\{\int f(x)\,dx\right\}=f(x)$

$\int x^n\,dx=\dfrac{1}{n+1}x^{n+1}+C$

$\int(ax+b)^n\,dx$

$=\dfrac{1}{n+1}(ax+b)^{n+1}\times\dfrac{1}{a}+C$

정적분

$\int_a^b f(x)\,dx=F(b)-F(a)$

$\int_a^a f(x)\,dx=0$

$\int_a^b f(x)\,dx=-\int_b^a f(x)\,dx$

$\int_a^b f(x)\,dx+\int_b^c f(x)\,dx$

$=\int_a^c f(x)\,dx$

$\dfrac{d}{dx}\int_a^x f(t)\,dt=f(x)$

대칭성을 이용한 정적분

$f(x)$가 우함수이면

$\int_{-a}^{a}f(x)\,dx=2\int_0^a f(x)\,dx$

$g(x)$가 기함수이면

$\int_{-a}^{a}g(x)\,dx=0$

평행이동과 대칭이동을 이용한 정적분

$\int_a^b f(x-p)\,dx=\int_{a-p}^{b-p}f(x)\,dx$

$\int_a^b f(p-x)\,dx=\int_{p-b}^{p-a}f(x)\,dx$

이차함수와 직선으로 둘러싸인 넓이

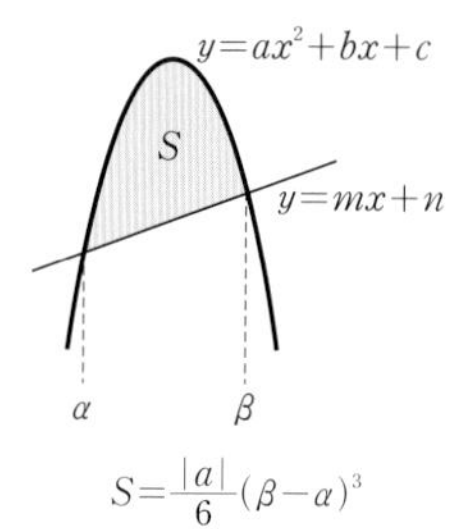

$S=\dfrac{|a|}{6}(\beta-\alpha)^3$

삼차함수와 접선으로 둘러싸인 넓이

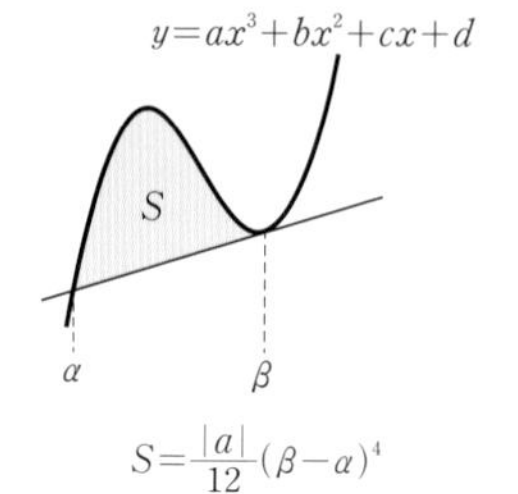

$S=\dfrac{|a|}{12}(\beta-\alpha)^4$

메가스터디BOOKS

메가스터디 수능 수학

KICK

확률과 통계

이 책의 구성과 특징

Structure

STEP 1 개념 정리 & 수능 Idea

수능 필수 개념만을 모아 체계적으로 정리, 설명했습니다.

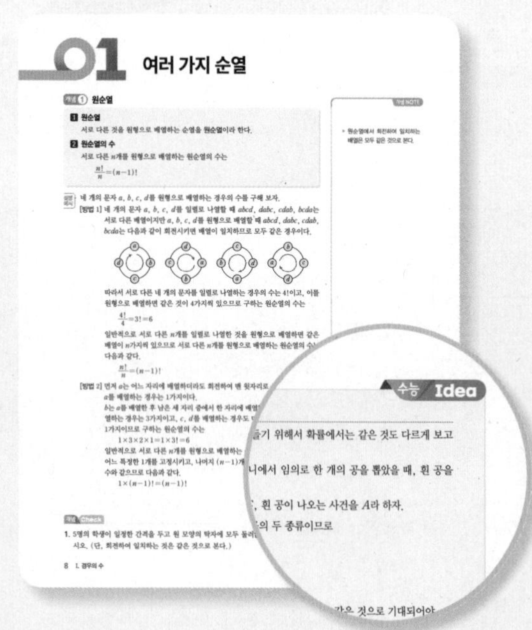

- 개념 Check

개념 이해 정도를 확인하는 수능 2점 난이도의 문제를 제시했습니다.

- 수능 Idea

문제 풀이에 도움이 되는 추가 개념이나 원리, 문제 해결에 실마리가 될 수 있는 팁 등을 추가로 제시했습니다.

STEP 2 필수 예제 & 유제

수능에 자주 출제되는 3점, 쉬운 4점 문제의 유형을 분석하여 필수 예제로 제시했습니다.
필수 예제와 유사한 난이도, 형태의 문제를 유제로 바로 제시하여 유형에 대한 이해 정도를 확인할 수 있게 했습니다.

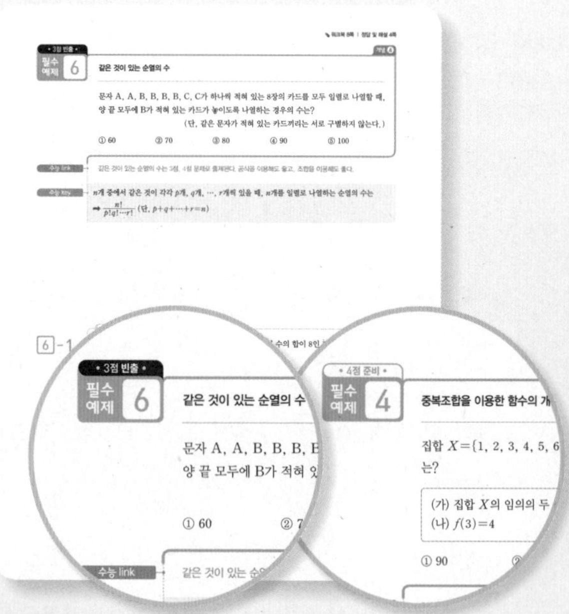

- 3점 빈출 · 4점 준비

필수 예제 중 수능에 자주 출제되는 3점 유형은 '3점 빈출'로 표시했습니다. 또한, 4점 문항 대비를 위한 유형을 '4점 준비'로 표시했습니다.

- 수능 link · 수능 key

필수 예제 형태의 문제가 수능에서 어떻게 출제될 수 있는지와 해당 문제를 해결하기 위한 핵심 개념 또는 원리를 제시했습니다.

- 실전 감각을 유지하는 데 도움이 되는 핵심 기출문제가 있는 경우, 해당 기출문제를 필수 예제 또는 유제로 선정했습니다.

STEP 3 단원 마무리

실전에 더욱 강하게 대비할 수 있는 단원 마무리 코너를 마련했습니다.
STEP 2의 문제보다 난도가 조금 더 높은 문제, 두 가지 이상의 개념을 사용하여 해결할 수 있는 어려운 3점 수준의 문제 등을 수록했습니다.

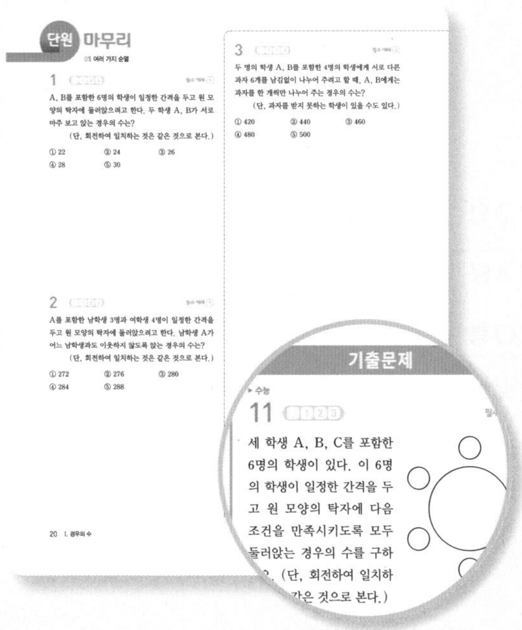

- 모든 문제는 STEP 2의 필수 예제와 링크되어 있으므로 모르거나 틀린 문제는 STEP 2를 다시 확인하여 해결할 수 있습니다.
- 단원 마무리의 마지막은 '기출문제'로 제시했습니다.

plus 별책 Workbook

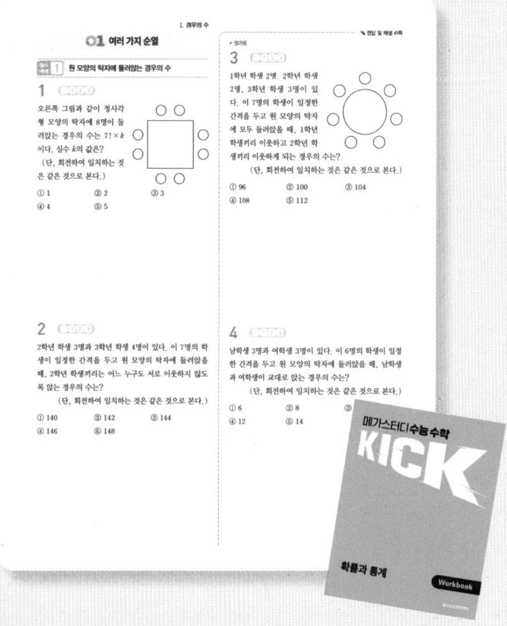

- **본책의 필수 예제와 완벽한 1 : 1 매칭**

  본책 STEP 2의 필수 예제를 더욱 완벽하게 익힐 수 있는 문제들을 1쪽(4문제)씩 제시했습니다.

- **3점 완벽 마스터 문제 제시**

  해당 유형에 대한 문제들을 쉬운 3점부터 어려운 3점까지의 난이도로 구성하여 3점 문제를 완벽하게 마스터할 수 있게 했습니다.

수능 개념 학습은 달라야 한다!

수능 수학 KICK이 제안하는 학습 시스템

본책의 STEP 2, 3과 워크북의 모든 문제에 대하여
1 2 3 의 장치를 이용하면 다음 두 가지가 가능합니다!

❶ 내가 아는 것과 모르는 것을 구분 ❷ 반복 학습

*자세한 활용 방법은 뒷장을 참고해 주세요.

수능 개념 학습은 달라야 한다!

수능 수학 KICK이 제안하는 학습 시스템

수능 실전을 위한 개념 학습에서 가장 중요한 것은, 자신이 아는 것과 모르는 것이 무엇인지를 정확하게 구분하는 것입니다.
내가 진짜로 알고 있는 것이 무엇인지를 파악해야, 아는 것은 빠르게 학습하고
모르는 것에 집중할 수 있으므로 효율적인 학습이 가능해지고 성적이 오릅니다.
이 책에서는 효율적인 수능 개념 학습을 위해 다음과 같은 장치를 제시하오니, 학습에 활용해 보세요.

표시 ❶ 문제를 푼 후, 문제에 있는 (1 2 3) 맨 앞의 ▢에 ○ 또는 ×를 표시합니다.

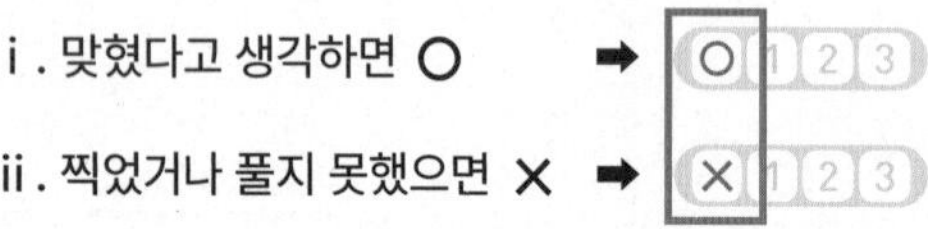

채점 ❷ 문제를 채점합니다.

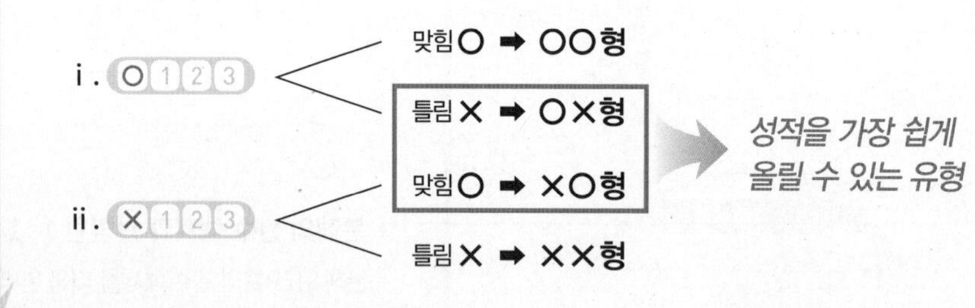

학습 ❸ 다음의 각 유형에 맞게 학습합니다.
이때 다시 푼 문제는 그 횟수를 (1 2 3) 에 표시하며 반복 학습을 합니다.

정확히 알고 있는 ○○형 ➡ 정확히 알고 있는 문제를 다시 보는 것은 시간 낭비이다.
다만 유사 유형의 다른 문제를 풀 때 계산 실수에 유의할 것!

실수했거나 안다고 착각하는 ○×형 ➡ 실수도 실력! 같은 부분에서 또 실수하지 않도록 다시 꼼꼼하게 확인한다.
오개념을 정확히 파악하여 다시 틀리지 않도록 연습할 것!

찍어서 맞힌 ×○형 ➡ 실제 수능에서 이런 행운은 없다고 생각해야 한다.
맞혔더라도 자만하지 말고, 해설을 읽어 보며 어느 부분을 놓쳤는지 확인할 것!

몰라서 틀린 ××형 ➡ 지금 모른다는 것을 알게 된 것을 다행으로 생각하고, 수능에서 맞히도록 한다.
개념을 다시 한번 제대로 이해했는지 파악하고, 정말 아는 것이 되도록 학습할 것!

이 책의 차례

확률과 통계

Ⅰ. 경우의 수

Ⅱ. 확률

Ⅲ. 통계

I

경우의 수

이 단원의 수능 경향 및 대비 방법

단원	수능 경향	대비 방법
01 여러 가지 순열	• 원순열, 중복순열, 같은 것이 있는 순열을 이용하여 경우의 수를 구하는 문제가 출제된다.	• 원순열, 중복순열, 같은 것이 있는 순열 중 어느 것을 이용하여 해결해야 하는지를 파악하는 것이 중요하다. 실생활 문제가 많이 출제되므로 문제 상황을 정확히 파악하여 필요한 개념을 이용할 수 있도록 충분히 연습해야 한다.
02 중복조합과 이항정리	• 중복조합을 이용하여 방정식의 순서쌍의 개수를 구하는 문제가 출제된다.	• 구하는 순서쌍이 음이 아닌 정수인지 자연수인지, 다른 조건이 있는지 파악해야 하고 실생활 문제를 방정식으로 나타낼 수 있어야 한다.
	• 중복순열 또는 중복조합을 이용하여 함수의 개수를 구하는 문제가 출제된다.	• 함수의 종류(일대일함수, 증가 또는 감소함수 등) 또는 함숫값 사이의 등호 유무 등에 대해 정확하게 파악해야 하고, 적절한 케이스 분류를 통해 조건을 만족시키는 함수의 개수를 구할 수 있어야 한다.
	• 이항정리를 이용하여 이항계수를 구하는 문제가 출제된다.	• 다항식 $(a+b)^n$의 전개식의 일반항을 나타낼 수 있다면 쉽게 해결할 수 있다.

여러 가지 순열

개념 ① 원순열

1 원순열

서로 다른 것을 원형으로 배열하는 순열을 **원순열**이라 한다.

2 원순열의 수

서로 다른 n개를 원형으로 배열하는 원순열의 수는

$$\frac{n!}{n}=(n-1)!$$

개념 NOTE

▸ 원순열에서 회전하여 일치하는 배열은 모두 같은 것으로 본다.

설명 예시 네 개의 문자 a, b, c, d를 원형으로 배열하는 경우의 수를 구해 보자.

[방법 1] 네 개의 문자 a, b, c, d를 일렬로 나열할 때 $abcd$, $dabc$, $cdab$, $bcda$는 서로 다른 배열이지만 a, b, c, d를 원형으로 배열할 때 $abcd$, $dabc$, $cdab$, $bcda$는 다음과 같이 회전시키면 배열이 일치하므로 모두 같은 경우이다.

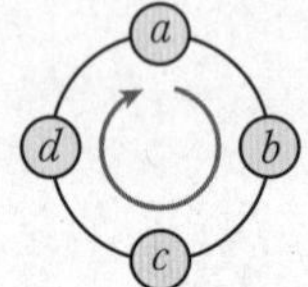

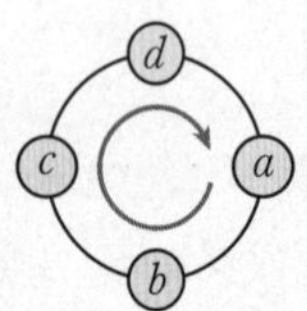

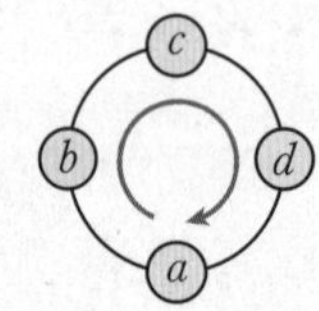

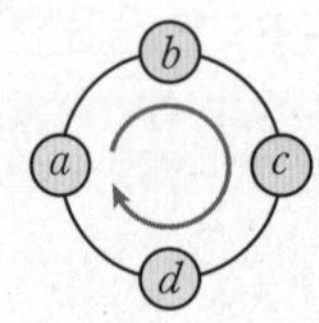

따라서 서로 다른 네 개의 문자를 일렬로 나열하는 경우의 수는 $4!$이고, 이를 원형으로 배열하면 같은 것이 4가지씩 있으므로 구하는 원순열의 수는

$$\frac{4!}{4}=3!=6$$

일반적으로 서로 다른 n개를 일렬로 나열한 것을 원형으로 배열하면 같은 배열이 n가지씩 있으므로 서로 다른 n개를 원형으로 배열하는 원순열의 수는 다음과 같다.

$$\frac{n!}{n}=(n-1)!$$

[방법 2] 먼저 a는 어느 자리에 배열하더라도 회전하여 맨 윗자리로 옮길 수 있으므로 a를 배열하는 경우는 1가지이다.

b는 a를 배열한 후 남은 세 자리 중에서 한 자리에 배열할 수 있으므로 b를 배열하는 경우는 3가지이고, c, d를 배열하는 경우도 마찬가지로 각각 2가지, 1가지이므로 구하는 원순열의 수는

$$1\times3\times2\times1=1\times3!=6$$

일반적으로 서로 다른 n개를 원형으로 배열하는 원순열의 수는 n개 중에서 어느 특정한 1개를 고정시키고, 나머지 $(n-1)$개를 일렬로 배열하는 순열의 수와 같으므로 다음과 같다.

$$1\times(n-1)!=(n-1)!$$

개념 Check 정답 및 해설 2쪽

1. 5명의 학생이 일정한 간격을 두고 원 모양의 탁자에 모두 둘러앉는 경우의 수를 구하시오. (단, 회전하여 일치하는 것은 같은 것으로 본다.)

개념 ② 다각형 모양으로 배열하는 경우의 수

서로 다른 n개를 다각형 모양으로 배열하는 경우의 수는

$(n-1)! \times$(회전시켰을 때 겹치지 않는 자리의 수)

설명 예시 네 개의 문자 a, b, c, d를 오른쪽 그림과 같은 직사각형 모양으로 배열하는 경우의 수를 구해 보자.

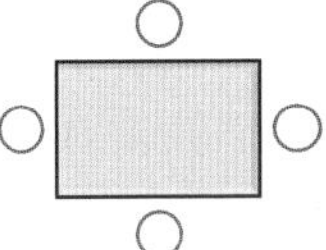

[그림 1]과 같이 네 개의 문자 a, b, c, d를 원형으로 배열한 한 가지 경우를 직사각형 모양으로 배열하면 [그림 2]와 같이 서로 다른 두 가지 경우가 생긴다.

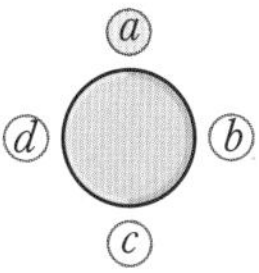
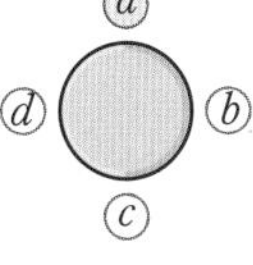

[그림 1]

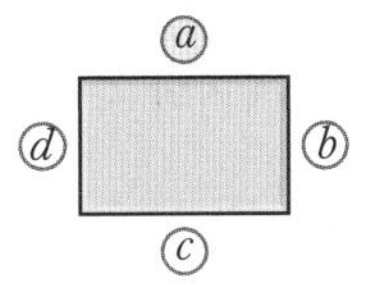

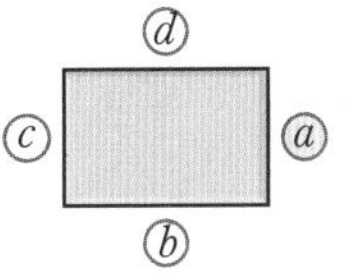

[그림 2]

즉, 원형으로 배열한 각 경우에 대하여 직사각형 모양으로 배열하면 기준이 되는 a의 위치에 따라 서로 다른 경우가 2가지씩 생긴다.

따라서 서로 다른 네 개의 문자를 원형으로 배열하는 경우의 수는 $(4-1)!$이고, 이를 직사각형 모양으로 배열하면 서로 다른 것이 2가지씩 있으므로 구하는 경우의 수는

$$(4-1)! \times 2 = 3! \times 2 = 12$$

참고 순열의 수를 이용하여 다각형 모양으로 배열하는 경우의 수를 구할 수도 있다.
서로 다른 네 개의 문자를 일렬로 나열하는 경우의 수는 $4!$이고, 이를 직사각형 모양으로 배열하면 오른쪽 그림과 같이 회전하여 일치하는 경우가 2가지씩 있으므로 구하는 경우의 수는

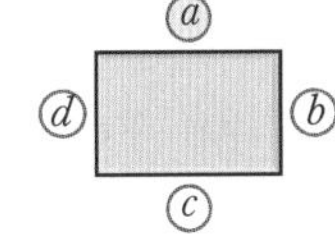

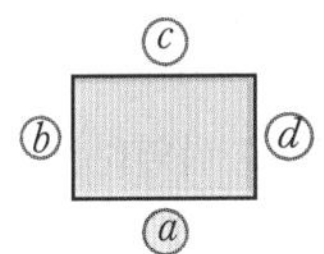

$$\frac{4!}{2} = 12$$

개념 Check 정답 및 해설 2쪽

2. 오른쪽 그림과 같은 직사각형 모양의 탁자에 6명이 둘러앉는 경우의 수를 구하시오.
(단, 회전하여 일치하는 것은 같은 것으로 본다.)

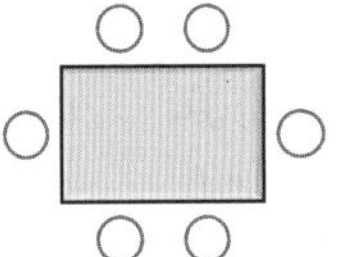

개념 ③ 중복순열

1 중복순열

서로 다른 n개에서 중복을 허락하여 r개를 택하는 순열을 중복순열이라 하고, 이 중복순열의 수를 기호로 $_{n}\Pi_{r}$와 같이 나타낸다.

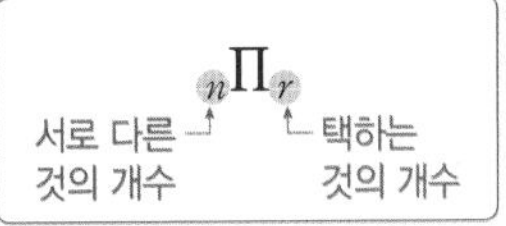

2 중복순열의 수

서로 다른 n개에서 중복을 허락하여 r개를 택하는 중복순열의 수는

$$_{n}\Pi_{r} = n^{r}$$

개념 NOTE

▸ $_{n}\Pi_{r}$에서 Π는 곱을 뜻하는 Product의 첫 글자 P에 해당하는 그리스 문자로 '파이(pi)'라 읽는다.

▸ $_{n}P_{r}$에서는 $0 \le r \le n$이지만 $_{n}\Pi_{r}$에서는 중복하여 택할 수 있기 때문에 $r > n$일 수도 있다.

서로 다른 n개에서 중복을 허락하여 r개를 택한 후 일렬로 나열할 때, 첫 번째, 두 번째, 세 번째, $\cdots$, r번째에 올 수 있는 경우는 각각 n가지씩이다.

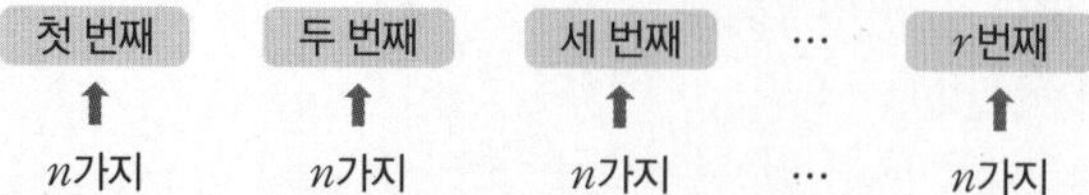

따라서 곱의 법칙에 의하여 다음이 성립한다.

$$_{n}\Pi_{r}=\underbrace{n\times n\times n\times\cdots\times n}_{r\text{개}}=n^{r}$$

개념 Check　　정답 및 해설 2쪽

3. 5개의 숫자 1, 2, 3, 4, 5에서 중복을 허락하여 만들 수 있는 세 자리의 자연수의 개수를 구하시오.

개념 4 같은 것이 있는 순열

n개 중에서 같은 것이 각각 p개, q개, $\cdots$, r개씩 있을 때, n개를 일렬로 나열하는 순열의 수는

$$\frac{n!}{p!q!\cdots r!}\ (\text{단, } p+q+\cdots+r=n)$$

▶ n개를 서로 다른 것으로 구별하여 일렬로 나열하는 것 중에서 같은 경우가 $p!\times q!\times\cdots\times r!$가지씩 있다.

설명 예시 5개의 문자 a, a, b, b, b를 일렬로 나열하는 순열의 수를 구해 보자.

5개의 문자를 서로 다른 것으로 구분하기 위하여 2개의 a를 a_1, a_2, 3개의 b를 b_1, b_2, b_3이라 하고, 서로 다른 5개의 문자 a_1, a_2, b_1, b_2, b_3을 일렬로 나열하면 그 경우의 수는 $_5\mathrm{P}_5=5!$이다.

그런데 a_1a_2, a_2a_1은 모두 aa를 나타내고, $b_1b_2b_3$, $b_1b_3b_2$, $b_2b_1b_3$, $b_2b_3b_1$, $b_3b_1b_2$, $b_3b_2b_1$은 모두 bbb를 나타내므로 다음과 같은 $2!\times3!$가지의 순열은 모두 $aabbb$와 동일한 배열을 나타낸다.

$a_1a_2\ b_1b_2b_3$　$a_1a_2\ b_1b_3b_2$　$a_2a_1\ b_1b_2b_3$　$a_2a_1\ b_1b_3b_2$
$a_1a_2\ b_2b_1b_3$　$a_1a_2\ b_2b_3b_1$　$a_2a_1\ b_2b_1b_3$　$a_2a_1\ b_2b_3b_1$
$a_1a_2\ b_3b_1b_2$　$a_1a_2\ b_3b_2b_1$　$a_2a_1\ b_3b_1b_2$　$a_2a_1\ b_3b_2b_1$

따라서 이와 같이 생각하면 2개의 a와 3개의 b를 일렬로 나열하는 순열의 수는 다음과 같이 계산할 수 있다.

$$\frac{5!}{2!\times3!}=10$$

참고 실제로 a, a, b, b, b를 일렬로 나열하는 순열은
$aabbb$, $ababb$, $abbab$, $abbba$, $baabb$, $babab$, $babba$, $bbaab$, $bbaba$, $bbbaa$
로 모두 10가지이다.

개념 Check　　정답 및 해설 2쪽

4. 6개의 문자 a, b, b, c, c, c를 일렬로 나열하는 경우의 수를 구하시오.

Idea ① **원순열의 핵심은 각각의 자리에 구분이 있는지를 관찰하는 것이다.**

원순열이라고 해서 원 모양에 집착하면 안 된다.
즉, 원 모양이면 원순열, 원 모양이 아니면 원순열이 아니라고 생각하면 안 된다는 것!
원순열의 가장 큰 핵심은 각각의 자리를 구분할 수 있는지를 관찰하는 것이다.
서로 구분되지 않는 자리, 회전해서 같은 자리, 즉 상대적인 위치가 같은 자리가 존재하는 경우에는 기준을 설정하여 구분(차이)를 만들어 나가면서 배열하자.

• 원순열의 풀이 방법

[방법 1] $\dfrac{(\text{일렬로 나열하는 가짓수})}{(\text{회전해서 같은 모양이 나오는 가짓수})}$

[방법 2] (기준을 잡는 가짓수)×(나머지를 일렬로 배열의 가짓수)

Idea ② **같은 것이 있는 순열은 조합의 관점에서 관찰할 수 있다.**

예를 들어, 5개의 문자 a, a, b, b, b를 일렬로 나열하는 경우의 수를 구해 보자.

[방법 1] 같은 것이 있는 순열을 이용

5개의 문자 중 a가 2개, b가 3개 있으므로

$$\frac{5!}{2!3!}=10$$

[방법 2] 조합을 이용

5개의 자리 중 a가 들어갈 2개의 자리를 선택한 후 a, a를 배열하는 경우의 수는

$${}_5C_2\times1=10\times1=10$$

a가 들어간 2개의 자리를 제외한 나머지 3개의 자리에서 b가 들어갈 자리를 선택한 후 b, b, b를 배열하는 경우의 수는

$${}_3C_3\times1=1\times1=1$$

따라서 구하는 경우의 수는

$$10\times1=10$$

개념 ❶❷

필수 예제 1 원 모양의 탁자에 둘러앉는 경우의 수

▸ 평가원

다섯 명이 둘러앉을 수 있는 원 모양의 탁자와 두 학생 A, B를 포함한 8명의 학생이 있다. 이 8명의 학생 중에서 A, B를 포함하여 5명을 선택하고 이 5명의 학생 모두를 일정한 간격으로 탁자에 둘러앉게 할 때, A와 B가 이웃하게 되는 경우의 수는? (단, 회전하여 일치하는 것은 같은 것으로 본다.)

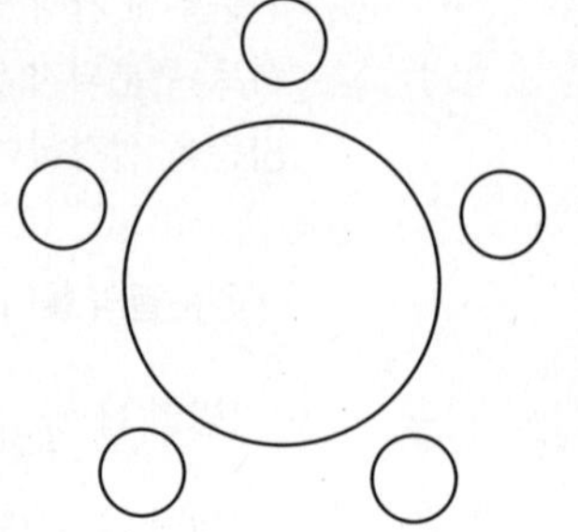

① 180 ② 200 ③ 220 ④ 240 ⑤ 260

수능 link 원순열을 이용한 경우의 수는 3점, 4점 문제로 출제된다. '서로 이웃한다.', '서로 이웃하지 않는다.', '서로 마주 본다.' 등 다양한 조건에 따라 각 조건을 만족시키는 경우의 수를 구하는 연습이 필요하다.

수능 key 서로 다른 n개를 원형으로 배열하는 원순열의 수는

➡ $\frac{n!}{n}=(n-1)!$

123

1-1

남자 4명, 여자 2명이 일정한 간격을 두고 원 모양의 탁자에 둘러 앉을 때, 여자 2명이 이웃하지 않게 앉는 경우의 수는? (단, 회전하여 일치하는 것은 같은 것으로 본다.)

① 72 ② 74 ③ 76 ④ 78 ⑤ 80

개념 ❶

필수 예제 2 도형에 색칠하는 경우의 수

그림과 같이 서로 합동인 5개의 정사각형으로 이루어진 도형이 있다. 이 도형의 5개의 정사각형에 서로 다른 5가지의 색을 모두 사용하여 색칠하는 경우의 수는? (단, 한 정사각형에는 한 가지 색만 칠하고, 회전하여 일치하는 것은 같은 것으로 본다.)

① 22 ② 24 ③ 26
④ 28 ⑤ 30

수능 link 필수 예제 1에서 파생된 유형으로 원순열을 이해하고 있어야 풀 수 있다. 도형을 회전했을 때 같은 경우가 생기는 것을 파악하여 원순열의 수를 이용해야 한다.

수능 key 도형에 색칠하는 경우의 수는 다음과 같은 순서로 구한다.
❶ 기준이 되는 영역을 색칠하는 경우의 수를 구한다.
❷ 원순열을 이용하여 나머지 영역을 색칠하는 경우의 수를 구한다.
❸ ❶, ❷에서 구한 경우의 수를 곱한다.

1 2 3

2-1

그림과 같이 원에 내접하는 정오각형이 그려진 도형이 있다. 이 도형의 6개의 영역에 서로 다른 6가지 색을 모두 사용하여 색칠하는 경우의 수는? (단, 한 영역에는 한 가지 색만 칠하고, 회전하여 일치하는 것은 같은 것으로 본다.)

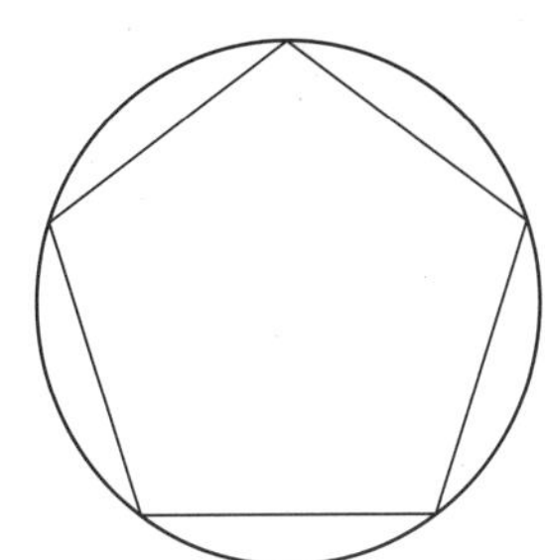

① 140 ② 142 ③ 144

④ 146 ⑤ 148

워크북 5쪽 | 정답 및 해설 3쪽

개념 ③

필수 예제 3 중복순열의 수

서로 다른 공 8개를 남김없이 세 주머니 A, B, C에 나누어 넣을 때, 주머니 B에 넣은 공의 개수는 5가 되도록 넣는 경우의 수는? (단, 공을 넣지 않는 주머니가 있을 수 있다.)

① 446 ② 448 ③ 450 ④ 452 ⑤ 454

수능 link $_{n}\Pi_{r}$의 계산을 묻는 2점 문제부터 실생활 4점 문제까지 다양하게 출제된다. $_{n}\Pi_{r}$인지, $_{r}\Pi_{n}$인지 고민하기보다는 조건을 만족시키는 경우의 수를 곱의 법칙을 이용하여 자연스럽게 구할 수 있도록 연습해야 한다.

수능 key 서로 다른 n개에서 중복을 허락하여 r개를 택하는 중복순열의 수는
➡ $_{n}\Pi_{r}=n^{r}$

1 2 3

3-1

서로 다른 종류의 볼펜 7자루를 세 사람 A, B, C에게 남김없이 나누어 줄 때, A가 볼펜 한 자루 이하로 받는 경우의 수는? (단, 볼펜을 받지 못하는 사람이 있을 수 있다.)

① 572 ② 573 ③ 574 ④ 575 ⑤ 576

워크북 6쪽 | 정답 및 해설 3쪽

개념 ③

필수 예제 4 자연수의 개수

숫자 1, 2, 3, 4, 5 중에서 중복을 허락하여 4개를 택해 일렬로 나열하여 만들 수 있는 네 자리의 자연수 중 4000 이상인 홀수의 개수는?

① 125 ② 150 ③ 175 ④ 200 ⑤ 225

수능 link 중복순열에서 자주 출제되는 소재로 주어진 숫자에 0이 포함되었는지 아닌지 확인해야 한다. 또한, 홀수, 짝수, 3의 배수, 5의 배수 등을 만족시키는 수의 규칙을 알고 있어야 한다.

수능 key (1) 1, 2, 3, $\cdots$, n ($n\le9$인 자연수)에서 중복을 허락하여 r개를 택해 만들 수 있는 r자리의 자연수의 개수는

➡ ${}_{n}\Pi_{r}$

(2) 0, 1, 2, $\cdots$, n ($n\le9$인 자연수)에서 중복을 허락하여 r개를 택해 만들 수 있는 r자리의 자연수의 개수는

➡ $n\times{}_{n+1}\Pi_{r-1}$

1 2 3

4-1

숫자 1, 2, 3, 4, 5, 6 중에서 중복을 허락하여 3개를 택해 일렬로 나열하여 만든 세 자리의 자연수 중 짝수의 개수는?

① 105 ② 108 ③ 111 ④ 114 ⑤ 117

워크북 7쪽 | 정답 및 해설 3쪽

개념 ③

필수 예제 5 중복순열을 이용한 함수의 개수

두 집합 $X=\{1, 2, 3, 4, 5\}$, $Y=\{6, 7, 8\}$에 대하여 $\{f(x)|x\in X\}=Y$를 만족시키는 함수 $f: X \longrightarrow Y$의 개수는?

① 130 ② 140 ③ 150 ④ 160 ⑤ 170

수능 link 경우의 수 단원에서 3점, 4점 가리지 않고 자주 등장하는 소재이며 중복순열뿐만 아니라 중복조합을 이용한 함수의 개수도 자주 출제된다. 단순히 공식에 대입하여 풀기보다는 조건을 만족시키는 각각의 경우를 나누고 곱의 법칙, 중복순열 등의 기호와 공식을 이용하여 경우의 수를 구한다.

수능 key 두 집합 X, Y의 원소의 개수가 각각 m, n일 때 X에서 Y로의 함수의 개수는
➡ ${}_n\Pi_m$

참고 두 집합 X, Y의 원소의 개수가 각각 m, n일 때 X에서 Y로의
(1) 일대일함수의 개수 ➡ ${}_n\mathrm{P}_m$ (단, $n\ge m$)
(2) 일대일대응의 개수 ➡ ${}_m\mathrm{P}_m=m!$ (단, $m=n$)

1 2 3

5-1

두 집합 $X=\{1, 2, 3, 4\}$, $Y=\{1, 2, 3, 4, 5, 6\}$에 대하여 $f(1)+f(2)+f(3)+f(4)$가 짝수인 함수 $f: X \longrightarrow Y$의 개수는?

① 640 ② 644 ③ 648 ④ 652 ⑤ 656

워크북 8쪽 | 정답 및 해설 4쪽

• 3점 빈출 •

필수 예제 6

개념 4

같은 것이 있는 순열의 수

문자 A, A, B, B, B, B, C, C가 하나씩 적혀 있는 8장의 카드를 모두 일렬로 나열할 때, 양 끝 모두에 B가 적혀 있는 카드가 놓이도록 나열하는 경우의 수는?

(단, 같은 문자가 적혀 있는 카드끼리는 서로 구별하지 않는다.)

① 60 ② 70 ③ 80 ④ 90 ⑤ 100

수능 link 같은 것이 있는 순열의 수는 3점, 4점 문제로 출제된다. 공식을 이용해도 좋고, 조합을 이용해도 좋다.

수능 key n개 중에서 같은 것이 각각 p개, q개, $\cdots$, r개씩 있을 때, n개를 일렬로 나열하는 순열의 수는

➡ $\dfrac{n!}{p!q!\cdots r!}$ (단, $p+q+\cdots+r=n$)

1 2 3

6-1

각 자리의 수가 0이 아닌 네 자리의 자연수 중 각 자리의 수의 합이 8인 자연수의 개수는?

① 31 ② 32 ③ 33 ④ 34 ⑤ 35

개념 ④

필수 예제 7 순서가 정해진 순열의 수

세 명의 학생 A, B, C를 포함한 6명의 학생을 일렬로 세울 때, 학생 B를 학생 A보다 뒤에, 학생 C보다 앞에 세우는 경우의 수는?

① 110 ② 120 ③ 130 ④ 140 ⑤ 150

수능 link 필수 예제 6에서 파생된 유형이다. 순서가 정해진 것들을 같은 것으로 생각하여 같은 것이 있는 순열의 수를 이용해도 좋고, 조합을 이용해도 좋다.

수능 key 순서가 정해진 특정한 r개를 포함한 서로 다른 n개를 일렬로 나열하는 경우의 수
특정한 r개를 같은 것으로 생각하여 같은 것이 r개 포함된 n개를 일렬로 나열하는 경우의 수를 구한다.
➡ $\dfrac{n!}{r!}$

1 2 3

7-1

7개의 숫자 1, 2, 2, 3, 4, 5, 7을 일렬로 나열하려고 한다. 홀수는 왼쪽부터 크기순으로 작은 수부터 나열하는 경우의 수는?

① 90 ② 95 ③ 100 ④ 105 ⑤ 110

워크북 10쪽 | 정답 및 해설 4쪽

개념 ④

필수 예제 8 최단 거리로 가는 경우의 수

그림과 같이 직사각형 모양으로 연결된 도로망이 있다. 이 도로망을 따라 A지점에서 출발하여 P지점을 거쳐 B지점까지 최단 거리로 가는 경우의 수는?

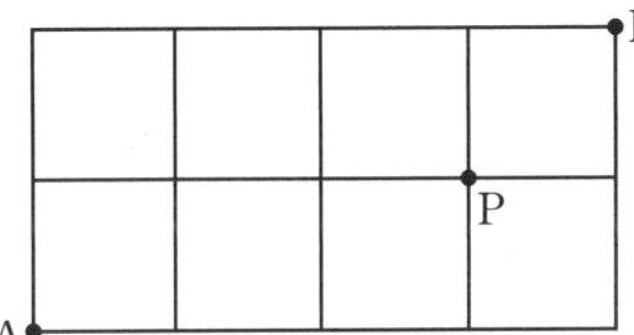

① 6 ② 7 ③ 8 ④ 9 ⑤ 10

수능 link 필수 예제 6에서 파생된 유형이다. 반드시 거쳐야 하는 지점, 거치지 않아야 하는 지점 등을 고려하여 같은 것이 있는 순열의 수를 이용해도 좋고, 합의 법칙을 이용하여 직접 세도 좋다.

수능 key 오른쪽 그림과 같은 도로망에서 A지점에서 B지점까지 최단 거리로 가는 경우의 수는 ➡ $\dfrac{(p+q)!}{p!q!}$

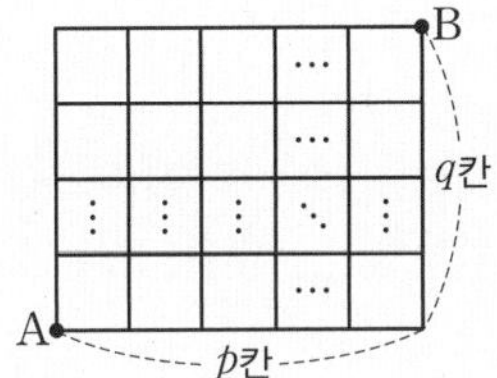

참고 반드시 거쳐야 하는 P지점이 있는 경우 A → P, P → B의 경로를 따라 최단 거리로 가는 경우의 수를 각각 구하여 곱한다.

1 2 3

8-1

그림과 같이 직사각형 모양으로 연결된 도로망에서 A지점에서 출발하여 B지점까지 최단 거리로 가는 경우의 수는?

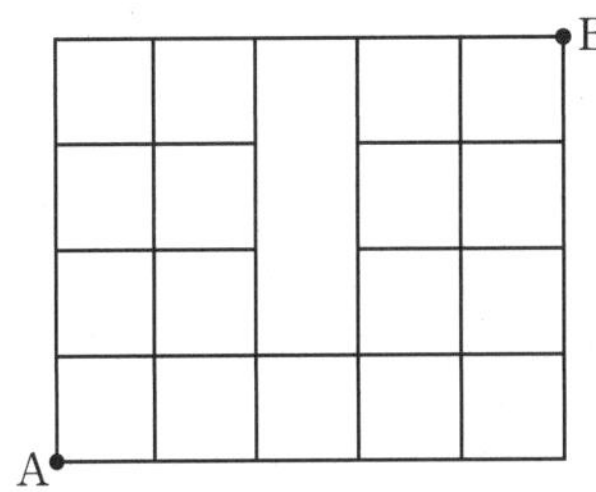

① 45 ② 50 ③ 55 ④ 60 ⑤ 65

01 여러 가지 순열

1 ①②③ 필수 예제 1

A, B를 포함한 6명의 학생이 일정한 간격을 두고 원 모양의 탁자에 둘러앉으려고 한다. 두 학생 A, B가 서로 마주 보고 앉는 경우의 수는?

(단, 회전하여 일치하는 것은 같은 것으로 본다.)

① 22 ② 24 ③ 26
④ 28 ⑤ 30

2 ①②③ 필수 예제 1

A를 포함한 남학생 3명과 여학생 4명이 일정한 간격을 두고 원 모양의 탁자에 둘러앉으려고 한다. 남학생 A가 어느 남학생과도 이웃하지 않도록 앉는 경우의 수는?

(단, 회전하여 일치하는 것은 같은 것으로 본다.)

① 272 ② 276 ③ 280
④ 284 ⑤ 288

3 ①②③ 필수 예제 3

두 명의 학생 A, B를 포함한 4명의 학생에게 서로 다른 과자 6개를 남김없이 나누어 주려고 할 때, A, B에게는 과자를 한 개씩만 나누어 주는 경우의 수는?

(단, 과자를 받지 못하는 학생이 있을 수도 있다.)

① 420 ② 440 ③ 460
④ 480 ⑤ 500

정답 및 해설 5쪽

4 (1 2 3) 필수 예제 4

숫자 0, 1, 2, 3 중에서 중복을 허락하여 5개를 택해 일렬로 나열하여 다섯 자리의 자연수를 만들려고 한다. 다음 조건을 만족시키는 다섯 자리의 자연수의 개수는?

> (가) 숫자 3은 2개 이상 포함한다.
> (나) 숫자 3은 서로 이웃하지 않는다.

① 96 ② 108 ③ 120
④ 132 ⑤ 144

5 (1 2 3) 필수 예제 3

두 집합 $X=\{1,\ 2,\ 3\}$, $Y=\{4,\ 5,\ 6,\ 7\}$에 대하여 $f(1)+f(2)+f(3)$의 값이 짝수인 함수 $f : X \longrightarrow Y$의 개수를 구하시오.

6 (1 2 3) 필수 예제 6

숫자 1, 1, 2, 3, 3, 4, 4, 4가 하나씩 적혀 있는 8장의 카드가 있다. 이 8장의 카드를 왼쪽부터 일렬로 나열할 때, 홀수 번째 자리에는 홀수가 적혀 있는 카드가 놓이고 짝수 번째 자리에는 짝수가 적혀 있는 카드가 놓이도록 나열하는 경우의 수를 구하시오. (단, 같은 숫자가 적혀 있는 카드끼리는 서로 구별하지 않는다.)

7 ①②③ 필수 예제 6

문자 A, A, A, B, B, C, D가 하나씩 적혀 있는 7장의 카드를 모두 일렬로 나열할 때, C와 D가 적혀 있는 카드는 서로 이웃하지 않는 경우의 수를 구하시오.
(단, 같은 문자가 적혀 있는 카드끼리는 서로 구별하지 않는다.)

8 ①②③ 필수 예제 4+6

세 개의 숫자 1, 2, 3 중에서 중복을 허락하여 5개를 택해 다섯 자리의 자연수를 만들 때, 각 자리의 수의 합이 홀수인 자연수 중 홀수의 개수는?

① 82 ② 84 ③ 86
④ 98 ⑤ 90

9 ①②③ 필수 예제 7

7개의 문자 A, B, C, D, E, F, G를 일렬로 나열하려고 한다. 문자 B를 문자 A보다 뒤에, 두 문자 C, D보다 앞에 나열하는 경우의 수는?

① 410 ② 420 ③ 430
④ 440 ⑤ 450

10

필수 예제 8

그림과 같이 직사각형 모양으로 연결된 도로망에서 A지점에서 출발하여 B지점까지 최단 거리로 이동할 때, P지점과 Q지점을 모두 지나며 이동하는 경우의 수는?

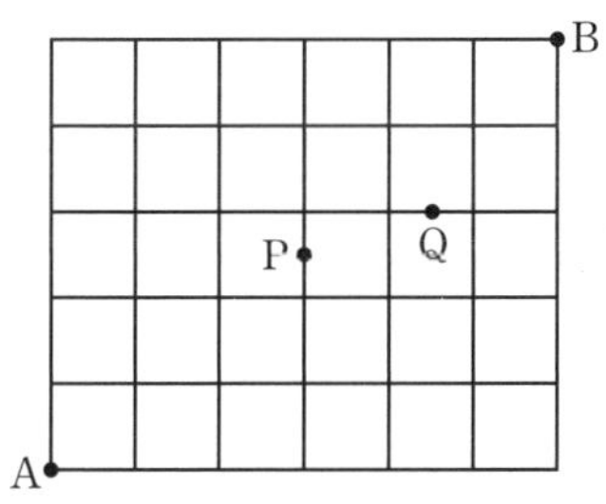

① 25 ② 30 ③ 35
④ 40 ⑤ 45

기출문제

▸ 수능

11

필수 예제 1

세 학생 A, B, C를 포함한 6명의 학생이 있다. 이 6명의 학생이 일정한 간격을 두고 원 모양의 탁자에 다음 조건을 만족시키도록 모두 둘러앉는 경우의 수를 구하시오. (단, 회전하여 일치하는 것은 같은 것으로 본다.)

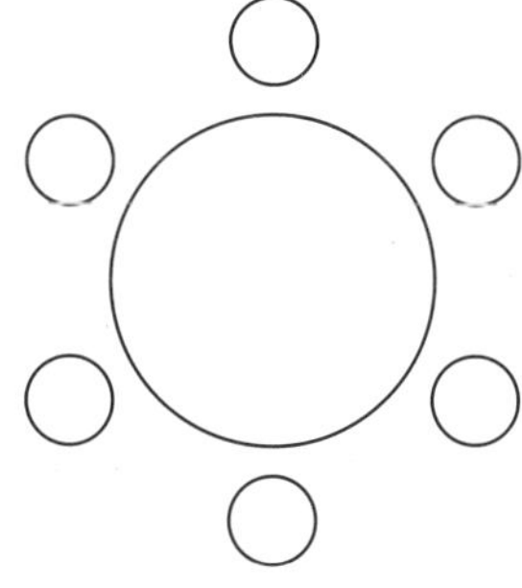

(가) A와 B는 이웃한다.
(나) B와 C는 이웃하지 않는다.

▸ 수능

12

필수 예제 6

어느 행사장에는 현수막을 1개씩 설치할 수 있는 장소가 5곳이 있다. 현수막은 A, B, C 세 종류가 있고, A는 1개, B는 4개, C는 2개가 있다. 다음 조건을 만족시키도록 현수막 5개를 택하여 5곳에 설치할 때, 그 결과로 나타날 수 있는 경우의 수는?

(단, 같은 종류의 현수막끼리는 구분하지 않는다.)

(가) A는 반드시 설치한다.
(나) B는 2곳 이상 설치한다.

① 55 ② 65 ③ 75
④ 85 ⑤ 95

중복조합과 이항정리

개념 ① 중복조합

❶ 중복조합

서로 다른 n개에서 중복을 허락하여 r개를 택하는 조합을 **중복조합**이라 하고, 이 중복조합의 수를 기호로 $_{n}\mathbf{H}_{r}$와 같이 나타낸다.

$_{n}H_{r}$
서로 다른 것의 개수 (n)
택하는 것의 개수 (r)

❷ 중복조합의 수

서로 다른 n개에서 중복을 허락하여 r개를 택하는 중복조합의 수는

$$_{n}H_{r}={}_{n+r-1}C_{r}$$

개념 NOTE

▸ $_{n}H_{r}$에서 H는 같은 종류를 뜻하는 Homogeneous의 첫 글자이다.

▸ 조합의 수 $_{n}C_{r}$에서는 $0\le r\le n$이어야 하지만 중복조합의 수 $_{n}H_{r}$에서는 중복하여 택할 수 있기 때문에 $r>n$일 수도 있다.

설명 예시 세 개의 문자 a, b, c에서 중복을 허락하여 4개를 택하는 경우는 다음과 같이 15가지이다.

$aaaa$, $aaab$, $aaac$,
$aabb$, $aabc$, $aacc$,
$abbb$, $abbc$, $abcc$,
$accc$, $bbbb$, $bbbc$,
$bbcc$, $bccc$, $cccc$

순열과 달리 조합에서는 택하는 순서는 생각하지 않으므로 위의 경우는 택한 4개의 문자를 a, b, c의 순서대로 나열한 것이다.

이때 순서를 생각하지 않고 나열한 각 경우에 대하여 세 개의 문자 a, b, c를 ○로 바꾸어 나타내고, 서로 다른 문자 사이의 경계는 ▯를 사용하여 구분하면 다음과 같다.

			➡			
$aaaa$	$aaab$	$aaac$		○○○○▯▯	○○○▯○▯	○○○▯▯○
$aabb$	$aabc$	$aacc$		○○▯○○▯	○○▯○▯○	○○▯▯○○
$abbb$	$abbc$	$abcc$		○▯○○○▯	○▯○○▯○	○▯○▯○○
$accc$	$bbbb$	$bbbc$		○▯▯○○○	▯○○○○▯	▯○○○▯○
$bbcc$	$bccc$	$cccc$		▯○○▯○○	▯○▯○○○	▯▯○○○○

따라서 세 개의 문자 a, b, c에서 중복을 허락하여 4개를 택하는 조합의 수 $_{3}H_{4}$는 4개의 ○와 $(3-1)$개의 ▯를 일렬로 나열하는 경우의 수와 같다. 즉, $\{4+(3-1)\}$개의 자리 중에서 ○를 놓을 4개의 자리를 택하는 조합의 수와 같으므로

$$_{3}H_{4}={}_{4+(3-1)}C_{4}={}_{3+4-1}C_{4}={}_{6}C_{4}=15$$

일반적으로 중복조합의 수 $_{n}H_{r}$는 r개의 ○와 $(n-1)$개의 ▯를 일렬로 나열하는 경우의 수와 같다. 즉, $\{r+(n-1)\}$개의 자리 중에서 ○를 놓을 r개의 자리를 택하는 조합의 수와 같으므로 다음이 성립한다.

$$_{n}H_{r}={}_{r+(n-1)}C_{r}={}_{n+r-1}C_{r}$$

개념 Check

정답 및 해설 8쪽

1. 5개의 숫자 1, 2, 3, 4, 5에서 중복을 허락하여 3개를 택하는 경우의 수를 구하시오.

참고 순열, 중복순열, 조합, 중복조합의 비교

순열, 중복순열, 조합, 중복조합을 정리하면 다음과 같다.

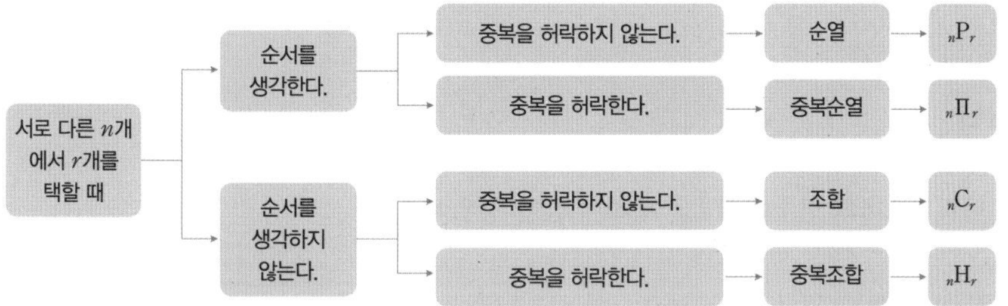

(1) 순열의 수 ➡ ${}_nP_r=\dfrac{n!}{(n-r)!}$

(2) 중복순열의 수 ➡ ${}_n\Pi_r=n^r$

(3) 조합의 수 ➡ ${}_nC_r=\dfrac{{}_nP_r}{r!}$

(4) 중복조합의 수 ➡ ${}_nH_r={}_{n+r-1}C_r$

예 숫자 1, 2, 3에서 2개를 택할 때

순열	① 순서를 생각하고 서로 다른 2개의 숫자를 택하는 경우의 수 ② 서로 다른 2개의 숫자를 택하여 만들 수 있는 두 자리의 자연수의 개수 ③ 두 학생 A, B가 서로 다른 숫자를 하나씩 택하는 경우의 수	${}_3P_2=6$
중복순열	① 순서를 생각하고 중복을 허락하여 2개의 숫자를 택하는 경우의 수 ② 중복을 허락하여 만들 수 있는 두 자리의 자연수의 개수	${}_3\Pi_2=9$
조합	① 순서를 생각하지 않고 서로 다른 2개의 숫자를 택하는 경우의 수 ② 동시에 2개의 숫자를 택하는 경우의 수	${}_3C_2=3$
중복조합	① 순서를 생각하지 않고 중복을 허락하여 2개의 숫자를 택하는 경우의 수 ② 똑같은 두 개의 공을 3개의 숫자 1, 2, 3이 각각 적혀 있는 3개의 상자에 빈 상자를 허락하여 담는 경우의 수	${}_3H_2=6$

개념 2 이항정리

1 이항정리

자연수 n에 대하여 $(a+b)^n$의 전개식을 조합의 수를 이용하여 나타내면 다음과 같고, 이를 이항정리라 한다.

$$(a+b)^n={}_nC_0a^n+{}_nC_1a^{n-1}b^1+{}_nC_2a^{n-2}b^2+\cdots+{}_nC_ra^{n-r}b^r+\cdots+{}_nC_nb^n$$

2 이항계수

$(a+b)^n$의 전개식에서 각 항의 계수

$${}_nC_0,\ {}_nC_1,\ {}_nC_2,\ \cdots,\ {}_nC_r,\ \cdots,\ {}_nC_n$$

을 이항계수라 하고, ${}_nC_ra^{n-r}b^r$을 $(a+b)^n$의 전개식의 일반항이라 한다.

개념 NOTE

▸ $a\neq0$, $b\neq0$일 때, $a^0=1$, $b^0=1$로 정한다.

▸ ${}_nC_r={}_nC_{n-r}$이므로 $(a+b)^n$의 전개식에서 $a^{n-r}b^r$의 계수와 a^rb^{n-r}의 계수는 같다.

설명 예시 다항식 $(a+b)^4$의 전개식을 곱셈 공식을 이용하여 전개하면

$$(a+b)^4=\{(a+b)^2\}^2$$
$$=(a^2+2ab+b^2)^2$$
$$=a^4+4a^3b+6a^2b^2+4ab^3+b^4$$

이때 a^3b는 다음과 같이 4개의 인수

$(a+b)$, $(a+b)$, $(a+b)$, $(a+b)$

중 3개의 인수에서 a를 택하고, 나머지 1개의 인수에서 b를 택하여 곱한 경우이다.

$(a+b)$	$(a+b)$	$(a+b)$	$(a+b)$		
⬇	⬇	⬇	⬇		
a	a	a	b	➡ a^3b	$4a^3b$
a	a	b	a	➡ a^3b	
a	b	a	a	➡ a^3b	
b	a	a	a	➡ a^3b	

즉, a^3b의 계수는 4개의 $(a+b)$ 중 b를 택할 1개의 인수를 고르는 조합의 수 ${}_4\mathrm{C}_1=4$와 같다.

같은 방법으로 a^4, a^2b^2, ab^3, b^4의 계수는 각각

${}_4\mathrm{C}_0$, ${}_4\mathrm{C}_2$, ${}_4\mathrm{C}_3$, ${}_4\mathrm{C}_4$

임을 알 수 있다.

따라서 $(a+b)^4$의 전개식을 조합의 수를 이용하여 나타내면 다음과 같다.

$$(a+b)^4={}_4\mathrm{C}_0a^4+{}_4\mathrm{C}_1a^3b+{}_4\mathrm{C}_2a^2b^2+{}_4\mathrm{C}_3ab^3+{}_4\mathrm{C}_4b^4$$

일반적으로 자연수 n에 대하여 $(a+b)^n$의 전개식은 n개의 인수

$$\underbrace{(a+b),\ (a+b),\ (a+b),\ \cdots,\ (a+b)}_{n\text{개}}$$

에서 각각 a 또는 b를 하나씩 택하여 곱한 것을 모두 더한 것이다.

이때 n개의 $(a+b)$ 중 r개에서 b를 택하고, 나머지 $(n-r)$개에서 a를 택하여 곱하면 $a^{n-r}b^r$이 되므로 $a^{n-r}b^r$의 계수는 n개의 인수 중 b를 택할 r개의 인수를 고르는 조합의 수 ${}_n\mathrm{C}_r$와 같다.

따라서 $r=0, 1, 2, \cdots, n$에 대하여 각 항의 계수는

${}_n\mathrm{C}_0$, ${}_n\mathrm{C}_1$, ${}_n\mathrm{C}_2$, $\cdots$, ${}_n\mathrm{C}_r$, $\cdots$, ${}_n\mathrm{C}_n$

이므로 $(a+b)^n$의 전개식을 조합의 수를 이용하여 나타내면 다음과 같다.

$$(a+b)^n={}_n\mathrm{C}_0a^n+{}_n\mathrm{C}_1a^{n-1}b^1+{}_n\mathrm{C}_2a^{n-2}b^2+\cdots+{}_n\mathrm{C}_ra^{n-r}b^r+\cdots+{}_n\mathrm{C}_nb^n$$

개념 NOTE

개념 Check 정답 및 해설 8쪽

2. 다항식 $(1+x)^4$의 전개식에서 x^2의 계수를 구하시오.

개념 3 이항계수의 성질

개념 NOTE

n이 자연수일 때, 이항정리를 이용하여 다항식 $(1+x)^n$을 전개하면

$$(1+x)^n={}_nC_0+{}_nC_1x+{}_nC_2x^2+\cdots+{}_nC_nx^n$$

이다. 이를 이용하면 다음과 같은 이항계수의 성질을 얻을 수 있다.

(1) ${}_nC_0+{}_nC_1+{}_nC_2+\cdots+{}_nC_n=2^n$

(2) ${}_nC_0-{}_nC_1+{}_nC_2-\cdots+(-1)^n{}_nC_n=0$

(3) ${}_nC_0+{}_nC_2+{}_nC_4+\cdots={}_nC_1+{}_nC_3+{}_nC_5+\cdots=2^{n-1}$

설명 예시 $(1+x)^n$의 전개식

$$(1+x)^n={}_nC_0+{}_nC_1x+{}_nC_2x^2+\cdots+{}_nC_nx^n \quad \cdots\cdots ㉠$$

은 x에 대한 항등식이므로 x에 어떤 값을 대입해도 항상 성립한다.

(1) ㉠의 양변에 $x=1$을 대입하면

$$(1+1)^n={}_nC_0+{}_nC_1+{}_nC_2+\cdots+{}_nC_n$$

$$\therefore\ {}_nC_0+{}_nC_1+{}_nC_2+\cdots+{}_nC_n=2^n \quad \cdots\cdots ㉡$$

(2) ㉠의 양변에 $x=-1$을 대입하면

$$(1-1)^n={}_nC_0-{}_nC_1+{}_nC_2-\cdots+(-1)^n{}_nC_n$$

$$\therefore\ {}_nC_0-{}_nC_1+{}_nC_2-\cdots+(-1)^n{}_nC_n=0 \quad \cdots\cdots ㉢$$

(3) (i) n이 홀수일 때, ㉡+㉢을 하면

$$2({}_nC_0+{}_nC_2+{}_nC_4+\cdots+{}_nC_{n-1})=2^n$$

$$\therefore\ {}_nC_0+{}_nC_2+{}_nC_4+\cdots+{}_nC_{n-1}=2^{n-1}$$

이때 ㉡에서

$$({}_nC_0+{}_nC_2+{}_nC_4+\cdots+{}_nC_{n-1})+({}_nC_1+{}_nC_3+{}_nC_5+\cdots+{}_nC_n)=2^n$$

이므로

$${}_nC_0+{}_nC_2+{}_nC_4+\cdots+{}_nC_{n-1}={}_nC_1+{}_nC_3+{}_nC_5+\cdots+{}_nC_n=2^{n-1}$$

(ii) n이 짝수일 때, ㉡+㉢을 하면

$$2({}_nC_0+{}_nC_2+{}_nC_4+\cdots+{}_nC_n)=2^n$$

$$\therefore\ {}_nC_0+{}_nC_2+{}_nC_4+\cdots+{}_nC_n=2^{n-1}$$

이때 ㉡에서

$$({}_nC_0+{}_nC_2+{}_nC_4+\cdots+{}_nC_n)+({}_nC_1+{}_nC_3+{}_nC_5+\cdots+{}_nC_{n-1})=2^n$$

이므로

$${}_nC_0+{}_nC_2+{}_nC_4+\cdots+{}_nC_n={}_nC_1+{}_nC_3+{}_nC_5+\cdots+{}_nC_{n-1}=2^{n-1}$$

(i), (ii)에서

$${}_nC_0+{}_nC_2+{}_nC_4+\cdots={}_nC_1+{}_nC_3+{}_nC_5+\cdots=2^{n-1}$$

개념 Check

정답 및 해설 8쪽

3. 다음 식의 값을 구하시오.

(1) ${}_7C_0+{}_7C_1+{}_7C_2+\cdots+{}_7C_7$

(2) ${}_{14}C_0-{}_{14}C_1+{}_{14}C_2-{}_{14}C_3+\cdots-{}_{14}C_{13}+{}_{14}C_{14}$

(3) ${}_{10}C_1+{}_{10}C_3+{}_{10}C_5+{}_{10}C_7+{}_{10}C_9$

개념 4 파스칼의 삼각형

$n=1, 2, 3, \cdots$일 때, $(a+b)^n$의 전개식에서 각 항의 이항계수를 다음과 같이 삼각형 모양으로 배열한 것을 **파스칼의 삼각형**이라 한다.

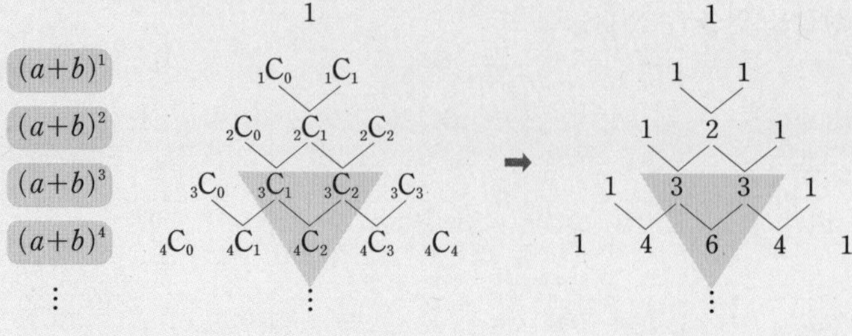

설명 예시 (1) n의 값에 관계없이 각 단계의 양 끝의 수는 1이므로 ${}_nC_0={}_nC_n=1$이다.

(2) 파스칼의 삼각형에서 각 단계에 배열된 수는 좌우 대칭이므로 $(a+b)^n$의 전개식에서 $a^{n-r}b^r$과 a^rb^{n-r}의 계수는 서로 같다.
즉, ${}_nC_r={}_nC_{n-r}$이다.

(3) 파스칼의 삼각형에서 각 단계의 이웃하는 두 수의 합은 다음 단계의 두 수의 중앙의 수와 같으므로 ${}_{n-1}C_{r-1}+{}_{n-1}C_r={}_nC_r$임을 알 수 있다.

참고 $1\le r<n$일 때

$$\begin{aligned}{}_{n-1}C_{r-1}+{}_{n-1}C_r&=\frac{(n-1)!}{(r-1)!(n-r)!}+\frac{(n-1)!}{r!(n-r-1)!}\\&=\frac{r(n-1)!}{r!(n-r)!}+\frac{(n-r)(n-1)!}{r!(n-r)!}\\&=\frac{\{r+(n-r)\}(n-1)!}{r!(n-r)!}\\&=\frac{n!}{r!(n-r)!}\\&={}_nC_r\end{aligned}$$

개념 Check

정답 및 해설 8쪽

4. ${}_2C_0+{}_3C_1+{}_4C_2+{}_5C_3+{}_6C_4$의 값을 구하시오.

개념 NOTE

워크북 11쪽 | 정답 및 해설 8쪽

개념 1

필수 예제 1 중복조합의 수

같은 종류의 주스 4병, 같은 종류의 생수 2병, 우유 1병을 3명에게 남김없이 나누어 주는 경우의 수는? (단, 1병도 받지 못하는 사람이 있을 수 있다.)

① 330 ② 315 ③ 300 ④ 285 ⑤ 270

수능 link $_n\mathrm{H}_r$의 계산을 묻는 2점 문제부터 실생활 4점 문제까지 골고루 출제된다. $_n\mathrm{H}_r$인지 $_r\mathrm{H}_n$인지 혼동하지 않도록 $_n\mathrm{H}_r$의 정의를 제대로 기억하고 계산할 수 있도록 하자.

수능 key 서로 다른 n개에서 중복을 허락하여 r개를 택하는 중복조합의 수는
➡ $_n\mathrm{H}_r = {}_{n+r-1}\mathrm{C}_r$

1 2 3

1-1

주머니에 숫자 1, 2, 3, 4, 5가 하나씩 적혀 있는 카드가 들어 있다. 이 주머니에서 6장의 카드를 꺼낼 때, 짝수가 적혀 있는 카드가 1장 이하로 나오는 경우의 수는?
(단, 같은 숫자가 적혀 있는 카드끼리는 서로 구별하지 않고, 각 카드는 6장 이상씩 있다.)

① 50 ② 60 ③ 70 ④ 80 ⑤ 90

• 3점 빈출 •

개념 1

필수 예제 2 순서쌍의 개수; 방정식이 주어진 경우

방정식 $a+b+c+3d=8$을 만족시키는 음이 아닌 정수 a, b, c, d의 모든 순서쌍 (a, b, c, d)의 개수는?

① 72 ② 74 ③ 76 ④ 78 ⑤ 80

수능 link 방정식의 해의 개수를 구하는 유형으로 중복조합을 이용하는 대표적인 유형이다. 방정식의 해가 음이 아닌 정수인지 자연수인지 조건을 잘 확인하여 구하도록 하자.

수능 key 방정식 $x_1+x_2+x_3+\cdots+x_n=r$ (n, r는 자연수)에서

(1) 음이 아닌 정수인 해의 개수 ➡ ${}_n\mathrm{H}_r$

(2) 자연수인 해의 개수 ➡ ${}_n\mathrm{H}_{r-n}$ (단, $n\le r$)

1 2 3

2-1

▸ 평가원

방정식 $x+y+z=4$를 만족시키는 -1 이상의 정수 x, y, z의 모든 순서쌍 (x, y, z)의 개수는?

① 21 ② 28 ③ 36 ④ 45 ⑤ 56

개념 1

필수 예제 3 순서쌍의 개수; 수의 대소가 정해진 경우

자연수 a, b, c, d에 대하여

$3 \le a \le b \le 8 \le c \le d \le 11$

을 만족시키는 모든 순서쌍 (a, b, c, d)의 개수는?

① 180 ② 190 ③ 200 ④ 210 ⑤ 220

수능 link 등호가 포함된 부등식의 유형으로 중복조합을 이용하는 대표적인 유형의 문제이다. ${}_n\mathrm{H}_r$인지 ${}_r\mathrm{H}_n$인지 혼동하지 않도록 주의하도록 하자.

수능 key 두 자연수 m, n에 대하여 $m \le a \le b \le c \le n$을 만족시키는 세 자연수 a, b, c의 순서쌍 (a, b, c)의 개수는

➡ ${}_{n-m+1}\mathrm{H}_3$

참고 두 자연수 m, n에 대하여 $m \le a < b < c \le n$을 만족시키는 세 자연수 a, b, c의 순서쌍 (a, b, c)의 개수는

➡ ${}_{n-m+1}\mathrm{C}_3$

1 2 3

3-1

다음 조건을 만족시키는 세 자연수 a, b, c의 모든 순서쌍 (a, b, c)의 개수는?

(가) $a \times b \times c$는 홀수이다.
(나) $10 \le a \le b \le c \le 30$

① 210 ② 220 ③ 230 ④ 240 ⑤ 250

• 4점 준비 •

필수 예제 4

개념 ❶

중복조합을 이용한 함수의 개수

집합 $X=\{1, 2, 3, 4, 5, 6\}$에 대하여 다음 조건을 만족시키는 함수 $f: X \longrightarrow X$의 개수는?

(가) 집합 X의 임의의 두 원소 x_1, x_2에 대하여 $x_1<x_2$이면 $f(x_1) \le f(x_2)$이다.
(나) $f(3)=4$

① 90 ② 95 ③ 100 ④ 105 ⑤ 110

수능 link

함수의 개수를 구하는 것이지만 결국 등호가 포함된 부등식의 유형, 즉 **필수 예제** 3에서 확장된 유형으로 중복조합을 이용하는 대표적인 유형이다. 주어진 조건을 정확히 파악하여 중복조합, 곱의 법칙 등을 적절히 활용하여 함수의 개수를 구한다.

수능 key

두 집합 X, Y의 원소의 개수가 각각 r, n일 때, 함수 $f: X \longrightarrow Y$에 대하여 (단, $x_1 \in X$, $x_2 \in X$)
$x_1<x_2$이면 $f(x_1) \le f(x_2)$를 만족시키는 함수 f의 개수 ➡ ${}_n\mathrm{H}_r$

참고 $x_1<x_2$이면 $f(x_1)<f(x_2)$를 만족시키는 함수 f의 개수 ➡ ${}_n\mathrm{C}_r$ (단, $n \ge r$)

1 2 3

4-1

두 집합 $X=\{1, 2, 3, 4, 5\}$, $Y=\{1, 2, 3, 4\}$에 대하여 다음 조건을 만족시키는 함수 $f: X \longrightarrow Y$의 개수는?

(가) $f(1) \ge f(3) \ge f(5)$
(나) $f(2)<f(4)$

① 80 ② 90 ③ 100 ④ 110 ⑤ 120

워크북 15쪽 | 정답 및 해설 9쪽

• 3점 빈출 •

필수 예제 5

개념 2

$(a+b)^n$의 전개식에서의 항의 계수

다항식 $(3x+2)^5$의 전개식에서 x^2의 계수는?

① 710 ② 720 ③ 730 ④ 740 ⑤ 750

수능 link

필수 예제 5, 6은 3점 문제의 단골 소재이다. 주어진 식의 일반항을 나타낼 수 있다면 쉽게 해결할 수 있다. 또한, 확률 단원의 독립시행의 확률에서도 이용되므로 꼭 알아야 한다.

수능 key

$(ax+by)^n$ (a, b는 상수)의 전개식에서

(1) 전개식의 일반항 ➡ ${}_n\mathrm{C}_r(ax)^{n-r}(by)^r$

(2) $x^{n-r}y^r$의 계수 ➡ ${}_n\mathrm{C}_r a^{n-r}b^r$

1 2 3

5-1

$\left(3x^2-\frac{1}{3x}\right)^7$의 전개식에서 $\frac{1}{x}$의 계수는?

① -7 ② $-\frac{7}{3}$ ③ $-\frac{7}{9}$ ④ 7 ⑤ 21

개념 ❷

필수 예제 6 $(a+b)^m(c+d)^n$의 전개식에서의 항의 계수

다항식 $(2x+1)^3(x+1)^4$의 전개식에서 x^2의 계수는?

① 42 ② 44 ③ 46 ④ 48 ⑤ 50

수능 link — 필수 예제 5에서 파생된 유형이다. 주어진 식의 일반항을 나타낼 수 있다면 쉽게 해결할 수 있다.

수능 key — 두 자연수 m, n에 대하여 $(ax+by)^m(cx+dy)^n$ (a, b, c, d는 상수)의 전개식에서 항의 계수는
➡ $(ax+by)^m$과 $(cx+dy)^n$에서 어떤 항이 곱해져야 하는지 파악한다.

1 2 3

6-1

다항식 $(x-2)^5(x+a)^4$의 전개식에서 x의 계수와 상수항이 같을 때, 상수 a의 값은? (단, $a\neq0$)

① $\frac{8}{7}$ ② $\frac{9}{8}$ ③ $\frac{10}{9}$ ④ $\frac{11}{10}$ ⑤ $\frac{12}{11}$

개념 ❷

필수 예제 7 $(1+x)^n$의 전개식의 활용

${}_5C_0+2\,{}_5C_1+4\,{}_5C_2+\cdots+32\,{}_5C_5$의 값은?

① 241 ② 242 ③ 243 ④ 244 ⑤ 255

수능 link
자주 출제되진 않지만 필수 예제 8의 기초가 되는 유형이다.
또한, 통계 단원의 이항분포에서 이용되므로 알아둘 필요가 있다.

수능 key
$(1+x)^n={}_nC_0+{}_nC_1x+{}_nC_2x^2+\cdots+{}_nC_nx^n$은 x에 대한 항등식이므로 주어진 식을 적절히 변형하여 $(1+x)^n$ 꼴로 나타낸다.

1 2 3

7-1 $3^8{}_8C_0+3^7{}_8C_1+3^6{}_8C_2+\cdots+3\,{}_8C_7=2^k-1$일 때, 자연수 k의 값을 구하시오.

워크북 18쪽 | 정답 및 해설 10쪽

개념 ③

필수 예제 8 이항계수의 성질

부등식 $200 < {}_nC_1 + {}_nC_2 + {}_nC_3 + \cdots + {}_nC_n < 300$을 만족시키는 자연수 n의 값은?

① 6 ② 7 ③ 8 ④ 9 ⑤ 10

수능 link

이항계수의 성질을 이용하여 조합의 합을 묻는 문제가 출제된다. 출제 빈도가 높진 않지만 공식을 정확히 알고 있어야 해결할 수 있다.
공식이 헷갈릴 수 있으니 식의 유도 과정을 다시 한번 점검하자.

수능 key

(1) ${}_nC_0 + {}_nC_1 + {}_nC_2 + \cdots + {}_nC_n = 2^n$
(2) ${}_nC_0 - {}_nC_1 + {}_nC_2 - \cdots + (-1)^n {}_nC_n = 0$
(3) ${}_nC_0 + {}_nC_2 + {}_nC_4 + \cdots = {}_nC_1 + {}_nC_3 + {}_nC_5 + \cdots = 2^{n-1}$

1 2 3

8-1

집합 $U = \{1, 2, 3, \cdots, 10\}$의 부분집합 중 원소의 개수가 홀수인 집합의 개수는?

① 64 ② 128 ③ 256 ④ 512 ⑤ 1024

단원 마무리

02 중복조합과 이항정리

정답 및 해설 10쪽

1

필수 예제 1

같은 종류의 사탕 8개를 5명의 학생에게 나누어 주려고 한다. 사탕을 받지 못하는 학생이 1명 이하가 되도록 나누어 주는 경우의 수는?

① 210　② 215　③ 220　④ 225　⑤ 230

2

필수 예제 3

같은 종류의 흰 공 2개와 같은 종류의 검은 공 5개를 서로 다른 네 주머니에 빈 주머니가 없도록 남김없이 나누어 넣는 경우의 수는?

① 160　② 165　③ 170　④ 175　⑤ 180

3

필수 예제 2

다음 조건을 만족시키는 자연수 a, b, c, d, e의 모든 순서쌍 (a, b, c, d, e)의 개수는?

(가) $a+b+c+d+e=13$
(나) a, b, c, d, e 중 홀수는 3개이다.

① 320　② 330　③ 340　④ 350　⑤ 360

4

필수 예제 1

세 자연수 a, b, c에 대하여

$3 \le a \le b \le c \le 8$ 또는 $1 \le b \le a \le c < 10$

을 만족시키는 모든 순서쌍 (a, b, c)의 개수는?

① 120　② 140　③ 160　④ 180　⑤ 200

5 1 2 3

필수 예제 4

집합 $X=\{1, 2, 3, 4\}$에 대하여 다음 조건을 만족시키는 함수 $f: X \longrightarrow X$의 개수는?

(가) $f(1) \leq f(2) \leq f(3) \leq f(4)$
(나) $f(3) \times f(4) < 12$

① 18 ② 19 ③ 20
④ 21 ⑤ 22

6 1 2 3

필수 예제 3 + 4

집합 $X=\{1, 2, 3, 4, 5, 6, 7\}$에 대하여 다음 조건을 만족시키는 함수 $f: X \longrightarrow X$의 개수를 구하시오.

(가) 집합 X의 임의의 두 원소 x_1, x_2에 대하여 $x_1 < x_2$이면 $f(x_1) \leq f(x_2)$이다.
(나) 함수 f의 치역의 원소의 개수는 3이다.

7 1 2 3

필수 예제 5

다항식 $(x^2+kx)^7$의 전개식에서 x^8의 계수와 x^9의 계수가 같을 때, 상수 k의 값은? (단, $k \neq 0$)

① 1 ② 2 ③ 3
④ 4 ⑤ 5

8 1 2 3

필수 예제 6

다항식 $(3x-2)^2(2x+y)^5$의 전개식에서 x^5y^2의 계수는?

① 640 ② 660 ③ 680
④ 700 ⑤ 720

9

필수 예제 7

$3^{10}{}_{10}C_0+2\times3^9{}_{10}C_1+2^2\times3^8{}_{10}C_2+\cdots+2^{10}{}_{10}C_{10}=k^n$
일 때, $k+n$의 값은?

(단, k는 소수이고, n은 자연수이다.)

① 11 ② 12 ③ 13
④ 14 ⑤ 15

10

필수 예제 8

집합 $U=\{x|x$는 10 이하의 자연수$\}$의 두 부분집합 A, B에 대하여 다음 조건을 만족시키는 두 집합 A, B의 순서쌍 (A, B)의 개수가 k일 때, $\frac{k}{10}$의 값을 구하시오.

(가) $n(A\cap B)=0$
(나) $n(A)\geq1$, $n(B)=1$

기출문제

▸ 교육청

11

필수 예제 1

그림과 같이 같은 종류의 책 8권과 이 책을 각 칸에 최대 5권, 5권, 8권을 꽂을 수 있는 3개의 칸으로 이루어진 책장이 있다. 이 책 8권을 책장에 남김없이 나누어 꽂는 경우의 수는? (단, 비어 있는 칸이 있을 수 있다.)

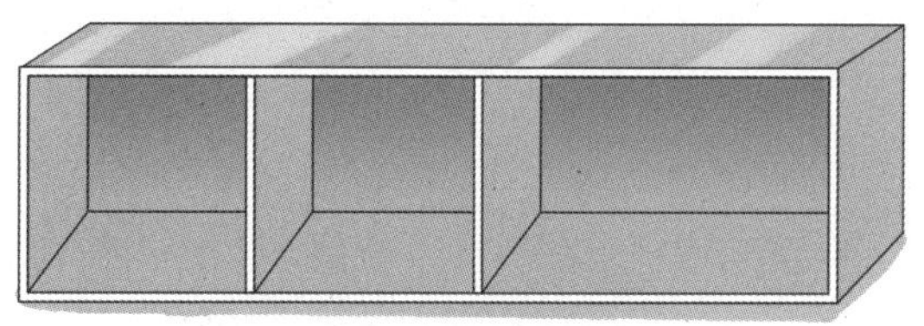

① 31 ② 32 ③ 33
④ 34 ⑤ 35

▸ 수능

12

필수 예제 2

다음 조건을 만족시키는 자연수 a, b, c, d, e의 모든 순서쌍 (a, b, c, d, e)의 개수는?

(가) $a+b+c+d+e=12$
(나) $|a^2-b^2|=5$

① 30 ② 32 ③ 34
④ 36 ⑤ 38

Ⅱ

확률

이 단원의 수능 경향 및 대비 방법

단원	수능 경향	대비 방법
01 확률의 뜻과 정의	• 수학적 확률을 이용하여 확률을 구하는 문제가 출제된다. • 확률의 덧셈정리를 이용하여 확률을 구하는 문제가 출제된다.	• 확률은 경우의 수의 연장이므로 경우의 수를 정확히 구할 수 있어야 한다. • 문제에서 '이거나', '또는' 등의 표현이 있는 경우 확률의 덧셈정리를 이용해야 함을 알아야 하고, 구하는 사건이 서로 배반사건인지 아닌지 파악할 수 있어야 한다.
02 조건부확률	• 조건부확률을 이용하여 확률을 구하는 문제가 출제된다.	• 문제 상황을 정확히 이해하여 새롭게 정의된 표본공간을 파악할 수 있어야 하고, 구하는 확률이 $\mathrm{P}(A\|B)$인지, $\mathrm{P}(B\|A)$인지 혼동하지 말아야 한다.
	• 독립시행의 확률을 이용하여 확률을 구하는 문제가 출제된다.	• 주어진 시행이 독립시행임을 알고 있어야 하고, 독립시행의 확률의 공식을 적용할 수 있어야 한다.

확률의 뜻과 정의

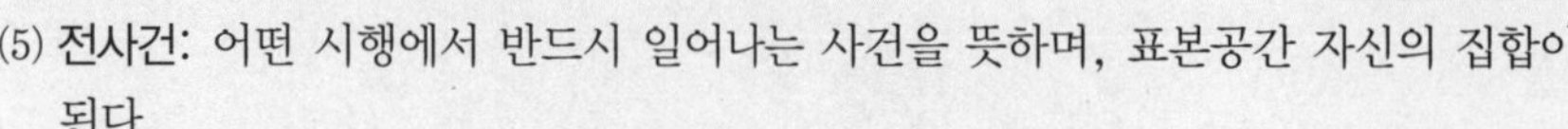

개념 ① 시행과 사건

(1) **시행**: 동일한 조건에서 반복할 수 있고 그 결과가 우연에 의하여 결정되는 실험이나 관찰
(2) **표본공간**: 어떤 시행에서 일어날 수 있는 모든 결과의 집합
(3) **사건**: 표본공간의 부분집합
(4) **근원사건**: 한 개의 원소로 이루어진 사건
(5) **전사건**: 어떤 시행에서 반드시 일어나는 사건을 뜻하며, 표본공간 자신의 집합이 된다.
(6) **공사건**: 어떤 시행에서 절대로 일어나지 않는 사건을 뜻하며, 기호로 $\varnothing$과 같이 나타낸다.

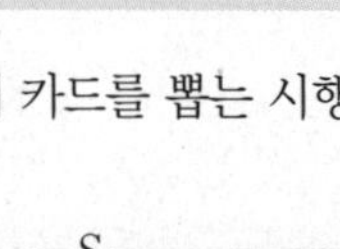

개념 NOTE

▸ 표본공간(sample space)는 보통 S로 나타내고 공집합이 아닌 경우만 생각한다.

설명 예시 1, 2, 3, 4의 숫자가 각각 하나씩 적힌 4장의 카드 중 임의로 1장의 카드를 뽑는 시행에서
(1) 표본공간 S는 $S=\{1, 2, 3, 4\}$이다.
(2) 짝수가 적힌 카드를 뽑는 사건을 A라 하면 $A=\{2, 4\}$이다.
(3) 근원사건은 $\{1\}$, $\{2\}$, $\{3\}$, $\{4\}$이다.
(4) 4 이하의 숫자가 적힌 카드를 뽑는 사건은 전사건이다.
(5) 음수가 적힌 카드를 뽑는 사건은 공사건이다.

개념 ② 합사건, 곱사건, 배반사건, 여사건

표본공간 S의 두 사건 A, B에 대하여 다음과 같이 정의한다.
(1) **합사건**: A 또는 B가 일어나는 사건을 뜻하며, 기호로 $\boldsymbol{A\cup B}$와 같이 나타낸다.
(2) **곱사건**: A와 B가 동시에 일어나는 사건을 뜻하며, 기호로 $\boldsymbol{A\cap B}$와 같이 나타낸다.
(3) **배반사건**: A, B가 동시에 일어나지 않을 때, 즉 $A\cap B=\varnothing$일 때, A와 B는 서로 배반이라 하고, 두 사건을 서로 **배반사건**이라 한다.
(4) **여사건**: 사건 A에 대하여 A가 일어나지 않는 사건을 A의 **여사건**이라 하고, 기호로 $\boldsymbol{A^c}$과 같이 나타낸다.

▸ $A\cap A^c=\varnothing$이므로 사건 A와 그 여사건 A^c은 서로 배반사건이다.

사건은 집합과 관련지어 생각할 수 있으므로 합사건, 곱사건, 여사건은 각각 집합의 연산에서 합집합, 교집합, 여집합과 관련지어 이해할 수 있고, 배반사건은 서로소인 두 집합과 관련지어 이해할 수 있다.
이때 합사건, 곱사건, 배반사건, 여사건을 각각 벤다이어그램으로 나타내면 다음과 같다.

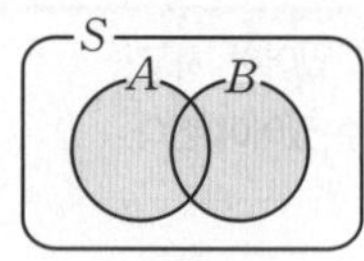

합사건

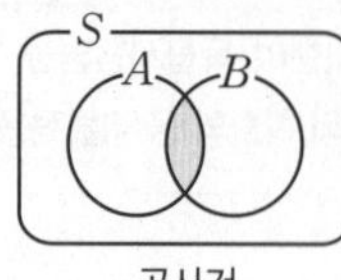

곱사건

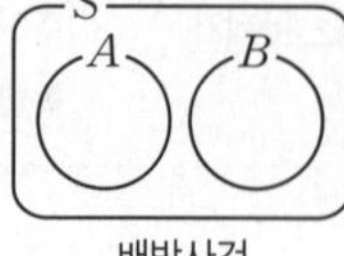

배반사건

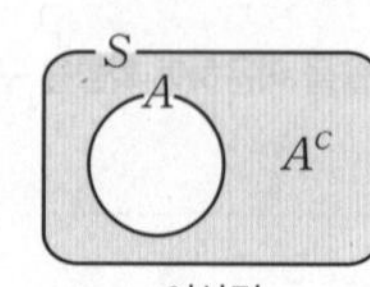

여사건

한편, 두 사건 A, B에 대하여 $A\cap B=\varnothing$일 때, A와 B는 서로 배반사건이다.
$A\cap B=\varnothing$이면 $A\subset B^C$이고 $B\subset A^C$이므로 A는 B의 여사건의 부분집합이고 B는 A의 여사건의 부분집합이다.
사건 A와 그 여사건 A^C은 동시에 일어날 수 없으므로 A와 A^C은 서로 배반사건이다.
이때 두 사건 A와 B가 서로 배반사건이면 A와 배반사건인 B는 A의 여사건인 A^C의 부분집합이 되므로 A와 B가 서로 배반사건이더라도 A의 여사건이 B인 것은 아니다.

개념 NOTE

개념 Check 정답 및 해설 13쪽

1. 표본공간 $S=\{1, 2, 3, 4, 5\}$의 세 사건 $A=\{1, 2\}$, $B=\{2, 3, 4\}$, $C=\{3, 4, 5\}$에 대하여 다음을 구하시오.

(1) A와 B의 합사건

(2) B와 C의 곱사건

(3) B의 여사건

(4) A, B, C 중 배반사건인 두 사건

개념 3 확률의 뜻과 수학적 확률

1 확률의 뜻

어떤 시행에서 사건 A가 일어날 가능성을 수로 나타낸 것을 사건 A가 일어날 확률이라 하고, 기호로 $\mathbf{P}(\boldsymbol{A})$와 같이 나타낸다.

▸ $\mathrm{P}(A)$의 P는 확률을 뜻하는 probability의 첫 글자이다.

2 수학적 확률

어떤 시행에서 표본공간 S의 각 근원사건이 일어날 가능성이 모두 같은 정도로 기대될 때, 사건 A가 일어날 확률 $\mathrm{P}(A)$를

$$\mathrm{P}(A)=\frac{n(A)}{n(S)}=\frac{(\text{사건 } A\text{가 일어나는 경우의 수})}{(\text{일어날 수 있는 모든 경우의 수})}$$

로 정의하고, 이를 사건 A가 일어날 **수학적 확률**이라 한다.

▸ $n(A)$는 집합 A의 원소의 개수를 뜻한다.

$n(S)$는 표본공간 S에 속하는 근원사건의 개수이고, $n(A)$는 사건 A에 속하는 근원사건의 개수이다.

참고 (1) 수학적 확률은 표본공간이 공집합이 아닌 유한집합인 경우에만 생각한다.
(2) 앞으로 특별한 말이 없는 한 어떤 시행에서 일어날 수 있는 근원사건들이 나올 가능성은 같은 정도로 기대된다고 생각한다.

개념 Check 정답 및 해설 13쪽

2. 1부터 10까지의 자연수가 각각 하나씩 적혀 있는 10개의 공이 들어 있는 상자에서 임의로 하나의 공을 꺼낼 때, 3의 배수가 적혀 있는 공을 꺼내는 확률을 구하시오.

개념 4 통계적 확률

같은 시행을 n번 반복하였을 때, 사건 A가 일어난 횟수를 r_n이라 하면 n이 한없이 커짐에 따라 $\frac{r_n}{n}$이 일정한 값 p에 가까워진다.

이때 이 값 p를 사건 A가 일어날 **통계적 확률**이라 한다.

개념 NOTE

▸ 통계적 확률을 구할 때 실제로 n의 값을 한없이 크게 할 수 없으므로 n이 충분히 클 때의 상대도수 $\frac{r_n}{n}$으로 통계적 확률을 대신한다.

시행 횟수가 적을 때의 통계적 확률은 수학적 확률을 대신하여 사용할 수는 없지만, 시행 횟수가 충분히 많을 때는 상대도수가 수학적 확률에 가까워지므로 수학적 확률을 구하기 어려운 경우 통계적 확률을 대신 사용할 수 있다.

설명 예시 한 개의 윷짝을 여러 번 반복하여 던졌을 때, 평평한 면이 나온 횟수에 대한 상대도수를 구해 다음과 같이 표와 그래프로 나타내면 시행 횟수가 많아질수록 상대도수는 일정한 값 0.6에 가까워짐을 알 수 있다.

윷짝을 던진 횟수	200	400	600	800	1000
평평한 면이 나온 횟수	111	240	354	476	598
상대도수	0.555	0.6	0.59	0.595	0.598

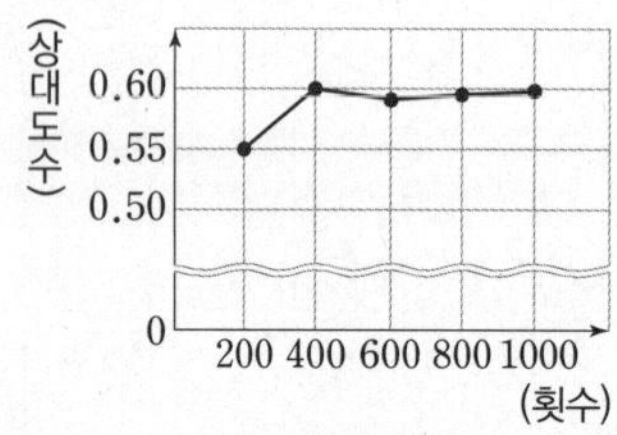

개념 5 확률의 기본 성질

표본공간이 S인 어떤 시행에서

(1) 임의의 사건 A에 대하여

$$0 \le \mathrm{P}(A) \le 1$$

(2) 반드시 일어나는 사건 S에 대하여

$$\mathrm{P}(S)=1$$

(3) 절대로 일어나지 않는 사건 $\varnothing$에 대하여

$$\mathrm{P}(\varnothing)=0$$

어떤 시행에서 표본공간 S의 각 근원사건이 일어날 가능성이 모두 같은 정도로 기대될 때, 표본공간의 임의의 사건 A는 S의 부분집합이므로 $0 \le n(A) \le n(S)$이고, 이 부등식의 각 변을 $n(S)$로 나누면 다음과 같다.

$$0 \le \frac{n(A)}{n(S)} \le 1,$$

즉

$$0 \le \mathrm{P}(A) \le 1$$

또한, 반드시 일어나는 사건 S와 절대로 일어나지 않는 사건 $\varnothing$에 대하여 다음이 성립한다.

$$\mathrm{P}(S)=\frac{n(S)}{n(S)}=1,$$

$$\mathrm{P}(\varnothing)=\frac{n(\varnothing)}{n(S)}=0$$

설명 예시 1, 2, 3, 4, 5가 각각 하나씩 적혀 있는 5장의 카드 중 임의로 1장의 카드를 뽑아 적혀 있는 수를 확인하는 시행에서

(1) 5 이하의 자연수가 적혀 있는 카드를 뽑는 사건은 반드시 일어나는 사건이므로 그 확률은 1이다.

(2) 6 이상의 자연수가 적혀 있는 카드를 뽑는 사건은 절대로 일어나지 않는 사건이므로 그 확률은 0이다.

개념 NOTE

개념 6 확률의 덧셈정리

표본공간 S의 두 사건 A, B에 대하여

$$\mathrm{P}(A\cup B)=\mathrm{P}(A)+\mathrm{P}(B)-\mathrm{P}(A\cap B)$$

특히 두 사건 A, B가 서로 배반사건이면

$$\mathrm{P}(A\cup B)=\mathrm{P}(A)+\mathrm{P}(B)$$

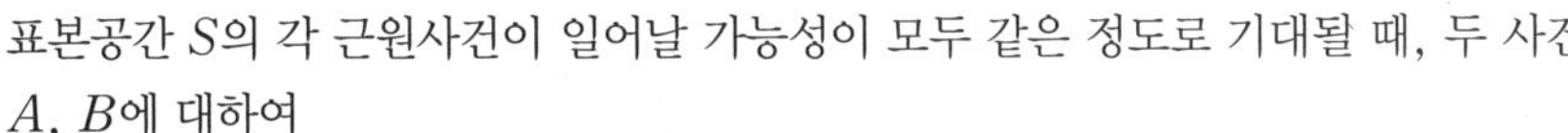

표본공간 S의 각 근원사건이 일어날 가능성이 모두 같은 정도로 기대될 때, 두 사건 A, B에 대하여

$$n(A\cup B)=n(A)+n(B)-n(A\cap B)$$

이므로 양변을 $n(S)$로 나누면

$$\frac{n(A\cup B)}{n(S)}=\frac{n(A)}{n(S)}+\frac{n(B)}{n(S)}-\frac{n(A\cap B)}{n(S)}$$

이다. 따라서 다음이 성립한다.

$$\mathrm{P}(A\cup B)=\mathrm{P}(A)+\mathrm{P}(B)-\mathrm{P}(A\cap B)$$

특히 두 사건 A, B가 서로 배반사건이면 $\mathrm{P}(A\cap B)=0$이므로

$$\mathrm{P}(A\cup B)=\mathrm{P}(A)+\mathrm{P}(B)$$

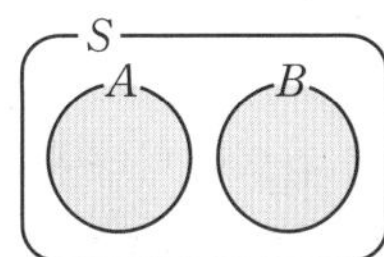

참고 확률의 덧셈정리는 세 사건에 대해서도 성립한다.
즉, 표본공간 S의 세 사건 A, B, C에 대하여

$$\mathrm{P}(A\cup B\cup C)=\mathrm{P}(A)+\mathrm{P}(B)+\mathrm{P}(C)-\mathrm{P}(A\cap B)-\mathrm{P}(B\cap C)-\mathrm{P}(C\cap A)+\mathrm{P}(A\cap B\cap C)$$

특히 세 사건 A, B, C에서 각각의 두 사건이 서로 배반사건이면

$$\mathrm{P}(A\cup B\cup C)=\mathrm{P}(A)+\mathrm{P}(B)+\mathrm{P}(C)$$

개념 Check

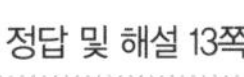

정답 및 해설 13쪽

3. 1부터 10까지의 자연수가 각각 하나씩 적혀 있는 10장의 카드가 들어 있는 상자에서 임의로 한 장의 카드를 꺼낼 때, 다음을 구하시오.

(1) 2 또는 3의 배수가 적혀 있는 카드가 나올 확률

(2) 4 또는 6의 배수가 적혀 있는 카드가 나올 확률

개념 7 여사건의 확률

표본공간 S의 사건 A의 여사건 A^C에 대하여

$$P(A^C)=1-P(A)$$

개념 NOTE

▸ '적어도 ~인 사건', '~ 이상(이하)인 사건', '~가 아닌 사건' 등의 확률을 구할 때, 여사건의 확률을 이용하면 더 편리하다.

표본공간 S의 사건 A에 대하여 A와 그 여사건 A^C은 서로 배반사건이므로 확률의 덧셈정리에 의하여

$$P(A\cup A^C)=P(A)+P(A^C)$$

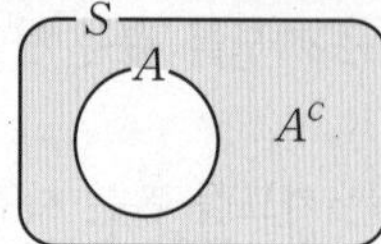

이다. 이때 $A\cup A^C=S$에서 $P(A\cup A^C)=P(S)=1$이므로

$$P(A)+P(A^C)=1,$$

즉

$$P(A^C)=1-P(A)$$

가 성립한다.

개념 Check

정답 및 해설 13쪽

4. 서로 다른 세 개의 동전을 동시에 던질 때, 앞면이 적어도 한 개 나올 확률을 구하시오.

수능 Idea

Idea 확률을 계산할 때에는 '같은 것도 다른 것'으로 본다.

근원사건이 일어날 것이라고 기대되는 정도가 같게 만들기 위해서 확률에서는 같은 것도 다르게 보고 계산하도록 하자.

예를 들어, 흰 공 3개, 검은 공 2개가 들어 있는 주머니에서 임의로 한 개의 공을 뽑았을 때, 흰 공을 뽑을 확률을 구해 보자.

흰 공을 흰, 검은 공을 검으로 나타내고, 표본공간을 S, 흰 공이 나오는 사건을 A라 하자.

[틀린 풀이] 꺼낼 수 있는 공의 종류가 흰 공, 검은 공의 두 종류이므로

$$S=\{흰, 검\},\ A=\{흰\}$$

따라서 구하는 확률은

$$P(A)=\frac{n(A)}{n(S)}=\frac{1}{2}$$

[옳은 풀이] 확률에서는 표본공간의 근원사건이 일어날 가능성이 모두 같은 것으로 기대되어야 하므로 흰 공 3개와 검은 공 2개를 각각 다르게 보면

$$S=\{흰1, 흰2, 흰3, 검1, 검2\},\ A=\{흰1, 흰2, 흰3\}$$

따라서 구하는 확률은

$$P(A)=\frac{n(A)}{n(S)}=\frac{3}{5}$$

개념 3

필수 예제 1 수학적 확률; 직접 세는 경우

▶ 평가원

숫자 1, 3, 5, 7, 9 중에서 임의로 선택한 한 개의 수를 a라 하고, 숫자 2, 4, 6, 8, 10 중에서 임의로 선택한 한 개의 수를 b라 하자. $|a-b|\geq 6$일 확률은?

① $\frac{1}{25}$　② $\frac{2}{25}$　③ $\frac{3}{25}$　④ $\frac{4}{25}$　⑤ $\frac{1}{5}$

수능 link

필수 예제 1, 2, 3은 확률 단원에서 기저가 되는 유형으로 3, 4점 문항의 단골 소재이다. 확률은 경우의 수에서 확장된 것이므로 문제 조건을 만족시키는 경우의 수를 잘 구할 수 있어야 한다.

수능 key

어떤 시행에서 표본공간 S의 각 근원사건이 일어날 가능성이 모두 같은 정도로 기대될 때, 사건 A가 일어날 확률 $\mathrm{P}(A)$는

➡ $\mathrm{P}(A)=\frac{n(A)}{n(S)}=\frac{(\text{사건 } A\text{가 일어나는 경우의 수})}{(\text{일어날 수 있는 모든 경우의 수})}$

1 2 3

1-1

주머니 A에는 1부터 4까지의 자연수가 하나씩 적혀 있는 4장의 카드가 들어 있고, 주머니 B에는 1부터 5까지의 자연수가 하나씩 적혀 있는 5장의 카드가 들어 있다. 두 주머니 A, B에서 각각 카드를 임의로 한 장씩 꺼낼 때, 꺼낸 두 장의 카드에 적혀 있는 수의 합이 6일 확률은?

① $\frac{1}{10}$　② $\frac{1}{5}$　③ $\frac{3}{10}$　④ $\frac{2}{5}$　⑤ $\frac{1}{2}$

A

B

워크북 20쪽 | 정답 및 해설 14쪽

개념 ③

필수 예제 2 수학적 확률; 순열을 이용하는 경우

문자 A, A, B, B, C, C가 하나씩 적혀 있는 6장의 카드가 있다. 이 카드를 모두 한 번씩 사용하여 일렬로 임의로 나열할 때, 같은 문자끼리 서로 이웃할 확률은?

① $\frac{1}{30}$ ② $\frac{1}{15}$ ③ $\frac{1}{10}$ ④ $\frac{2}{15}$ ⑤ $\frac{1}{6}$

수능 link

필수 예제 1, 2, 3은 확률 단원에서 기저가 되는 유형으로 3, 4점 문항의 단골 소재이다. 확률은 경우의 수에서 확장된 것이므로 문제 조건을 만족시키는 경우의 수를 잘 구할 수 있어야 한다.

수능 key

어떤 시행에서 표본공간 S의 각 근원사건이 일어날 가능성이 모두 같은 정도로 기대될 때, 사건 A가 일어날 확률 $\mathrm{P}(A)$는

➡ $\mathrm{P}(A)=\frac{n(A)}{n(S)}=\frac{(\text{사건 } A\text{가 일어나는 경우의 수})}{(\text{일어날 수 있는 모든 경우의 수})}$

참고 (1) 원순열의 수 ➡ $(n-1)!$

(2) 중복순열의 수 ➡ ${}_n\Pi_r=n^r$

(3) 같은 것이 있는 순열의 수 ➡ $\frac{n!}{p!q!\cdots r!}$ (단, $p+q+\cdots+r=n$)

123

2-1

숫자 1, 2, 3, 4, 5 중에서 중복을 허락하여 4개를 택해 일렬로 나열하여 만들 수 있는 모든 네 자리의 자연수 중에서 임의로 하나의 수를 선택할 때, 선택한 수가 3500보다 클 확률은?

① $\frac{9}{25}$ ② $\frac{2}{5}$ ③ $\frac{11}{25}$ ④ $\frac{12}{25}$ ⑤ $\frac{13}{25}$

• 3점 빈출 •

필수 예제 3

개념 3

수학적 확률; 조합을 이용하는 경우

두 집합 $X=\{1, 3, 5\}$, $Y=\{2, 4, 6, 8\}$에 대하여 함수 $f : X \longrightarrow Y$ 중에서 임의로 하나를 선택할 때, 함수 f가 $f(1) \le f(3) \le f(5)$를 만족시킬 확률을 $\frac{q}{p}$라 하자. $p+q$의 값을 구하시오. (단, p와 q는 서로소인 사언수이나.)

수능 link 필수 예제 1, 2, 3은 확률 단원에서 기저가 되는 유형으로 3, 4점 문항의 단골 소재이다. 확률은 경우의 수에서 확장된 것이므로 문제 조건을 만족시키는 경우의 수를 잘 구할 수 있어야 한다.

수능 key 어떤 시행에서 표본공간 S의 각 근원사건이 일어날 가능성이 모두 같은 정도로 기대될 때, 사건 A가 일어날 확률 $\mathrm{P}(A)$는

➡ $\mathrm{P}(A)=\frac{n(A)}{n(S)}=\frac{(\text{사건 } A\text{가 일어나는 경우의 수})}{(\text{일어날 수 있는 모든 경우의 수})}$

참고 중복조합의 수 ➡ ${}_{n}\mathrm{H}_{r}={}_{n+r-1}\mathrm{C}_{r}$

1 2 3

3-1

방정식 $x+y+z=9$를 만족시키는 음이 아닌 정수 x, y, z의 모든 순서쌍 (x, y, z) 중에서 임의로 한 개를 선택한다. 선택한 순서쌍 (x, y, z)가 $x \times y \times z=2k-1$ (k는 자연수)를 만족시킬 확률은?

① $\frac{1}{11}$　② $\frac{2}{11}$　③ $\frac{3}{11}$　④ $\frac{4}{11}$　⑤ $\frac{5}{11}$

개념 6

필수 예제 4 확률의 덧셈정리; 계산

▸ 평가원

두 사건 A, B에 대하여

$$\mathrm{P}(A\cap B^C)=\frac{1}{9},\ \mathrm{P}(B^C)=\frac{7}{18}$$

일 때, $\mathrm{P}(A\cup B)$의 값은? (단, B^C은 B의 여사건이다.)

① $\frac{5}{9}$ ② $\frac{11}{18}$ ③ $\frac{2}{3}$ ④ $\frac{13}{18}$ ⑤ $\frac{7}{9}$

수능 link

$\mathrm{P}(A)$, $\mathrm{P}(B)$, $\mathrm{P}(A\cap B)$와 같은 확률이 주어졌을 때 배반사건, 여사건의 성질 및 확률의 덧셈정리 등을 이용하여 확률을 계산하는 3점 문제가 종종 출제된다. 각각의 개념만 확실히 이해하고 있으면 어렵지 않게 풀 수 있다. 집합의 의미로 해석하여 벤다이어그램을 그려 보면 쉽게 이해할 수 있다.

수능 key

표본공간 S의 두 사건 A, B에 대하여

(1) $\mathrm{P}(A\cup B)=\mathrm{P}(A)+\mathrm{P}(B)-\mathrm{P}(A\cap B)$

(2) 두 사건 A, B가 서로 배반사건이면

$$\mathrm{P}(A\cup B)=\mathrm{P}(A)+\mathrm{P}(B)$$

참고 (1) $\mathrm{P}(A^C)=1-\mathrm{P}(A)$
(2) $\mathrm{P}(A)=\mathrm{P}(A\cap B)+\mathrm{P}(A\cap B^C)$
(3) $\mathrm{P}(A\cup B)=\mathrm{P}(A)+\mathrm{P}(A^C\cap B)$
(4) $\mathrm{P}(A^C\cup B^C)=\mathrm{P}((A\cap B)^C)=1-\mathrm{P}(A\cap B)$
(5) $\mathrm{P}(A^C\cap B^C)=\mathrm{P}((A\cup B)^C)=1-\mathrm{P}(A\cup B)$

1 2 3

4-1

두 사건 A와 B는 서로 배반사건이고

$$\mathrm{P}(A)-\mathrm{P}(B)=\frac{1}{3},\ \mathrm{P}(A)\mathrm{P}(B)=\frac{1}{12}$$

일 때, $\mathrm{P}(A\cup B)$의 값은?

① $\frac{1}{2}$ ② $\frac{7}{12}$ ③ $\frac{2}{3}$ ④ $\frac{3}{4}$ ⑤ $\frac{5}{6}$

• 3점 빈출 •

개념 6

필수 예제 5 확률의 덧셈정리; 배반사건이 아닌 경우

한 개의 주사위를 두 번 던질 때 나오는 눈의 수를 차례대로 a, b라 하자. $|a-b|=1$이거나 $a+b=9$일 확률은?

① $\frac{1}{3}$ ② $\frac{7}{18}$ ③ $\frac{4}{9}$ ④ $\frac{1}{2}$ ⑤ $\frac{5}{9}$

수능 link 확률의 덧셈정리 문제는 3점, 4점 가리지 않고 자주 나오는 문제이다. '이거나', '또는'이 등장하면 합사건의 확률을 구할 생각을 해야 하고, 확률의 덧셈정리를 활용하는 과정에서 곱사건의 확률 또한 잊지 말고 계산해야 함에 주의하자.

수능 key 표본공간 S의 두 사건 A, B에 대하여
➡ $\mathrm{P}(A\cup B)=\mathrm{P}(A)+\mathrm{P}(B)-\mathrm{P}(A\cap B)$

1 2 3

5-1

▸ 수능

주머니에 1이 적힌 흰 공 1개, 2가 적힌 흰 공 1개, 1이 적힌 검은 공 1개, 2가 적힌 검은 공 3개가 들어 있다. 이 주머니에서 임의로 3개의 공을 동시에 꺼내는 시행을 한다. 이 시행에서 꺼낸 3개의 공 중에서 흰 공이 1개이고 검은 공이 2개인 사건을 A, 꺼낸 3개의 공에 적혀 있는 수를 모두 곱한 값이 8인 사건을 B라 할 때, $\mathrm{P}(A\cup B)$의 값은?

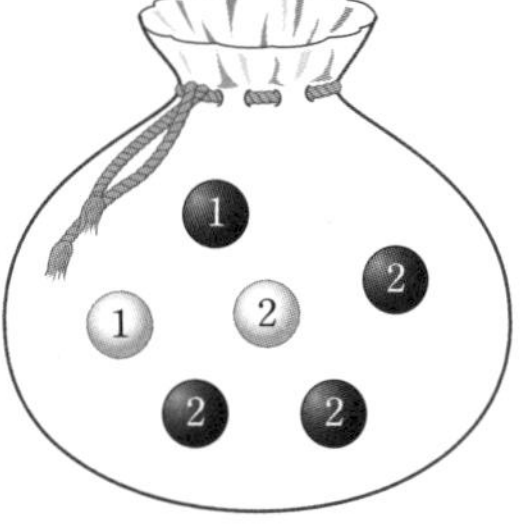

① $\frac{11}{20}$ ② $\frac{3}{5}$ ③ $\frac{13}{20}$ ④ $\frac{7}{10}$ ⑤ $\frac{3}{4}$

개념 6

필수 예제 6 확률의 덧셈정리; 배반사건인 경우

1부터 9까지의 자연수 중에서 임의로 서로 다른 3개의 수를 선택할 때, 선택한 3개의 수가 모두 홀수이거나 또는 모두 짝수일 확률은?

① $\frac{5}{42}$ ② $\frac{1}{7}$ ③ $\frac{1}{6}$ ④ $\frac{4}{21}$ ⑤ $\frac{3}{14}$

수능 link 확률의 덧셈정리 문제는 3점, 4점 가리지 않고 자주 나오는 문제이다. '이거나', '또는'이 등장하면 합사건의 확률을 구할 생각을 해야 하고, 확률의 덧셈정리를 활용하는 과정에서 곱사건의 확률 또한 잊지 말고 계산해야 함에 주의하자.

수능 key 표본공간 S의 두 사건 A, B에 대하여 두 사건 A, B가 서로 배반사건이면
➡ $\mathrm{P}(A\cup B)=\mathrm{P}(A)+\mathrm{P}(B)$

1 2 3

6-1

숫자 1, 3, 5가 하나씩 적혀 있는 흰 공 3개와 숫자 2, 4, 6이 하나씩 적혀 있는 검은 공 3개가 들어 있는 주머니가 있다. 이 주머니에서 임의로 3개의 공을 동시에 꺼낼 때, 꺼낸 공에 적혀 있는 세 수의 합이 9인 사건을 A, 꺼낸 공이 모두 검은 공인 사건을 B라 하자.

$\mathrm{P}(A\cup B)=\frac{q}{p}$라 할 때, $p+q$의 값을 구하시오. (단, p와 q는 서로소인 자연수이다.)

• 3점 빈출 •

필수 예제 7

개념 7

여사건의 확률

두 집합 $X=\{1, 2, 3\}$, $Y=\{1, 2, 3, 4\}$에 대하여 함수 $f : X \longrightarrow Y$ 중에서 임의로 하나를 선택할 때, 선택한 함수 f가 다음 조건을 만족시킬 확률은?

> $f(2) \geq f(3)$이거나 $f(1) \neq f(3)$이다.

① $\frac{29}{32}$ ② $\frac{7}{8}$ ③ $\frac{27}{32}$ ④ $\frac{13}{16}$ ⑤ $\frac{25}{32}$

수능 link 3점 또는 4점 문항으로 자주 출제된다. 여사건을 이용하면 빠르고 편리하게 확률을 구할 수 있으므로 '적어도 ~일 확률', '~가 아닐 확률' 등의 표현이 있으면 여사건의 확률을 떠올리자.

수능 key 표본공간 S의 사건 A의 여사건 A^C에 대하여
➡ $\mathrm{P}(A)=1-\mathrm{P}(A^C)$

7-1

▸ 수능

1 2 3

숫자 1, 2, 3, 4, 5, 6이 하나씩 적혀 있는 6장의 카드가 있다. 이 6장의 카드를 모두 한 번씩 사용하여 일렬로 임의로 나열할 때, 양 끝에 놓인 카드에 적힌 두 수의 합이 10 이하가 되도록 카드가 놓일 확률은?

① $\frac{8}{15}$ ② $\frac{19}{30}$ ③ $\frac{11}{15}$ ④ $\frac{5}{6}$ ⑤ $\frac{14}{15}$

01 수학적 확률

1

필수 예제 1

1부터 6까지의 자연수가 하나씩 적혀 있는 6장의 카드가 들어 있는 주머니가 있다. 이 주머니에서 임의로 카드 2장을 동시에 꺼내어 카드에 적혀 있는 수를 작은 수부터 크기 순서대로 a_1, a_2라 하자. $a_1 \times a_2$의 값이 짝수이고 $a_1+a_2 \leq 6$일 확률을 $\frac{q}{p}$라 할 때, $p+q$의 값을 구하시오. (단, p와 q는 서로소인 자연수이다.)

2

필수 예제 1

한 개의 주사위를 세 번 던질 때, 나오는 눈의 수를 차례대로 x, y, z라 하자. $|x-y|+z=9$일 확률은?

① $\frac{1}{18}$　② $\frac{1}{9}$　③ $\frac{1}{6}$
④ $\frac{2}{9}$　⑤ $\frac{5}{18}$

3

필수 예제 2

숫자 1, 2, 3이 하나씩 적혀 있는 흰 공 3개와 숫자 3, 4, 5가 하나씩 적혀 있는 검은 공 3개가 있다. 이 6개의 공을 임의로 일렬로 나열할 때, 6개의 공 중에서 같은 숫자가 적혀 있는 공은 서로 이웃하게 나열될 확률은?

① $\frac{1}{12}$　② $\frac{1}{6}$　③ $\frac{1}{4}$
④ $\frac{1}{3}$　⑤ $\frac{5}{12}$

정답 및 해설 16쪽

4

필수 예제 3

집합 $X=\{1, 2, 3, 4\}$에 대하여 함수 $f : X \longrightarrow X$ 중에서 임의로 하나를 선택할 때, 이 함수가 다음 조건을 만족시킬 확률은?

> (가) $f(1)\times f(2)\times f(3)=12$
> (나) $k-1, 2, 3$일 때 $f(k)\neq f(4)$

① $\frac{1}{64}$ ② $\frac{1}{32}$ ③ $\frac{3}{64}$
④ $\frac{1}{16}$ ⑤ $\frac{5}{64}$

5

필수 예제 3

1부터 9까지의 자연수 중에서 중복을 허락하여 임의로 4개를 선택해 크기가 크지 않은 순서대로 a, b, c, d라 하자. $4\le b\le 5$일 확률이 $\frac{q}{p}$일 때, $p+q$의 값을 구하시오.
(단, p와 q는 서로소인 자연수이다.)

6

필수 예제 5

한 개의 주사위를 세 번 던질 때, 나오는 눈의 수를 차례대로 a, b, c라 하자. $a\times b\times c=12$인 사건을 A, $a+b+c=7$인 사건을 B라 할 때, $\mathrm{P}(A\cup B)$의 값은?

① $\frac{1}{12}$ ② $\frac{7}{72}$ ③ $\frac{1}{9}$
④ $\frac{1}{8}$ ⑤ $\frac{5}{36}$

7 1 2 3

필수 예제 5

두 집합 $X=\{1, 2, 3\}$, $Y=\{1, 2, 3, 4, 5\}$에 대하여 함수 $f: X \longrightarrow Y$ 중에서 임의로 하나를 선택할 때, 이 함수의 치역의 원소의 최솟값이 2이거나 최댓값이 5일 확률을 $\frac{q}{p}$라 하자. $p+q$의 값을 구하시오.

(단, p와 q는 서로소인 자연수이다.)

8 1 2 3

필수 예제 6

상자 안에 1이 적혀 있는 카드가 3장, 0이 적혀 있는 카드가 4장, -1이 적혀 있는 카드가 3장 들어 있다. 이 상자에서 임의로 3장의 카드를 동시에 꺼낼 때, 꺼낸 카드에 적혀 있는 수의 합이 0일 확률은?

① $\frac{1}{6}$ ② $\frac{1}{3}$ ③ $\frac{1}{2}$

④ $\frac{2}{3}$ ⑤ $\frac{5}{6}$

9 1 2 3

필수 예제 7

흰 공 4개, 검은 공 5개가 들어 있는 주머니가 있다. 이 주머니에서 임의로 4개의 공을 동시에 꺼낼 때, 꺼낸 4개의 공 중에서 흰 공과 검은 공이 모두 포함되어 있을 확률은?

① $\frac{16}{21}$ ② $\frac{17}{21}$ ③ $\frac{6}{7}$

④ $\frac{19}{21}$ ⑤ $\frac{20}{21}$

10

필수 예제 7

1부터 7까지의 자연수가 하나씩 적혀 있는 7장의 카드가 들어 있는 주머니가 있다. 이 주머니에서 임의로 2장의 카드를 동시에 꺼낼 때, 꺼낸 카드에 적혀 있는 두 자연수 중에서 가장 큰 수가 5 이상일 확률은?

① $\frac{1}{7}$ ② $\frac{2}{7}$ ③ $\frac{3}{7}$

④ $\frac{4}{7}$ ⑤ $\frac{5}{7}$

기출문제

▸ 평가원

11

필수 예제 4

두 사건 A, B에 대하여 A와 B^C은 서로 배반사건이고

$$\mathrm{P}(A\cap B)=\frac{1}{5},\ \mathrm{P}(A)+\mathrm{P}(B)=\frac{7}{10}$$

일 때, $\mathrm{P}(A^C\cap B)$의 값은? (단, A^C은 A의 여사건이다.)

① $\frac{1}{10}$ ② $\frac{1}{5}$ ③ $\frac{3}{10}$

④ $\frac{2}{5}$ ⑤ $\frac{1}{2}$

▸ 교육청

12

필수 예제 7

흰 공 4개, 검은 공 4개가 들어 있는 주머니가 있다. 이 주머니에서 임의로 4개의 공을 동시에 꺼낼 때, 꺼낸 공 중 검은 공이 2개 이상일 확률은?

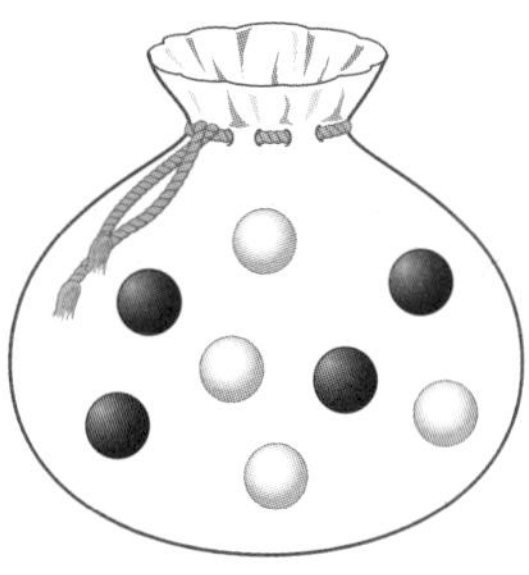

① $\frac{7}{10}$ ② $\frac{51}{70}$ ③ $\frac{53}{70}$

④ $\frac{11}{14}$ ⑤ $\frac{57}{70}$

조건부확률

개념 ① 조건부확률

(1) 표본공간 S의 두 사건 A, B에 대하여 확률이 0이 아닌 사건 A가 일어났다고 가정할 때 사건 B가 일어날 확률을 사건 A가 일어났을 때의 사건 B의 **조건부확률**이라 하고, 이것을 기호로 $\mathbf{P(B|A)}$와 같이 나타낸다.

(2) 사건 A가 일어났을 때의 사건 B의 조건부확률은

$$\mathrm{P}(B|A)=\frac{\mathrm{P}(A\cap B)}{\mathrm{P}(A)}\ (\text{단, } \mathrm{P}(A)>0)$$

개념 NOTE

설명 예시 어떤 시행에서 표본공간 S의 각 근원사건이 일어날 가능성이 모두 같은 정도로 기대될 때, 사건 A가 일어났을 때의 사건 B의 조건부확률은

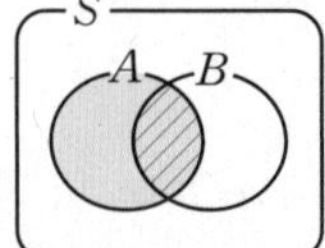

$$\mathrm{P}(B|A)=\frac{n(A\cap B)}{n(A)}$$

이다. 이때 이 식의 우변의 분자와 분모를 각각 $n(S)$로 나누면 다음이 성립한다.

$$\mathrm{P}(B|A)=\frac{\frac{n(A\cap B)}{n(S)}}{\frac{n(A)}{n(S)}}=\frac{\mathrm{P}(A\cap B)}{\mathrm{P}(A)}$$

참고 **$\mathbf{P(A\cap B)}$와 $\mathbf{P(B|A)}$의 차이**

$\mathrm{P}(A\cap B)$는 표본공간 S에서 사건 $A\cap B$가 일어날 확률이고, $\mathrm{P}(B|A)$는 사건 A를 새로운 표본공간으로 생각할 때 사건 A에서 사건 B가 일어날 확률이다. 이때 새로운 표본공간 A에서 사건 $B-A$는 절대 일어나지 않으므로 $\mathrm{P}(B|A)$는 사건 A에서 사건 $A\cap B$가 일어날 확률과 같다.

즉, $n(S)=s$, $n(A)=a$, $n(A\cap B)=b$라 하면

$$\mathrm{P}(A\cap B)=\frac{n(A\cap B)}{n(S)}=\frac{b}{s}$$

$$\mathrm{P}(B|A)=\frac{n(A\cap B)}{n(A)}=\frac{b}{a}$$

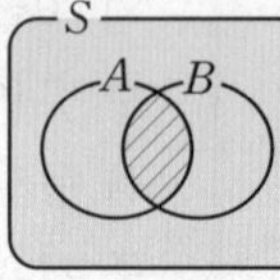

$\mathrm{P}(A\cap B)$

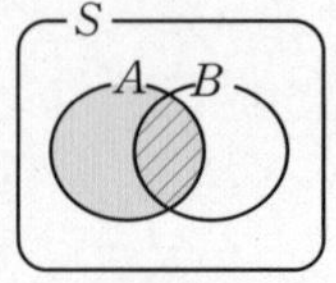

$\mathrm{P}(B|A)$

개념 Check

정답 및 해설 19쪽

1. 1부터 10까지의 자연수가 하나씩 적혀 있는 카드가 들어 있는 주머니에서 임의로 한 장의 카드를 꺼낼 때, 홀수가 적혀 있는 카드가 나오는 사건을 A, 소수가 적혀 있는 카드가 나오는 사건을 B라 하자. $\mathrm{P}(B|A)$의 값을 구하시오.

개념 ② 확률의 곱셈정리

두 사건 A, B에 대하여

(1) $\mathrm{P}(A\cap B)=\mathrm{P}(A)\mathrm{P}(B|A)$ (단, $\mathrm{P}(A)>0$)

(2) $\mathrm{P}(A\cap B)=\mathrm{P}(B)\mathrm{P}(A|B)$ (단, $\mathrm{P}(B)>0$)

$P(A)>0$일 때

$P(B|A)=\dfrac{P(A\cap B)}{P(A)}$이므로 양변에 $P(A)$를 곱하면

$$P(A\cap B)=P(A)P(B|A)$$

$P(B)>0$일 때

$P(A|B)=\dfrac{P(A\cap B)}{P(B)}$이므로 양변에 $P(B)$를 곱하면

$$P(A\cap B)=P(B)P(A|B)$$

개념 Check 정답 및 해설 19쪽

2. 흰 공이 4개, 검은 공이 2개 들어 있는 주머니에서 임의로 공을 한 개씩 두 번 꺼낼 때, 첫 번째에는 흰 공, 두 번째에는 검은 공이 나올 확률을 구하시오.
(단, 꺼낸 공은 다시 넣지 않는다.)

개념 ③ 사건의 독립과 종속

개념 NOTE

1 독립

두 사건 A, B에 대하여 사건 A가 일어나는 것이 사건 B가 일어날 확률에 영향을 주지 않을 때, 즉

$$P(B|A)=P(B|A^C)=P(B)$$

일 때, 두 사건 A와 B는 서로 독립이라 한다.

▸ $P(A|B)=P(A|B^C)=P(A)$ 일 때도 두 사건 A와 B는 서로 독립이다.

2 종속

두 사건 A, B가 서로 독립이 아닐 때, 즉

$$P(B|A)\neq P(B) \text{ 또는 } P(B|A)\neq P(B|A^C)$$

일 때, 두 사건 A와 B는 서로 종속이라 한다.

참고 확률이 0이 아닌 두 사건 A, B에 대하여
(1) A, B가 서로 배반사건이면 $P(A\cap B)=0$이므로 A와 B는 서로 종속이다.
(2) A, B가 서로 독립이면 A와 B는 서로 배반사건이 아니다.

설명 예시 흰 공 2개와 검은 공 3개가 들어 있는 주머니에서 공을 한 개씩 두 번 꺼낼 때, 첫 번째 꺼낸 공이 검은 공인 사건을 A, 두 번째 꺼낸 공이 검은 공인 사건을 B라 하자.
이때 첫 번째에 꺼낸 공을 다시 넣는 경우와 다시 넣지 않는 경우의 확률을 비교하면 다음과 같다.

(i) 첫 번째에 꺼낸 공을 다시 넣는 경우

첫 번째에 검은 공을 꺼내는 경우와 흰 공을 꺼내는 경우 모두 공을 다시 넣으면 두 번째에 검은 공을 꺼낼 확률에 영향을 주지 않는다. 즉,

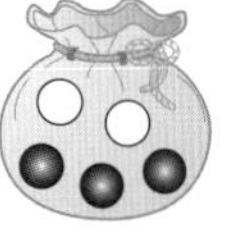
[첫 번째]

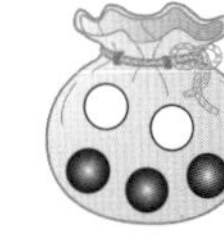
[두 번째]

$$P(B|A)=P(B|A^C)=P(B)=\frac{3}{5}$$

따라서 두 사건 A와 B는 서로 독립이다.

(ii) 첫 번째에 꺼낸 공을 다시 넣지 않는 경우
두 번째에 검은 공을 꺼낼 확률은 첫 번째에 검은 공을 꺼내느냐 흰 공을 꺼내느냐에 따라 다르므로 첫 번째에 꺼낸 공의 색깔은 두 번째에 검은 공을 꺼낼 확률에 영향을 준다. 즉,

$\mathrm{P}(B|A)=\frac{1}{2}$, $\mathrm{P}(B|A^C)=\frac{3}{4}$

$\mathrm{P}(B|A)\neq\mathrm{P}(B|A^C)$

따라서 두 사건 A와 B는 서로 종속이다.

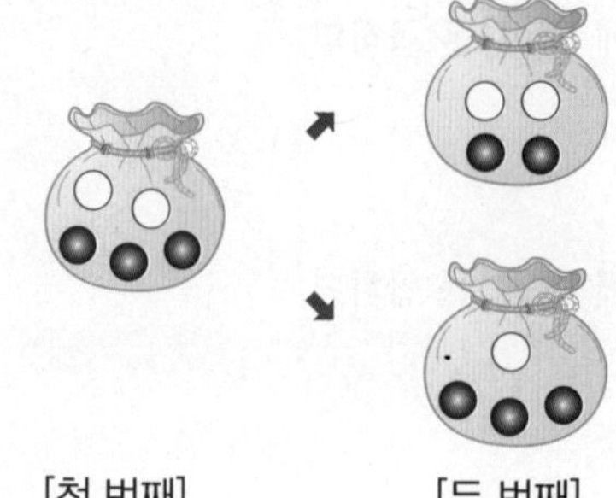

개념 NOTE

개념 4 독립시행

1 독립시행

동전이나 주사위를 여러 번 던지는 것처럼 동일한 시행을 반복하는 경우에 각 시행에서 일어나는 사건이 서로 독립이면 이와 같은 시행을 **독립시행**이라 한다.

2 독립시행의 확률

어떤 시행에서 사건 A가 일어날 확률이 p $(0<p<1)$일 때, 이 시행을 n회 반복하는 독립시행에서 사건 A가 r회 일어날 확률은

$${}_n\mathrm{C}_r p^r(1-p)^{n-r} \text{ (단, } r=0, 1, 2, \cdots, n)$$

설명 예시 한 개의 주사위를 네 번 던지는 독립시행에서 2의 눈이 두 번 나올 확률을 구해 보자.

2의 눈이 나오는 경우를 ○, 2의 눈이 나오지 않는 경우를 ×로 나타내면 한 개의 주사위를 네 번 던지는 독립시행에서 2의 눈이 두 번 나오는 경우는 오른쪽 표와 같고 그 경우의 수는 ${}_4\mathrm{C}_2=6$이다.

1회	2회	3회	4회
○	○	×	×
○	×	○	×
○	×	×	○
×	○	○	×
×	○	×	○
×	×	○	○

이때 주사위를 한 번 던지는 시행에서 2의 눈이 나올 확률은 $\frac{1}{6}$, 2의 눈이 나오지 않을 확률은 $\frac{5}{6}$이고, 각 시행은 서로 독립이므로 각 경우에 2의 눈이 두 번 나올 확률은

$\left(\frac{1}{6}\right)^2\left(\frac{5}{6}\right)^2$이다.

그런데 2의 눈이 두 번 나오는 6가지 사건은 서로 배반사건이므로 한 개의 주사위를 네 번 던지는 독립시행에서 2의 눈이 두 번 나올 확률은 확률의 덧셈정리에 의하여 다음과 같다.

$${}_4\mathrm{C}_2\left(\frac{1}{6}\right)^2\left(\frac{5}{6}\right)^2$$

일반적으로 한 개의 주사위를 n회 던져서 2의 눈이 r회 나올 확률은

$${}_n\mathrm{C}_r\left(\frac{1}{6}\right)^r\left(\frac{5}{6}\right)^{n-r} \text{ (단, } r=0, 1, 2, \cdots, n)$$

과 같이 구할 수 있다.

개념 Check

정답 및 해설 19쪽

개념 NOTE

3. 한 개의 동전을 10번 던질 때, 다음을 구하시오.

(1) 앞면이 4번 나올 확률

(2) 앞면이 7번 나올 확률

수능 Idea

Idea ① 비율이 주어지는 조건부확률의 문제는 표를 만들어 보자.

표가 주어진 조건부확률 문제는 쉽게 해결할 수 있다.
즉, 표가 없는 조건부확률 문제에서 비율 또는 도수가 주어지면 이것을 이용하여 표를 직접 만들어 조건부확률 문제를 풀어 보자.

Idea ② '~일 때,'가 보이면 조건부확률을 떠올리고 내가 구하고자 하는 확률을 구체적으로 적어 보자.

문제에서 'A일 때, B일 확률은?'이라고 나오면 조건부확률을 떠올리자.
이때 구하는 확률이

$$\mathrm{P}(B|A)=\frac{\mathrm{P}(A\cap B)}{\mathrm{P}(A)}=\frac{n(A\cap B)}{n(A)}$$

임을 알고 $\mathrm{P}(A)$, $\mathrm{P}(A\cap B)$ 또는 $n(A)$, $n(A\cap B)$를 구해야 한다.

Idea ③ 사건이 일어날 확률이 일정한 시행을 여러 번 반복하면 독립시행의 확률을 떠올린다.

독립시행의 확률 공식을 무작정 외우려고 하지 말고, 아래와 같이 차근차근 한가지씩 읽으면서 써나갈 수 있도록 연습하자.

(1) 전체 시행 n번 중에서 사건이 발생할 r번을 선택한다. ➡ ${}_n\mathrm{C}_r$
(2) 그 r번에서 확률이 p인 사건이 발생한다. ➡ p^r
(3) 나머지 $(n-r)$번에서는 그 사건이 발생하지 않는다. ➡ $(1-p)^{n-r}$

• 3점 빈출 •

필수 예제 1

개념 1

조건부확률; 계산

두 사건 A, B에 대하여

$$P(B|A)=\frac{1}{2},\ P(A|B)=\frac{1}{3},\ P(A\cup B)=\frac{2}{5}$$

일 때, $P(A\cap B)$의 값은?

① $\frac{1}{10}$ ② $\frac{3}{20}$ ③ $\frac{1}{5}$ ④ $\frac{1}{4}$ ⑤ $\frac{3}{10}$

수능 link $P(B|A)$, $P(A|B)$ 등과 같은 확률의 값이 주어졌을 때 조건부확률의 식을 이용하여 확률을 계산하는 3점 문제가 종종 출제된다. 이때 두 사건 A, B가 서로 독립인 경우 또는 배반사건인 경우가 조건으로 종종 주어지니 이러한 조건들을 잘 체크하고 계산하도록 하자.

수능 key 사건 A가 일어났을 때, 사건 B가 일어날 확률은

➡ $P(B|A)=\frac{P(A\cap B)}{P(A)}$ (단, $P(A)>0$)

1 2 3

1-1

두 사건 A, B에 대하여

$$P(A\cup B)=\frac{1}{3},\ P(A\cap B)=\frac{1}{15},\ P(A|B)=3P(B|A)$$

일 때, $P(A)$의 값은?

① $\frac{1}{5}$ ② $\frac{7}{30}$ ③ $\frac{4}{15}$ ④ $\frac{3}{10}$ ⑤ $\frac{1}{3}$

개념 1

필수 예제 2 조건부확률; 표가 주어진 경우

어느 고등학교 2학년 학생 300명을 대상으로 수학여행 코스 A와 수학여행 코스 B에 대한 선호도를 조사하였다. 이 조사에 참여한 학생은 수학여행 코스 A와 수학여행 코스 B 중 하나를 선택하였고, 각각의 수학여행 코스를 선택한 학생 수는 다음과 같다.

(단위: 명)

구분	남학생	여학생	합계
수학여행 코스 A	90	90	180
수학여행 코스 B	75	45	120
합계	165	135	300

이 조사에 참여한 학생 300명 중에서 임의로 선택한 한 명이 수학여행 코스 B를 선택한 학생일 때, 이 학생이 남학생일 확률은?

① $\frac{1}{8}$ ② $\frac{1}{4}$ ③ $\frac{3}{8}$ ④ $\frac{1}{2}$ ⑤ $\frac{5}{8}$

수능 link 표가 주어진 조건부확률 문제는 쉬운 3점 문제로 종종 출제된다. 조건을 만족시키는 값을 잘 읽고 계산하면 되므로 실수하지 않도록 한다.

수능 key 표가 주어졌을 때, $\mathrm{P}(B|A)$의 값은 $\mathrm{P}(A)$, $\mathrm{P}(A\cap B)$를 이용하는 것보다 $n(A)$, $n(A\cap B)$를 이용하면 더 쉽게 구할 수 있다.

➡ $\mathrm{P}(B|A)=\dfrac{\mathrm{P}(A\cap B)}{\mathrm{P}(A)}=\dfrac{n(A\cap B)}{n(A)}$ (단, $\mathrm{P}(A)>0$, $n(A)>0$)

1 2 3

2-1

다음 표는 어느 배드민턴 동아리 학생 36명을 대상으로 배드민턴 연습의 단식, 복식 참가인원을 조사한 것이다. 이 조사에 참여한 학생은 단식, 복식 중 하나를 선택하였고, 각각의 연습을 선택한 학생 수는 다음과 같다.

(단위: 명)

구분	단식	복식	합계
1학년	8	7	15
2학년	6	15	21
합계	14	22	36

이 배드민턴 동아리 학생 36명 중에서 임의로 택한 한 명의 학생이 2학년일 때, 이 학생이 복식을 선택했을 확률은?

① $\frac{4}{7}$ ② $\frac{9}{14}$ ③ $\frac{5}{7}$ ④ $\frac{11}{14}$ ⑤ $\frac{6}{7}$

개념 ❶

필수 예제 3 조건부확률의 활용

서로 다른 두 개의 주사위를 동시에 던져서 나온 두 눈의 수의 합이 홀수일 때, 두 주사위의 눈의 수가 모두 소수일 확률은?

① $\frac{1}{18}$　② $\frac{1}{9}$　③ $\frac{1}{6}$　④ $\frac{2}{9}$　⑤ $\frac{5}{18}$

수능 link 표가 주어지지 않는 조건부확률 유형으로 3점, 4점 문제로 자주 출제된다. 주어진 문장에서 구하는 확률이 조건부확률임을 파악하고 $\mathrm{P}(A|B)$의 형태에서 $\mathrm{P}(B)$와 $\mathrm{P}(A\cap B)$의 값을 정확히 구해야 한다. 비율이 주어지는 경우에는 표를 그려서 **필수 예제** 2처럼 풀어도 좋다.

수능 key 조건부확률의 활용 문제는 다음과 같은 순서로 구한다.

❶ 주어진 문장에서 구하고자 하는 확률을 $\mathrm{P}(A|B)$의 형태로 표현한다.

❷ $\mathrm{P}(B)$, $\mathrm{P}(A\cap B)$ 또는 $n(B)$, $n(A\cap B)$를 구하여 조건을 만족시키는 확률을 구한다.

1 2 3

3-1

여학생이 40명이고 남학생이 60명인 어느 학교 전체 학생을 대상으로 축구와 야구에 대한 선호도를 조사하였다. 이 학교 학생의 70 %가 축구를 선택하였으며, 나머지 30 %는 야구를 선택하였다. 이 학교의 학생 중에서 임의로 뽑은 1명이 축구를 선택한 남학생일 확률은 $\frac{2}{5}$이다. 이 학교의 학생 중에서 임의로 뽑은 1명이 야구를 선택한 학생일 때, 이 학생이 여학생일 확률은? (단, 조사에서 모든 학생들은 축구와 야구 중 한 가지만 선택하였다.)

① $\frac{1}{4}$　② $\frac{1}{3}$　③ $\frac{5}{12}$　④ $\frac{1}{2}$　⑤ $\frac{7}{12}$

개념 ❷

필수 예제 4 확률의 곱셈정리

흰 공 3개, 검은 공 4개가 들어 있는 주머니에서 A, B 두 사람이 차례대로 공을 임의로 1개씩 꺼낼 때, A는 흰 공을 꺼내고 B는 검은 공을 꺼낼 확률은?

(단, 꺼낸 공은 다시 넣지 않는다.)

① $\frac{1}{7}$ ② $\frac{2}{7}$ ③ $\frac{3}{7}$ ④ $\frac{4}{7}$ ⑤ $\frac{5}{7}$

수능 link 확률의 곱셈정리를 이용하는 활용 문제가 3점 또는 4점 문제로 종종 출제된다. 두 사건이 순차적으로 일어나는 문제 상황일 때, 확률의 곱셈정리를 이용하며 조건부확률의 공식에서 변형된 형태임을 이해하고 있어야 한다.
각각의 확률을 구하여 공식에 대입하기보다는 문제 상황을 이해하자.

수능 key 두 사건 A, B가 동시에 일어날 확률은

➡ $\mathrm{P}(A\cap B)=\mathrm{P}(A)\mathrm{P}(B|A)$ (단, $\mathrm{P}(A)>0$)

$=\mathrm{P}(B)\mathrm{P}(A|B)$ (단, $\mathrm{P}(B)>0$)

참고 (1) $\mathrm{P}(Y)=\mathrm{P}(X\cap Y)+\mathrm{P}(X^C\cap Y)=\mathrm{P}(X)\mathrm{P}(Y|X)+\mathrm{P}(X^C)\mathrm{P}(Y|X^C)$

(2) $\mathrm{P}(A|B)=\dfrac{\mathrm{P}(A\cap B)}{\mathrm{P}(A\cap B)+\mathrm{P}(A^C\cap B)}$

1 2 3

4-1

주머니 A에는 흰 공 1개, 검은 공 2개가 들어 있고, 주머니 B에는 흰 공 3개, 검은 공 3개가 들어 있다. 주머니 A에서 임의로 1개의 공을 꺼내어 주머니 B에 넣은 후 주머니 B에서 임의로 3개의 공을 동시에 꺼낼 때, 주머니 B에서 꺼낸 3개의 공 중에서 적어도 한 개가 흰 공일 확률은?

① $\frac{6}{7}$ ② $\frac{92}{105}$ ③ $\frac{94}{105}$ ④ $\frac{32}{35}$ ⑤ $\frac{14}{15}$

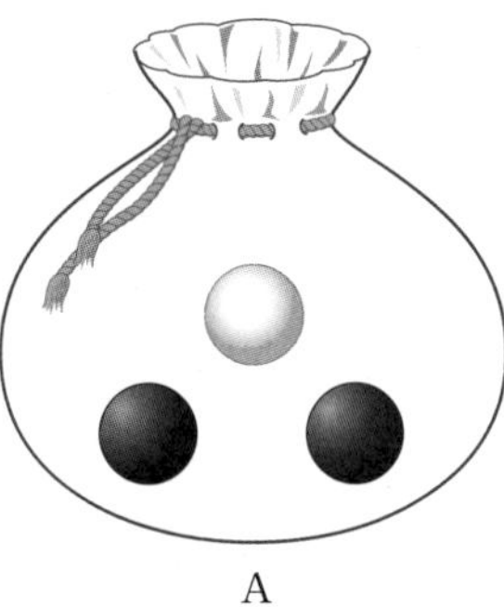

A

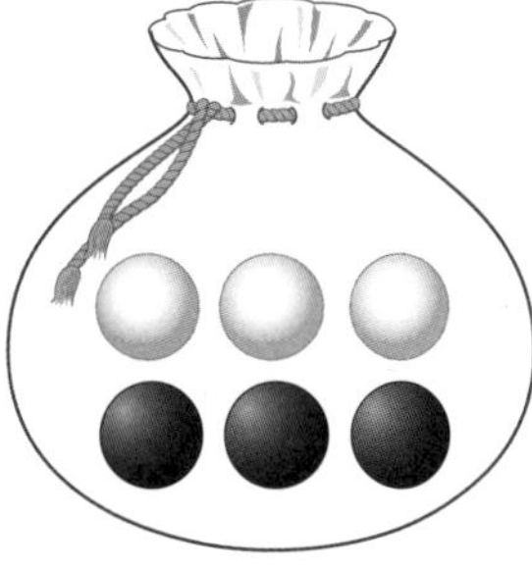

B

개념 3

필수 예제 5 독립사건의 확률; 계산

두 사건 A와 B는 서로 독립이고

$$\mathrm{P}(A)=\frac{1}{2}\mathrm{P}(B),\ \mathrm{P}(A\cup B)=\frac{7}{9}$$

일 때, $\mathrm{P}(A)$의 값은?

① $\frac{2}{9}$ ② $\frac{5}{18}$ ③ $\frac{1}{3}$ ④ $\frac{7}{18}$ ⑤ $\frac{4}{9}$

수능 link 서로 독립인 두 사건이 주어진 식을 만족시킬 때 어느 사건이 일어날 확률을 구하는 3점짜리 계산 문제가 가끔 출제된다. 또한, 조건부확률의 식과 결합하여 출제될 수 있다.

수능 key 두 사건 A와 B가 서로 독립이면

➡ $\mathrm{P}(A\cap B)=\mathrm{P}(A)\mathrm{P}(B)$ (단, $\mathrm{P}(A)>0$, $\mathrm{P}(B)>0$)

참고 두 사건 A와 B가 서로 독립이면 두 사건 A와 B^C, A^C과 B, A^C과 B^C도 서로 독립이다.

1 2 3

5-1

두 사건 A와 B는 서로 독립이고

$$\mathrm{P}(A)=\mathrm{P}(B^C)=\frac{1}{4}$$

일 때, $\mathrm{P}(A^C\cup B)$의 값은? (단, A^C은 A의 여사건이다.)

① $\frac{11}{16}$ ② $\frac{3}{4}$ ③ $\frac{13}{16}$ ④ $\frac{7}{8}$ ⑤ $\frac{15}{16}$

워크북 31쪽 | 정답 및 해설 21쪽

개념 ③

필수 예제 6 독립사건의 확률의 활용

주머니 A에는 흰 공 2개, 검은 공 3개가 들어 있고, 주머니 B에는 흰 공 1개, 검은 공 3개가 들어 있다. 두 주머니 A, B에서 각각 임의로 2개씩 공을 동시에 꺼낼 때, 흰 공 1개, 검은 공 3개가 나올 확률은?

① $\frac{3}{10}$ ② $\frac{7}{20}$ ③ $\frac{2}{5}$ ④ $\frac{9}{20}$ ⑤ $\frac{1}{2}$

수능 link 두 사건이 서로 독립일 때 확률의 성질을 이용하여 조건을 만족시키는 확률을 구하는 문제가 종종 출제된다.

수능 key 두 사건 A와 B가 서로 독립일 때, 사건 A가 일어나고 사건 B가 일어날 확률은
➡ $\mathrm{P}(A\cap B)=\mathrm{P}(A)\mathrm{P}(B)$ (단, $\mathrm{P}(A)>0$, $\mathrm{P}(B)>0$)

1 2 3

6-1

집합 $X=\{1, 2, 3\}$에 대하여 함수 $f: X \longrightarrow X$ 중에서 임의로 하나를 선택해 치역의 원소의 개수를 a라 하고, 한 개의 주사위를 한 번 던져 나오는 눈의 수를 b라 하자. $\frac{a}{b}$가 자연수일 확률은?

① $\frac{17}{54}$ ② $\frac{1}{3}$ ③ $\frac{19}{54}$ ④ $\frac{10}{27}$ ⑤ $\frac{7}{18}$

• 4점 준비 •

필수 예제 7

개념 4

독립시행의 확률

한 개의 주사위를 5번 던져 나오는 모든 눈의 수의 곱이 81의 배수일 확률은?

① $\frac{11}{243}$ ② $\frac{13}{243}$ ③ $\frac{5}{81}$ ④ $\frac{17}{243}$ ⑤ $\frac{19}{243}$

수능 link 동일한 시행을 반복하는 문제 상황이 주어지고 독립시행의 확률을 이용하는 문제가 3점 또는 4점 문제로 출제된다. 주어진 시행이 독립시행인지 파악하는 것이 중요하다. 독립시행의 확률 공식은 반드시 암기해야 한다.

수능 key 1회의 시행에서 사건 A가 일어날 확률이 p $(0<p<1)$일 때,
n회의 독립시행에서 사건 A가 r회 일어날 확률은
➡ ${}_{n}C_{r}p^{r}(1-p)^{n-r}$ (단, $r=0, 1, 2, \cdots, n$)

1 2 3

7-1

▸ 평가원

수직선의 원점에 점 P가 있다. 한 개의 주사위를 사용하여 다음 시행을 한다.

> 주사위를 한 번 던져 나오는 눈의 수가
> 6의 약수이면 점 P를 양의 방향으로 1만큼 이동시키고,
> 6의 약수가 아니면 점 P를 이동시키지 않는다.

이 시행을 4번 반복할 때, 4번째 시행 후 점 P의 좌표가 2 이상일 확률은?

① $\frac{13}{18}$ ② $\frac{7}{9}$ ③ $\frac{5}{6}$ ④ $\frac{8}{9}$ ⑤ $\frac{17}{18}$

02 조건부확률

정답 및 해설 22쪽

1

필수 예제 1

두 사건 A, B에 대하여

$$\mathrm{P}(A)=\frac{1}{3},\ \mathrm{P}(B|A)=\frac{1}{4}$$

일 때, $\mathrm{P}(A\cap B^C)$의 값은?

(단, B^C은 B의 여사건이다.)

① $\frac{1}{12}$ ② $\frac{1}{6}$ ③ $\frac{1}{4}$ ④ $\frac{1}{3}$ ⑤ $\frac{5}{12}$

2

필수 예제 3

어느 고등학교의 3학년 학생 180명을 대상으로 수학 영역의 선택 과목의 선호도를 조사하였다. 이 조사에 참여한 학생은 확률과 통계, 미적분, 기하 중 하나를 선택하였고, 남학생의 $\frac{2}{5}$와 여학생의 $\frac{1}{2}$이 확률과 통계를 선택하였다고 한다. 이 조사에 참여한 180명 중에서 임의로 선택한 1명이 확률과 통계를 선택한 학생일 때, 이 학생이 여학생일 확률이 $\frac{1}{2}$이다. 이 고등학교의 남학생의 수를 구하시오.

3

필수 예제 3

숫자 1, 2, 3이 하나씩 적혀 있는 흰 공 3개와 숫자 4, 5, 6, 7, 8이 하나씩 적혀 있는 검은 공 5개가 들어 있는 주머니에서 임의로 2개의 공을 동시에 꺼낸다. 꺼낸 2개의 공이 흰 공 1개, 검은 공 1개일 때, 꺼낸 두 공에 적혀 있는 수의 합이 홀수일 확률은?

① $\frac{2}{5}$ ② $\frac{7}{15}$ ③ $\frac{8}{15}$ ④ $\frac{3}{5}$ ⑤ $\frac{2}{3}$

4

필수 예제 3

집합 $\{1, 2, 3, 4, 5\}$의 공집합이 아닌 모든 부분집합 중에서 임의로 선택한 한 집합의 원소의 최댓값이 4일 때, 이 집합의 원소의 최솟값이 2일 확률은?

① $\frac{1}{16}$ ② $\frac{1}{8}$ ③ $\frac{3}{16}$ ④ $\frac{1}{4}$ ⑤ $\frac{5}{16}$

5

필수 예제 4

상자에 흰 공 4개, 검은 공 2개가 들어 있다. 숫자 3, 3, 3, 4가 하나씩 적혀 있는 4장의 카드가 들어 있는 주머니에서 임의로 1장의 카드를 꺼내어 카드에 적혀 있는 수만큼의 공을 상자에서 임의로 동시에 꺼낼 때, 꺼낸 검은 공의 개수가 1일 확률은?

① $\frac{1}{2}$ ② $\frac{7}{12}$ ③ $\frac{2}{3}$

④ $\frac{3}{4}$ ⑤ $\frac{5}{6}$

6

필수 예제 5

두 사건 A와 B^C은 서로 독립이고

$$\mathrm{P}(A|B)=\mathrm{P}(B|A),\ \mathrm{P}(A\cup B)=6\mathrm{P}(A\cap B)$$

일 때, $\mathrm{P}(B)$의 값은?

(단, $\mathrm{P}(A)\neq 0$이고, B^C은 B의 여사건이다.)

① $\frac{1}{14}$ ② $\frac{1}{7}$ ③ $\frac{3}{14}$

④ $\frac{2}{7}$ ⑤ $\frac{5}{14}$

7

필수 예제 6

두 집합 $X=\{1, 2, 3\}$, $Y=\{2, 3, 4\}$에 대하여 함수 $f : X \longrightarrow X$ 중에서 임의로 한 개를 선택하고, 함수 $g : Y \longrightarrow Y$ 중에서 임의로 한 개를 선택한다. 선택한 두 함수 f, g에 대하여 $f(2)+g(2)=4$일 확률은?

① $\frac{1}{9}$ ② $\frac{2}{9}$ ③ $\frac{1}{3}$

④ $\frac{4}{9}$ ⑤ $\frac{5}{9}$

8

필수 예제 6

주머니 안에 흰 구슬 10개와 검은 구슬 n개가 들어 있다. 이 주머니에서 임의로 구슬을 1개씩 두 번 꺼낼 때, 검은 구슬이 적어도 1번 나올 확률이 $\frac{15}{16}$이다. 자연수 n의 값을 구하시오. (단, 꺼낸 구슬은 다시 넣는다.)

9
필수 예제 7

두 집합 $X=\{1, 3, 5\}$, $Y=\{2, 4, 6\}$에 대하여 A는 집합 X에서 임의로 원소를 하나 선택하고, B는 집합 Y에서 임의로 원소를 하나 선택하여 더 큰 수를 선택한 사람이 이기는 시행을 한다. 이 시행을 4회 반복할 때, A가 이긴 횟수가 3회 이상일 확률은?

① $\frac{1}{9}$ ② $\frac{2}{9}$ ③ $\frac{1}{3}$
④ $\frac{4}{9}$ ⑤ $\frac{5}{9}$

10
필수 예제 7

흰 공 3개, 검은 공 4개가 들어 있는 주머니와 한 개의 동전을 사용하여 다음 시행을 한다.

> 주머니에서 임의로 2개의 공을 동시에 꺼내어
> 같은 색이면 한 개의 동전을 두 번 던지고,
> 다른 색이면 한 개의 동전을 세 번 던진다.

이 시행을 한 번 했을 때, 동전의 앞면이 두 번 나올 확률은?

① $\frac{5}{28}$ ② $\frac{7}{28}$ ③ $\frac{9}{28}$
④ $\frac{11}{28}$ ⑤ $\frac{13}{28}$

기출문제

▸ 교육청

11
필수 예제 2

어느 고등학교 학생 200명을 대상으로 휴대폰 요금제에 대한 선호도를 조사하였다. 이 조사에 참여한 200명의 학생은 휴대폰 요금제 A와 B 중 하나를 선택하였고, 각각의 휴대폰 요금제를 선택한 학생의 수는 다음과 같다.

(단위 : 명)

구분	휴대폰 요금제 A	휴대폰 요금제 B
남학생	$10a$	b
여학생	$48-2a$	$b-8$

이 조사에 참여한 학생 중에서 임의로 선택한 1명이 남학생일 때, 이 학생이 휴대폰 요금제 A를 선택한 학생일 확률은 $\frac{5}{8}$이다. $b-a$의 값은? (단, a, b는 상수이다.)

① 32 ② 36 ③ 40
④ 44 ⑤ 48

▸ 평가원

12
필수 예제 7

주사위 2개와 동전 4개를 동시에 던질 때, 나오는 주사위의 눈의 수의 곱과 앞면이 나오는 동전의 개수가 같을 확률은?

① $\frac{3}{64}$ ② $\frac{5}{96}$ ③ $\frac{11}{192}$
④ $\frac{1}{16}$ ⑤ $\frac{13}{192}$

III

통계

이 단원의 수능 경향 및 대비 방법

단원	수능 경향	대비 방법
01 이산확률변수의 확률분포	• 이산확률변수에 대한 표가 주어지거나 표를 그려 해결하는 문제가 출제된다. • 이항분포의 평균, 분산, 표준편차를 구하는 문제가 출제된다.	• 확률의 총합이 1임을 이용해야 하고, 이산확률변수의 평균, 분산, 표준편차를 구하는 공식을 정확히 알아야 한다. • 주어진 확률변수가 이항분포를 따름을 알고 독립시행의 확률을 기억하고 있어야 한다.
02 연속확률변수의 확률분포	• 연속확률변수에 대한 그래프가 주어지거나 그래프를 그려 해결하는 문제가 출제된다. • 표준정규분포를 이용한 확률을 구하는 문제가 출제된다.	• 확률밀도함수의 그래프와 x축 사이의 넓이가 확률임을 생각하고 (전체 넓이)$=1$임을 이용해야 한다. • 정규분포, 표준화, 표준정규분포 등의 개념에 대해 정확히 알고 정규분포곡선의 성질과 표준정규분포표를 이용하여 확률을 계산할 수 있어야 한다.
03 통계적 추정	• 표본평균의 평균, 분산, 표준편차 또는 확률을 구하는 문제가 출제된다. • 모평균을 이용하여 신뢰구간을 구하는 문제가 출제된다.	• 모평균, 모분산, 모표준편차와 표본평균의 평균, 분산, 표준편차의 차이를 이해하고 공식을 제대로 암기하여 계산한다. • 모평균에 대한 신뢰구간을 구하는 공식만 정확히 알고 있으면 쉽게 해결할 수 있으므로 그 공식을 정확히 숙지한다.

01 이산확률변수의 확률분포

개념 ① 확률변수와 확률분포

1 확률변수

어떤 시행에서 표본공간 S의 각 원소에 단 하나의 실수를 대응시키는 관계를 확률변수라 하고, 확률변수 X가 어떤 값 x를 가질 확률을 기호로

$$\mathrm{P}(X=x)$$

와 같이 나타낸다.

2 확률분포

확률변수 X가 갖는 값과 X가 이 값을 가질 확률의 대응 관계를 X의 **확률분포**라 한다.

개념 NOTE

▸ 확률변수는 표본공간을 정의역으로 하고, 실수 전체의 집합을 공역으로 하는 함수이지만 변수의 역할을 하기 때문에 확률변수라 부른다.

▸ 일반적으로 확률변수는 X, Y, Z 등으로 나타내고, 확률변수가 가지는 값은 x, y, z 또는 x_1, x_2, x_3 등으로 나타낸다.

확률변수는 표본공간을 정의역으로 하고 실수 전체의 집합을 공역으로 하는 함수로, 표본공간의 각 근원사건에 단 하나의 실수를 대응시키는 관계이다.

설명 예시 한 개의 동전을 2번 던지는 시행에서 동전의 앞면을 H, 뒷면을 T라 하면 표본공간 S는

$$S=\{\mathrm{HH},\ \mathrm{HT},\ \mathrm{TH},\ \mathrm{TT}\}$$

이고 표본공간 S의 각 원소 HH, HT, TH, TT에 대한 앞면의 개수는

$$2,\ 1,\ 1,\ 0$$

이다.

즉, 동전의 앞면이 나오는 횟수를 X라 하면 X가 가질 수 있는 값은 0, 1, 2이다.

이때 X가 0, 1, 2의 값을 가질 확률은 각각

$$\frac{1}{4},\ \frac{1}{2},\ \frac{1}{4}$$

이므로 이것을 기호로

$$\mathrm{P}(X=0)=\frac{1}{4},\ \mathrm{P}(X=1)=\frac{1}{2},\ \mathrm{P}(X=2)=\frac{1}{4}$$

과 같이 나타낸다.

개념 ② 이산확률변수와 확률질량함수

1 이산확률변수

확률변수가 가질 수 있는 값이 유한개이거나 무한히 많더라도 자연수와 같이 일일이 셀 수 있을 때, 그 확률변수를 이산확률변수라 한다.

2 확률질량함수

이산확률변수 X가 가질 수 있는 모든 값 x_1, x_2, x_3, $\cdots$, x_n에 이 값을 가질 확률 p_1, p_2, p_3, $\cdots$, p_n이 하나씩 대응되는 관계를 나타내는 함수

$$\mathrm{P}(X=x_i)=p_i\ (i=1,\ 2,\ 3,\ \cdots,\ n)$$

을 이산확률변수 X의 **확률질량함수**라 한다.

▸ 이산확률변수에서 '이산'이란 하나하나 흩어져 있음을 뜻한다.

이산확률변수 X의 확률질량함수가

$$\mathrm{P}(X=x_i)=p_i \ (i=1,\ 2,\ 3,\ \cdots,\ n)$$

일 때, 확률분포는 다음과 같이 표 또는 그래프로 나타낼 수 있다.

X	x_1	x_2	$\cdots$	x_i	$\cdots$	x_n	합계
$\mathrm{P}(X=x)$	p_1	p_2	$\cdots$	p_i	$\cdots$	p_n	1

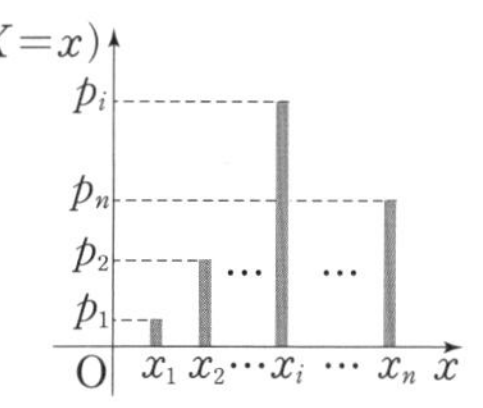

설명 예시 한 개의 동전을 2번 던지는 시행에서 동전의 앞면이 나오는 횟수를 X라 하면 X는 확률변수이고, X가 가질 수 있는 값은 0, 1, 2이므로 X는 이산확률변수이다.

이때 X의 확률질량함수는

$$\begin{aligned}\mathrm{P}(X=x)&={}_2\mathrm{C}_x\left(\frac{1}{2}\right)^x\left(\frac{1}{2}\right)^{2-x}\\&=\frac{{}_2\mathrm{C}_x}{4}\ (x=0,\ 1,\ 2)\end{aligned}$$

이고, 확률변수 X가 0, 1, 2일 때의 확률은 각각

$$\mathrm{P}(X=0)=\frac{1}{4},\ \mathrm{P}(X=1)=\frac{1}{2},\ \mathrm{P}(X=2)=\frac{1}{4}$$

이므로 확률변수 X의 확률분포를 표와 그래프로 나타내면 다음과 같다.

X	0	1	2	합계
$\mathrm{P}(X=x)$	$\frac{1}{4}$	$\frac{1}{2}$	$\frac{1}{4}$	1

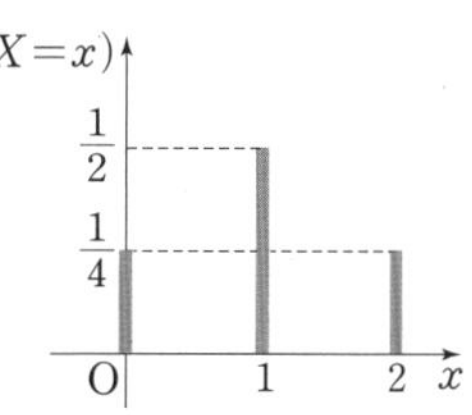

개념 3 확률질량함수의 성질

이산확률변수 X의 확률질량함수가 $\mathrm{P}(X=x_i)=p_i$ $(i=1,\ 2,\ 3,\ \cdots,\ n)$일 때, 확률의 기본 성질에 의하여 다음이 성립한다.

(1) $0\le p_i\le 1$

(2) $p_1+p_2+p_3+\cdots+p_n=1$

(3) $\mathrm{P}(x_i\le X\le x_j)=p_i+p_{i+1}+p_{i+2}+\cdots+p_j$ (단, $j=1,\ 2,\ 3,\ \cdots,\ n$이고, $i\le j$)

설명 예시 확률질량함수의 함숫값은 확률변수가 가질 수 있는 각 값에 대한 확률을 나타낸 것이므로 확률의 기본 성질을 만족시킨다.

즉, 각 함숫값은 0에서 1까지의 값을 가지며, 모든 함숫값의 합은 항상 1이 된다.

또한, $\mathrm{P}(x_i\le X\le x_j)$는 X가 x_i 이상 x_j 이하의 값을 가질 확률을 나타내므로

$$\begin{aligned}\mathrm{P}(x_i\le X\le x_j)&=\mathrm{P}(X=x_i)+\mathrm{P}(X=x_{i+1})+\mathrm{P}(X=x_{i+2})+\cdots+\mathrm{P}(X=x_j)\\&=p_i+p_{i+1}+p_{i+2}+\cdots+p_j\end{aligned}$$

임을 확인할 수 있다.

개념 NOTE

▸ (1) $i\ne j$일 때,
$\mathrm{P}(X=x_i$ 또는 $X=x_j)$
$=\mathrm{P}(X=x_i)+\mathrm{P}(X=x_j)$

(2) $\mathrm{P}(x_i\le X\le x_j)$는 확률변수 X가 x_i 이상 x_j 이하의 값을 가질 확률을 나타낸다.

개념 Check　　정답 및 해설 25쪽

1. 확률변수 X의 확률분포를 표로 나타내면 오른쪽과 같을 때, 다음을 구하시오.

X	0	1	2	3	합계
$P(X=x)$	a	$\frac{1}{4}$	$\frac{3}{8}$	$\frac{1}{8}$	1

(1) 상수 a의 값

(2) $P(X=1$ 또는 $X=3)$

(3) $P(0\le X\le 2)$

개념 4 이산확률변수의 기댓값 (평균)

이산확률변수 X의 확률질량함수가

$$P(X=x_i)=p_i\ (i=1,\ 2,\ 3,\ \cdots,\ n)$$

이고, 확률분포가 오른쪽 표와 같을 때

X	x_1	x_2	x_3	$\cdots$	x_n	합계
$P(X=x)$	p_1	p_2	p_3	$\cdots$	p_n	1

$$x_1p_1+x_2p_2+x_3p_3+\cdots+x_np_n$$

을 이산확률변수 X의 기댓값 또는 평균이라 하고, 이것을 기호로 $\mathbf{E(X)}$와 같이 나타낸다.

▸ $E(X)$에서 E는 기댓값을 뜻하는 Expectation의 첫 글자이고, 이를 평균을 뜻하는 mean의 첫 글자 m으로 나타내기도 한다.

설명 예시 오른쪽 표는 어떤 행운권 40장에 적혀 있는 순위와 각 순위에 대한 상금 및 매수를 나타낸 것이다.

순위	상금	매수(장)
1등	50000	1
2등	10000	5
3등	5000	10
순위 없음	0	24
합계		40

행운권 40장 중에서 임의로 택한 행운권 1장의 상금을 X원이라 할 때, 확률변수 X가 가질 수 있는 값은 0, 5000, 10000, 50000이고, 확률변수 X가 각 값을 가질 확률은 순서대로 $\frac{3}{5}$, $\frac{1}{4}$, $\frac{1}{8}$, $\frac{1}{40}$이므로 X의 확률분포를 표로 나타내면 다음과 같다.

▸ 확률분포에서 평균을 기댓값이라 하는 것은 변수를 확률변수로 할 때, 확률의 값이 기대되는 정도를 나타내기 때문이다.

X	0	5000	10000	50000	합계
$P(X=x)$	$\frac{3}{5}$	$\frac{1}{4}$	$\frac{1}{8}$	$\frac{1}{40}$	1

이때 행운권 1장에 대한 상금의 평균은

$$\frac{0\times24+5000\times10+10000\times5+50000\times1}{40}$$

$$=0\times\frac{3}{5}+5000\times\frac{1}{4}+10000\times\frac{1}{8}+50000\times\frac{1}{40}$$

$$=3750(\text{원})$$

이므로 상금의 평균, 즉 기댓값은 확률변수 X의 각 값과 그에 대응하는 확률을 곱하여 더한 것과 같음을 알 수 있다.

개념 Check　　정답 및 해설 25쪽

2. 확률변수 X의 확률분포를 표로 나타내면 오른쪽과 같을 때, $E(X)$의 값을 구하시오.

X	1	2	3	합계
$P(X=x)$	$\frac{3}{10}$	$\frac{1}{2}$	$\frac{1}{5}$	1

개념 5 이산확률변수의 분산, 표준편차

이산확률변수 X의 확률질량함수가 $\mathrm{P}(X=x_i)=p_i$ $(i=1, 2, 3, \cdots, n)$이고, X의 기댓값을 $\mathrm{E}(X)=m$이라 할 때

(1) **분산**

편차 $X-m$의 제곱의 기댓값을 이산확률변수 X의 분산이라 하고, 기호로 $\mathbf{V}(X)$와 같이 나타낸다.

$$\begin{aligned}\mathrm{V}(X)&=\mathrm{E}((X-m)^2)\\&=(x_1-m)^2p_1+(x_2-m)^2p_2+\cdots+(x_n-m)^2p_n\end{aligned}$$

또한,

$$\mathrm{V}(X)=\mathrm{E}(X^2)-\{\mathrm{E}(X)\}^2$$

과 같이 구할 수 있다.

(2) **표준편차**

분산 $\mathrm{V}(X)$의 양의 제곱근 $\sqrt{\mathrm{V}(X)}$를 이산확률변수 X의 **표준편차**라 하고, 기호로 $\boldsymbol{\sigma(X)}$와 같이 나타낸다.

개념 NOTE

▸ $\mathrm{V}(X)$에서 V는 분산을 뜻하는 Variance의 첫 글자이다.

▸ $\sigma(X)$에서 σ는 표준편차를 뜻하는 standard deviation의 첫 글자 s에 해당하는 그리스 문자이고 '시그마'라 읽는다.

▸ 중학교 때 배웠던 것처럼 분산과 표준편차는 자료가 평균으로부터 떨어져 있는 정도를 수치로 나타낸 것으로, 분산과 표준편차가 클수록 자료가 평균을 중심으로 흩어져 있는 정도가 크다는 것을 의미한다.

확률변수 X의 분산 $\mathrm{V}(X)$는 다음과 같이 변형할 수 있다.

$$\begin{aligned}\mathrm{V}(X)&=\mathrm{E}((X-m)^2)=(x_1-m)^2p_1+(x_2-m)^2p_2+\cdots+(x_n-m)^2p_n\\&=(x_1^2-2x_1m+m^2)p_1+(x_2^2-2x_2m+m^2)p_2+\cdots+(x_n^2-2x_nm+m^2)p_n\\&=(x_1^2p_1+x_2^2p_2+\cdots+x_n^2p_n)-2m(x_1p_1+x_2p_2+\cdots+x_np_n)\\&\quad+m^2(p_1+p_2+\cdots+p_n)\\&=(x_1^2p_1+x_2^2p_2+\cdots+x_n^2p_n)-2m\times m+m^2\times 1\\&=(x_1^2p_1+x_2^2p_2+\cdots+x_n^2p_n)-m^2\\&=\mathrm{E}(X^2)-\{\mathrm{E}(X)\}^2\end{aligned}$$

설명 예시 이산확률변수 X의 확률분포가 오른쪽 표와 같을 때, X의 평균, 분산, 표준편차는 다음과 같다.

X	1	2	3	합계
$\mathrm{P}(X=x)$	$\frac{1}{4}$	$\frac{1}{2}$	$\frac{1}{4}$	1

$$\begin{aligned}\mathrm{E}(X)&=1\times\frac{1}{4}+2\times\frac{1}{2}+3\times\frac{1}{4}\\&=2\end{aligned}$$

$$\begin{aligned}\mathrm{V}(X)&=\mathrm{E}(X^2)-\{\mathrm{E}(X)\}^2\\&=\left(1^2\times\frac{1}{4}+2^2\times\frac{1}{2}+3^2\times\frac{1}{4}\right)-2^2\\&=\frac{1}{2}\end{aligned}$$

$$\sigma(X)=\sqrt{\mathrm{V}(X)}=\sqrt{\frac{1}{2}}=\frac{\sqrt{2}}{2}$$

참고 $\mathrm{V}(X)=\mathrm{E}((X-2)^2)=(1-2)^2\times\frac{1}{4}+(2-2)^2\times\frac{1}{2}+(3-2)^2\times\frac{1}{4}=\frac{1}{2}$

개념 Check

정답 및 해설 25쪽

3. 확률변수 X의 확률분포를 표로 나타내면 오른쪽과 같을 때, $\mathrm{V}(X)$의 값을 구하시오.

X	-1	0	1	합계
$\mathrm{P}(X=x)$	$\frac{1}{6}$	$\frac{1}{3}$	$\frac{1}{2}$	1

개념 6 이산확률변수 $aX+b$의 평균, 분산, 표준편차

이산확률변수 X와 두 상수 a, b $(a\neq0)$에 대하여 이산확률변수 $aX+b$의 평균, 분산, 표준편차는 다음과 같다.

(1) **평균**: $\mathrm{E}(aX+b)=a\mathrm{E}(X)+b$

(2) **분산**: $\mathrm{V}(aX+b)=a^2\mathrm{V}(X)$

(3) **표준편차**: $\sigma(aX+b)=|a|\sigma(X)$

개념 NOTE

▶ (1), (2), (3)은 이산확률변수뿐만 아니라 일반적으로 모든 확률변수에 대하여 성립한다.

설명 예시 이산확률변수 X의 확률질량함수가

$$\mathrm{P}(X=x_i)=p_i\ (i=1,\ 2,\ 3,\ \cdots,\ n)$$

이고, 확률분포가 다음 표와 같을 때,

X	x_1	x_2	x_3	$\cdots$	x_n	합계
$\mathrm{P}(X=x)$	p_1	p_2	p_3	$\cdots$	p_n	1

두 상수 a, b $(a\neq0)$에 대하여 $Y=aX+b$라 하면 확률변수 Y가 가질 수 있는 값은

$$ax_1+b,\ ax_2+b,\ ax_3+b,\ \cdots,\ ax_n+b$$

이때 각 값을 가질 확률은

$$\mathrm{P}(Y=ax_i+b)=\mathrm{P}(X=x_i)=p_i\ (i=1,\ 2,\ 3,\ \cdots,\ n)$$

이므로 확률변수 Y의 확률분포를 표로 나타내면 다음과 같다.

Y	ax_1+b	ax_2+b	ax_3+b	$\cdots$	ax_n+b	합계
$\mathrm{P}(Y=ax+b)$	p_1	p_2	p_3	$\cdots$	p_n	1

따라서 이를 이용하여 확률변수 Y의 평균, 분산, 표준편차를 구하면 다음과 같다.

(1) $\mathrm{E}(Y)=\mathrm{E}(aX+b)$
$$=(ax_1+b)p_1+(ax_2+b)p_2+\cdots+(ax_n+b)p_n$$
$$=a(x_1p_1+x_2p_2+\cdots+x_np_n)+b(p_1+p_2+\cdots+p_n)$$
$$=a\mathrm{E}(X)+b$$

(2) $\mathrm{V}(Y)=\mathrm{V}(aX+b)$
$$=[(ax_1+b)-\{a\mathrm{E}(X)+b\}]^2p_1+[(ax_2+b)-\{a\mathrm{E}(X)+b\}]^2p_2+\cdots$$
$$+[(ax_n+b)-\{a\mathrm{E}(X)+b\}]^2p_n$$
$$=a^2[\{x_1-\mathrm{E}(X)\}^2p_1+\{x_2-\mathrm{E}(X)\}^2p_2+\cdots+\{x_n-\mathrm{E}(X)\}^2p_n]$$
$$=a^2\mathrm{V}(X)$$

참고 $\mathrm{V}(Y)=\mathrm{V}(aX+b)$
$$=\mathrm{E}((aX+b)^2)-\{\mathrm{E}(aX+b)\}^2$$
$$=\mathrm{E}(a^2X^2+2abX+b^2)-\{a\mathrm{E}(X)+b\}^2$$
$$=a^2\mathrm{E}(X^2)+2ab\mathrm{E}(X)+b^2-a^2\{\mathrm{E}(X)\}^2-2ab\mathrm{E}(X)-b^2$$
$$=a^2[\mathrm{E}(X^2)-\{\mathrm{E}(X)\}^2]$$
$$=a^2\mathrm{V}(X)$$

(3) $\sigma(Y)=\sqrt{\mathrm{V}(Y)}=\sqrt{a^2\mathrm{V}(X)}=|a|\sigma(X)$

개념 Check

정답 및 해설 25쪽

4. 확률변수 X에 대하여 $\mathrm{E}(X)=2$, $\mathrm{V}(X)=3$일 때, 다음 확률변수 Y의 평균, 분산, 표준편차를 각각 구하시오.

(1) $Y=3X-1$ (2) $Y=-2X$

개념 7 이항분포

한 번의 시행에서 사건 A가 일어날 확률이 p로 일정할 때, n번의 독립시행에서 사건 A가 일어나는 횟수를 확률변수 X라 하면 X의 확률질량함수는 다음과 같다.

$$\mathrm{P}(X=x)={}_n\mathrm{C}_x p^x q^{n-x}\ (x=0,\ 1,\ 2,\ \cdots,\ n,\ q=1-p)$$

이와 같은 확률변수 X의 확률분포를 **이항분포**라 하고, 기호로 $\mathbf{B}(\boldsymbol{n},\ \boldsymbol{p})$와 같이 나타낸다.

이때 '확률변수 X는 이항분포 $\mathrm{B}(n,\ p)$를 따른다'고 한다.

개념 NOTE

▸ $\mathrm{B}(n,\ p)$의 B는 이항분포를 뜻하는 Binomial distribution의 첫 글자이다.

설명 예시 한 번의 시행에서 사건 A가 일어날 확률이 p로 일정할 때, n번의 독립시행에서 사건 A가 일어나는 횟수를 확률변수 X라 하면 X는 이산확률변수이고, X가 가질 수 있는 값은 $0,\ 1,\ 2,\ \cdots,\ n$이다.

이때 X의 확률질량함수는 독립시행의 확률에 의하여

$$\mathrm{P}(X=x)={}_n\mathrm{C}_x p^x q^{n-x}\ (x=0,\ 1,\ 2,\ \cdots,\ n\text{이고},\ q=1-p)$$

이므로 X의 확률분포를 표로 나타내면 다음과 같다.

X	0	1	2	$\cdots$	n	합계
$\mathrm{P}(X=x)$	${}_n\mathrm{C}_0 q^n$	${}_n\mathrm{C}_1 p^1 q^{n-1}$	${}_n\mathrm{C}_2 p^2 q^{n-2}$	$\cdots$	${}_n\mathrm{C}_n p^n$	1

위의 표에서 각 확률은 $(p+q)^n$을 이항정리를 이용하여 전개한 식

$${}_n\mathrm{C}_0 q^n+{}_n\mathrm{C}_1 p^1 q^{n-1}+{}_n\mathrm{C}_2 p^2 q^{n-2}+\cdots+{}_n\mathrm{C}_n p^n$$

의 각 항과 같고, $p+q=1$이므로 각 확률을 모두 더한 값이 1임을 알 수 있다.

따라서 확률의 총합은 1임이 성립한다.

개념 Check

정답 및 해설 26쪽

5. 확률변수 X가 이항분포 $\mathrm{B}\left(4,\ \frac{1}{4}\right)$을 따를 때, $\mathrm{P}(X=3)$의 값을 구하시오.

개념 8 이항분포의 평균, 분산, 표준편차

확률변수 X가 이항분포 $\mathrm{B}(n,\ p)$를 따를 때, X의 평균, 분산, 표준편차는 각각 다음과 같다.

(1) $\mathrm{E}(X)=np$

(2) $\mathrm{V}(X)=npq$

(3) $\sigma(X)=\sqrt{npq}$ (단, $q=1-p$)

확률변수 X가 이항분포 $\mathrm{B}(n,\ p)$를 따를 때, X의 확률질량함수

$$\mathrm{P}(X=x)={}_n\mathrm{C}_x p^x q^{n-x}\ (x=0,\ 1,\ 2,\ \cdots,\ n,\ q=1-p)$$

를 이용하여 X의 평균과 분산 및 표준편차를 구하면 다음과 같다.

$$\begin{aligned}\mathrm{E}(X)&=1\times{}_n\mathrm{C}_1 p^1 q^{n-1}+2\times{}_n\mathrm{C}_2 p^2 q^{n-2}+3\times{}_n\mathrm{C}_3 p^3 q^{n-3}+\cdots+n\times{}_n\mathrm{C}_n p^n\\&=np({}_{n-1}\mathrm{C}_0 q^{n-1}+{}_{n-1}\mathrm{C}_1 p^1 q^{n-2}+{}_{n-1}\mathrm{C}_2 p^2 q^{n-3}+\cdots+{}_{n-1}\mathrm{C}_{n-1} p^{n-1})\\&=np(p+q)^{n-1}\\&=np\end{aligned}$$

$$\begin{aligned}V(X)&=E(X^2)-\{E(X)\}^2\\&=E(X^2-X+X)-\{E(X)\}^2\\&=E(X^2-X)+E(X)-\{E(X)\}^2\\&=E(X(X-1))+E(X)-\{E(X)\}^2\\&=1\times0\times{}_nC_1p^1q^{n-1}+2\times1\times{}_nC_2p^2q^{n-2}+3\times2\times{}_nC_3p^3q^{n-3}+\cdots\\&\quad+n(n-1){}_nC_np^n+np-(np)^2\\&=n(n-1)p^2({}_{n-2}C_0q^{n-2}+{}_{n-2}C_1p^1q^{n-3}+\cdots+{}_{n-2}C_{n-2}p^{n-2})+np-(np)^2\\&=n(n-1)p^2(p+q)^{n-2}+np-(np)^2\\&=np(1-p)\\&=npq\end{aligned}$$

$$\sigma(X)=\sqrt{V(X)}=\sqrt{npq}$$

개념 NOTE

개념 Check 정답 및 해설 26쪽

6. 확률변수 X가 이항분포 $B\left(100, \frac{2}{5}\right)$를 따를 때, $E(X)+V(X)$의 값을 구하시오.

수능 Idea

Idea ① 이산확률변수의 평균과 분산을 구하려면 확률분포표를 만들어 보자.

이산확률변수 문제에서 가장 많이 묻는 주제는 평균과 분산이다.
이때 확률분포표가 주어지면 단순 계산으로 평균과 분산을 어렵지 않게 구할 수 있다.
즉, 이산확률변수의 평균과 분산을 묻는 문제에 대해서는 확률분포표가 주어져 있으면 땡큐, 주어져 있지 않으면 확률분포표를 직접 만들어 보자.

Idea ② 이항분포의 목표는 두 가지! 1. 평균과 분산! 2. 확률!

이항분포에 대한 문제는 크게 두 가지로 나눌 수 있다. 평균과 분산! 확률!
시험에서 자주 나오는 유형은 평균과 분산을 구하는 것이지만 상황에 따라 $P(X=x)$의 값을 물어 보는 경우도 있으니 '이항분포'하면 확률질량함수가 '독립시행의 확률'임을 명심하자.

확률변수 X가 이항분포 $B(n, p)$를 따를 때
1. 평균과 분산 구하기 ➡ $E(X)=np$, $V(X)=np(1-p)$
2. 확률 구하기 ➡ $P(X=x)={}_nC_xp^x(1-p)^{n-x}$

개념 ③

필수 예제 1

확률질량함수의 성질

확률변수 X의 확률분포를 표로 나타내면 다음과 같다.

X	-1	0	1	2	합계
$\mathrm{P}(X=x)$	a	b	$\frac{1}{6}$	$\frac{1}{3}$	1

$\mathrm{P}(|X|=1)=\mathrm{P}(X=0)$일 때, $2b-a$의 값은? (단, a, b는 상수이다.)

① $\frac{1}{6}$ ② $\frac{1}{3}$ ③ $\frac{1}{2}$ ④ $\frac{2}{3}$ ⑤ $\frac{5}{6}$

수능 link

단독으로 출제될 가능성은 낮지만 이산확률변수에 대한 가장 기본적인 성질이므로 꼭 짚고 넘어가야 한다.
확률변수 X에 대한 표 또는 식이 주어지면 먼저 확률의 총합이 1임을 이용해야 한다.

수능 key

확률변수 X의 확률질량함수가 $\mathrm{P}(X=x_i)=p_i$ $(i=1, 2, 3, \cdots, n)$일 때

(1) $0 \le p_i \le 1$

(2) $p_1+p_2+p_3+\cdots+p_n=1$

(3) $\mathrm{P}(x_i \le X \le x_j)=p_i+p_{i+1}+p_{i+2}+\cdots+p_j$ (단, $j=1, 2, 3, \cdots, n$이고, $i \le j$)

1 2 3

1-1

상수 k에 대하여 확률변수 X의 확률질량함수가

$$\mathrm{P}(X=x)=kx+\frac{1}{6}\ (x=1, 2, 3, 4, 5)$$

일 때, $\mathrm{P}(2 \le X \le 3)$의 값은?

① $\frac{1}{3}$ ② $\frac{7}{18}$ ③ $\frac{4}{9}$ ④ $\frac{1}{2}$ ⑤ $\frac{5}{9}$

• 3점 빈출 •

필수 예제 2 이산확률변수 X의 평균, 분산, 표준편차

개념 ④ ⑤

확률변수 X의 확률분포를 표로 나타내면 다음과 같다.

X	1	2	3	4	합계
$\mathrm{P}(X=x)$	$\frac{5}{12}$	a	b	$\frac{1}{4}$	1

$\mathrm{E}(X)=\frac{13}{6}$일 때, $\mathrm{V}(X)$의 값은? (단, a, b는 상수이다.)

① $\frac{41}{36}$ ② $\frac{11}{9}$ ③ $\frac{47}{36}$ ④ $\frac{25}{18}$ ⑤ $\frac{53}{36}$

수능 link

필수 예제 [2], [3]은 종종 출제되는 유형이다. $\mathrm{E}(X)$, $\mathrm{V}(X)$, $\sigma(X)$ 사이의 관계를 알고 계산할 수 있어야 한다. 이는 필수 예제 [6]의 이항분포의 평균, 분산, 표준편차에서도 이용된다.

수능 key

확률변수 X의 확률질량함수 $\mathrm{P}(X=x_i)=p_i\ (i=1, 2, 3, \cdots, n)$에 대하여

(1) $\mathrm{E}(X)=x_1p_1+x_2p_2+x_3p_3+\cdots+x_np_n$

(2) $\mathrm{V}(X)=\mathrm{E}(X^2)-\{\mathrm{E}(X)\}^2$

(3) $\sigma(X)=\sqrt{\mathrm{V}(X)}$

1 2 3

2-1

이산확률변수 X의 확률분포를 표로 나타내면 다음과 같다.

X	0	1	a	합계
$\mathrm{P}(X=x)$	$\frac{1}{10}$	$\frac{1}{2}$	$\frac{2}{5}$	1

$\sigma(X)=\mathrm{E}(X)$일 때, $\mathrm{E}(X^2)+\mathrm{E}(X)$의 값은? (단, $a>1$)

① 29 ② 33 ③ 37 ④ 41 ⑤ 45

워크북 35쪽 | 정답 및 해설 27쪽

개념 6

필수 예제 3

이산확률변수 $aX+b$의 평균, 분산, 표준편차

실수 k에 대하여 확률변수 X의 확률질량함수가

$$P(X=x)=kx+\frac{1}{2}\ (x=1,\ 2,\ 3,\ 4)$$

일 때, $E(2X-1)$의 값은?

① 1 ② 2 ③ 3 ④ 4 ⑤ 5

수능 link

필수 예제 1, 2에서 확장된 유형이다. 주어진 확률질량함수를 이용하여 확률변수 X의 확률분포를 표로 나타낸 후 확률의 총합이 1임을 이용하고, $E(X)$, $V(X)$, $\sigma(X)$를 구할 수 있어야 한다. 이때 확률변수 X와 확률변수 $aX+b$ 사이의 관계 또한 알아야 한다.

수능 key

확률변수 $aX+b$ (a, b는 실수, $a\neq0$)에 대하여

(1) $E(aX+b)=aE(X)+b$

(2) $V(aX+b)=a^2V(X)$

(3) $\sigma(aX+b)=|a|\sigma(X)$

1 2 3

3-1

빨간 공 2개와 파란 공 3개가 들어 있는 주머니에서 임의로 2개의 공을 동시에 꺼낼 때, 나오는 빨간 공의 개수를 확률변수 X라 하자. $V(5X+1)$의 값을 구하시오.

워크북 36쪽 | 정답 및 해설 27쪽

개념 7

필수 예제 4 이항분포의 뜻과 확률

확률변수 X가 이항분포 $\mathrm{B}(n,\ p)$를 따르고 $\mathrm{P}(X=0)=\frac{1}{243}$일 때, $\mathrm{P}(X=3)$의 값은?

(단, $n\geq 3$이고, p는 $0<p<1$인 유리수이다.)

① $\frac{40}{243}$ ② $\frac{50}{243}$ ③ $\frac{20}{81}$ ④ $\frac{70}{243}$ ⑤ $\frac{80}{243}$

수능 link 이항분포를 따르는 확률변수 X에 대한 확률질량함수는 독립시행의 확률임을 기억하고 이를 작성할 수 있어야 한다.

수능 key 확률변수 X가 이항분포 $\mathrm{B}(n,\ p)$를 따르면 확률변수 X의 확률질량함수는
➡ $\mathrm{P}(X=x)={}_n\mathrm{C}_x p^x(1-p)^{n-x}$ $(x=0,\ 1,\ 2,\ \cdots,\ n)$

4-1

1 2 3

확률변수 X가 이항분포 $\mathrm{B}(9,\ p)$를 따르고 $\mathrm{P}(X=3)=\mathrm{P}(X=6)$일 때, $\mathrm{P}(X\leq 2)$의 값은? (단, $0<p<1$)

① $\frac{43}{512}$ ② $\frac{23}{256}$ ③ $\frac{49}{512}$ ④ $\frac{13}{128}$ ⑤ $\frac{55}{512}$

개념 7

필수 예제 5 이항분포의 활용; 확률질량함수

두 개의 동전을 동시에 던지는 시행을 4번 반복할 때, 두 개 모두 앞면이 나오는 횟수를 확률변수 X라 하자. $\mathrm{P}(X\leq 1)$의 값은?

① $\frac{173}{256}$ ② $\frac{177}{256}$ ③ $\frac{181}{256}$ ④ $\frac{185}{256}$ ⑤ $\frac{189}{256}$

수능 link 주어진 시행이 독립시행인 것을 파악하고, 확률변수가 이항분포를 따름을 알아내는 것이 중요하다. 그 이후의 풀이 과정은 **필수 예제** 4와 같다.

수능 key 한 번의 시행에서 사건 A가 일어날 확률이 p로 일정할 때, n번의 독립시행에서 사건 A가 일어나는 횟수를 확률변수 X라 하면

(1) X는 이항분포 $\mathrm{B}(n,\ p)$를 따른다.

(2) X의 확률질량함수 ➡ $\mathrm{P}(X=x)={}_{n}\mathrm{C}_{x}p^{x}(1-p)^{n-x}$ $(x=0,\ 1,\ 2,\ \cdots,\ n)$

5-1

1 2 3

1부터 8까지의 자연수가 하나씩 적혀 있는 8장의 카드가 들어 있는 주머니가 있다. 이 주머니에서 임의로 한 장의 카드를 뽑아 카드에 적혀 있는 수를 확인하고 다시 넣는 시행을 5번 반복할 때, 소수가 적혀 있는 카드를 뽑는 횟수를 확률변수 X라 하자. $\mathrm{P}(X\leq 4)$의 값은?

① $\frac{27}{32}$ ② $\frac{7}{8}$ ③ $\frac{29}{32}$ ④ $\frac{15}{16}$ ⑤ $\frac{31}{32}$

워크북 38쪽 | 정답 및 해설 28쪽

• 3점 빈출 •

개념 8

필수 예제 6 이항분포의 평균, 분산, 표준편차

확률변수 X가 이항분포 $\mathrm{B}(36,\ p)$를 따르고 $\mathrm{E}(X)=\sigma(X)$일 때, p의 값은?

(단, $0<p<1$)

① $\frac{1}{34}$ ② $\frac{1}{35}$ ③ $\frac{1}{36}$ ④ $\frac{1}{37}$ ⑤ $\frac{1}{38}$

수능 link 2점, 쉬운 3점으로 자주 출제되는 유형이다. 공식만 정확히 알고 있으면 쉽게 풀 수 있는 유형이므로 공식을 정확히 암기해야 한다.

수능 key 확률변수 X가 이항분포 $\mathrm{B}(n,\ p)$를 따를 때 $(q=1-p)$

(1) $\mathrm{E}(X)=np$

(2) $\mathrm{V}(X)=npq$

(3) $\sigma(X)=\sqrt{npq}$

1 2 3

6-1

확률변수 X가 이항분포 $\mathrm{B}\left(n,\ \frac{1}{3}\right)$을 따르고 $\mathrm{V}(2X)=40$일 때, n의 값은?

① 30 ② 35 ③ 40 ④ 45 ⑤ 50

워크북 39쪽 | 정답 및 해설 28쪽

개념 8

필수 예제 7 이항분포의 활용; 평균, 분산, 표준편차

한 개의 동전을 던지는 시행을 n번 할 때 앞면이 나오는 횟수를 확률변수 X라 하자. $\mathrm{E}(X)=2\times\sigma(X)$일 때, 자연수 n의 값은?

① 3　② 4　③ 5　④ 6　⑤ 7

수능 link 주어진 시행이 독립시행인 것을 파악하고, 확률변수가 이항분포를 따름을 알아내는 것이 중요하다. 그 이후의 풀이 과정은 **필수 예제** 6과 같다.

수능 key 이항분포를 따르는 확률변수 X에 대하여 $\mathrm{E}(X)$, $\mathrm{V}(X)$, $\sigma(X)$의 값은
➡ 먼저 시행 횟수 n과 한 번의 시행에서 그 사건이 일어날 확률 p를 구하여 $\mathrm{B}(n,\ p)$로 나타낸다.

1 2 3

7-1

두 개의 주사위를 동시에 던지는 시행을 100번 할 때, 두 주사위의 눈의 수의 합이 3의 배수가 나오는 횟수를 확률변수 X라 하자. $\mathrm{V}(aX+10)$이 자연수일 때, 양수 a의 최솟값은?

① 3　② $\sqrt{10}$　③ $\sqrt{11}$　④ $2\sqrt{3}$　⑤ $\sqrt{13}$

단원 마무리

01 이산확률변수의 확률분포

1

필수 예제 1

흰 공 4개와 검은 공 2개가 들어 있는 주머니에서 임의로 3개의 공을 동시에 꺼낼 때, 나오는 검은 공의 개수를 확률변수 X라 하자. $\mathrm{P}(X\le1)$의 값은?

① $\frac{1}{2}$ ② $\frac{3}{5}$ ③ $\frac{7}{10}$
④ $\frac{4}{5}$ ⑤ $\frac{9}{10}$

2

필수 예제 2

0이 아닌 실수 k에 대하여 이산확률변수 X의 확률질량함수가

$$\mathrm{P}(X=x)=\frac{|x|}{k}\ (x=-2,\ -1,\ 0,\ 1,\ 2)$$

일 때, $\mathrm{E}(X)+\sigma(X)$의 값은?

① 1 ② $\sqrt{2}$ ③ $\sqrt{3}$
④ 2 ⑤ $\sqrt{5}$

3

필수 예제 2

이산확률변수 X의 확률분포를 표로 나타내면 다음과 같다.

X	a	$2a$	$3a$	$6a$	합계
$\mathrm{P}(X=x)$	$\frac{1}{a}$	$\frac{1}{2}-\frac{1}{a}$	$\frac{1}{3}$	$\frac{1}{6}$	1

$\mathrm{V}(X)=26$일 때, a의 값은? (단, $a\ge2$)

① 2 ② $\frac{5}{2}$ ③ 3
④ $\frac{7}{2}$ ⑤ 4

4

필수 예제 3

이산확률변수 X의 확률분포를 표로 나타내면 다음과 같다.

X	0	1	2	3	합계
$\mathrm{P}(X=x)$	$\frac{1}{3}$	a	$\frac{1}{4}$	b	1

$\mathrm{E}(X^2)=\frac{11}{4}$일 때, $\mathrm{V}(-4X+1)$의 값은?

(단, a, b는 상수이다.)

① 19 ② 22 ③ 25
④ 28 ⑤ 31

5

필수 예제 3

숫자 1, 2, 3, 4가 하나씩 적혀 있는 4장의 카드 중에서 임의로 2장의 카드를 동시에 뽑을 때, 뽑은 카드에 적혀 있는 두 수의 합을 확률변수 X라 하자. $\mathrm{E}(3X-2)$의 값은?

① 11 ② 13 ③ 15
④ 17 ⑤ 19

6

필수 예제 4

확률변수 X가 이항분포 $\mathrm{B}\left(n, \frac{1}{3}\right)$을 따르고

$\mathrm{P}(X=2)=\frac{80}{243}$일 때, 모든 n의 값의 합을 구하시오.

7

필수 예제 5

두 개의 주사위를 동시에 던지는 시행을 50번 할 때, 나온 두 눈의 수의 곱이 3의 배수가 되는 횟수를 확률변수 X라 하자. $\frac{\mathrm{P}(X=k+1)}{\mathrm{P}(X=k)}=3$일 때, 자연수 k의 값은?

① 10 ② 12 ③ 14
④ 16 ⑤ 18

8

필수 예제 6

확률변수 X가 이항분포 $\mathrm{B}(100,\ p)$를 따르고 $\mathrm{V}\left(\frac{X}{2}\right)=6$일 때, $\mathrm{E}(X)$의 최댓값은?

① 30 ② 40 ③ 50
④ 60 ⑤ 70

9

필수 예제 6

확률변수 X가 이항분포를 따르고 $\mathrm{E}(X)=4\mathrm{V}(X)=3$일 때, $\mathrm{P}(X=3)=\left(\frac{q}{p}\right)^3$이다. $p+q$의 값을 구하시오.

(단, p와 q는 서로소인 자연수이다.)

10

필수 예제 7

어느 대회에 남자 3명, 여자 3명이 한 팀으로 구성된 150개의 팀이 참석하였다. 각 팀에서 임의로 2명씩 선택할 때, 남자 1명, 여자 1명이 선택된 팀의 수를 확률변수 X라 하자. $\mathrm{E}(X)+\sigma(X)$의 값은?

① 80　② 84　③ 88　④ 92　⑤ 96

기출문제

▸ 평가원

11

필수 예제 2

두 이산확률변수 X, Y의 확률분포를 표로 나타내면 각각 다음과 같다.

X	1	2	3	4	합계
$\mathrm{P}(X=x)$	a	b	c	d	1

Y	11	21	31	41	합계
$\mathrm{P}(Y=y)$	a	b	c	d	1

$\mathrm{E}(X)=2$, $\mathrm{E}(X^2)=5$일 때, $\mathrm{E}(Y)+\mathrm{V}(Y)$의 값을 구하시오.

▸ 교육청

12

필수 예제 6

확률변수 X가 이항분포 $\mathrm{B}\left(36, \frac{2}{3}\right)$를 따른다.

$\mathrm{E}(2X-a)=\mathrm{V}(2X-a)$를 만족시키는 상수 a의 값을 구하시오.

02 연속확률변수의 확률분포

개념 ① 연속확률변수와 확률밀도함수

1 연속확률변수

확률변수가 어떤 범위에 속하는 모든 실수의 값을 가질 때, 그 확률변수를 **연속확률변수**라 한다.

2 확률밀도함수

$\alpha \le X \le \beta$에서 모든 실수의 값을 가지는 연속확률변수 X에 대하여 $\alpha \le x \le \beta$에서 정의된 함수 $f(x)$가 다음 세 가지 성질을 모두 만족시킬 때, 함수 $f(x)$를 확률변수 X의 **확률밀도함수**라 한다. 이때 'X는 확률밀도함수가 $f(x)$인 확률분포를 따른다'고 한다.

(1) $f(x) \ge 0$

(2) 함수 $y=f(x)$의 그래프와 x축 및 두 직선 $x=\alpha$, $x=\beta$로 둘러싸인 도형의 넓이는 1이다.

(3) $\mathrm{P}(a \le X \le b)$는 함수 $y=f(x)$의 그래프와 x축 및 두 직선 $x=a$, $x=b$로 둘러싸인 도형의 넓이와 같다. (단, $\alpha \le a \le b \le \beta$)

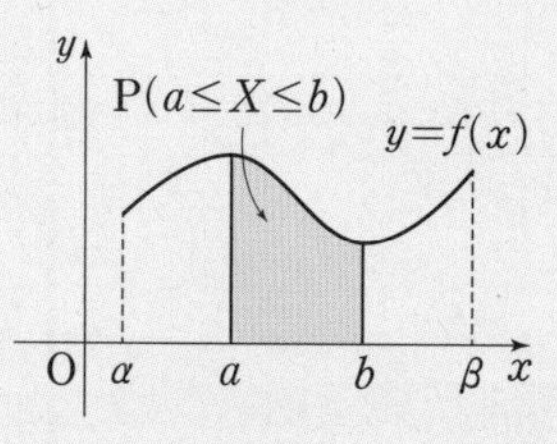

개념 NOTE

▶ • 이산확률변수: 불량품의 개수, 앞면이 나온 동전의 개수 등과 같이 셀 수 있는 값을 갖는 확률변수

• 연속확률변수: 길이, 무게, 시간 등과 같이 어떤 범위에서 연속적인 실수의 값을 갖는 확률변수

설명 예시 어느 정류장에서 정확히 10분 간격으로 도착하는 버스를 타려고 할 때, 버스를 기다리는 시간을 확률변수 X라 하면 X는 0 이상 10 이하의 모든 실수의 값을 가질 수 있고, X가 그 값을 가지는 것이 같은 정도로 일어난다고 기대할 수 있으므로 X는 연속확률변수이다.

이때 연속확률변수 X가 0 이상 10 이하의 값을 가질 확률은

$$\mathrm{P}(0 \le X \le 10)=1$$

이고, 버스가 10분 간격으로 도착하므로 버스를 기다리는 시간이 a분 이상 b분 이하일 확률은

$$\mathrm{P}(a \le X \le b)=\frac{b-a}{10} \ (0 \le a \le b \le 10)$$

이다. 따라서 $f(x)=\frac{1}{10}$ $(0 \le x \le 10)$이라 하면 다음이 성립한다.

(1) $f(x) \ge 0$

(2) 함수 $y=f(x)$의 그래프와 x축 및 두 직선 $x=0$, $x=10$으로 둘러싸인 도형의 넓이는

$$10 \times \frac{1}{10}=1$$

(3) 두 상수 a, b $(0 \le a \le b \le 10)$에 대하여 함수 $y=f(x)$의 그래프와 x축 및 두 직선 $x=a$, $x=b$로 둘러싸인 도형의 넓이는

$$(b-a) \times \frac{1}{10}=\frac{b-a}{10}=\mathrm{P}(a \le X \le b)$$

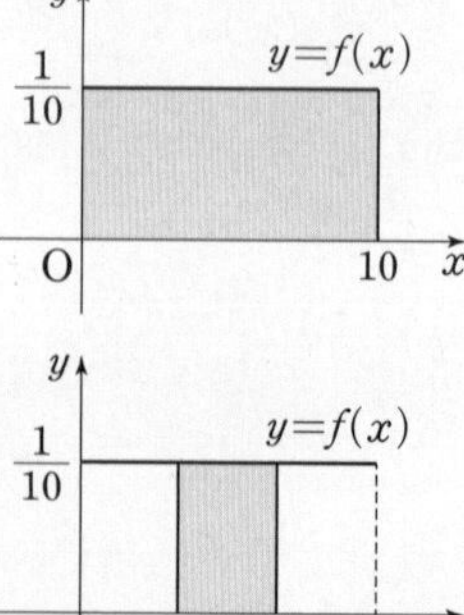

(1), (2), (3)에서 함수 $f(x)$는 확률변수 X의 확률밀도함수이다.

참고 연속확률변수 X가 특정한 값을 가질 확률은 0이므로

$$\mathrm{P}(a \le X \le b) = \mathrm{P}(a \le X < b) + \mathrm{P}(X = b) = \mathrm{P}(a \le X < b)$$

즉, 같은 방법으로 $\mathrm{P}(a \le X \le b) = \mathrm{P}(a \le X < b) = \mathrm{P}(a < X \le b) = \mathrm{P}(a < X < b)$가 성립한다.

개념 NOTE

개념 Check 정답 및 해설 31쪽

1. 연속확률변수 X가 갖는 값의 범위는 $0 \le X \le 3$이고, X의 확률밀도함수의 그래프가 그림과 같을 때, 다음을 구하시오.

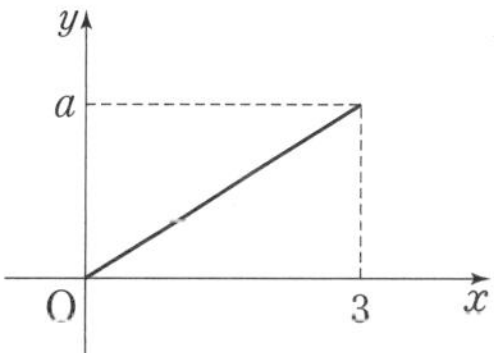

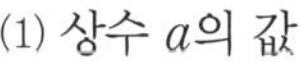

(1) 상수 a의 값

(2) $\mathrm{P}(1 \le X \le 2)$

개념 ② 정규분포

(1) 실수 전체의 집합에서 정의된 연속확률변수 X의 확률밀도함수 $f(x)$가 두 상수 m, σ $(\sigma > 0)$에 대하여

$$f(x) = \frac{1}{\sqrt{2\pi}\,\sigma} e^{-\frac{(x-m)^2}{2\sigma^2}}$$

일 때, X의 확률분포를 **정규분포**라 한다. 확률밀도함수 $f(x)$의 그래프는 오른쪽 그림과 같고, 이 곡선을 정규분포곡선이라 한다.

이때 확률변수 X의 평균은 m, 표준편차는 σ임이 알려져 있다.

(2) 평균과 분산이 각각 m, σ^2인 정규분포를 기호로 $\mathbf{N(m,\ \sigma^2)}$으로 나타내고, '확률변수 X는 정규분포 $\mathrm{N}(m,\ \sigma^2)$을 따른다'고 한다.

▸ $\mathrm{N}(m,\ \sigma^2)$의 N은 정규분포를 뜻하는 Normal distribution의 첫 글자이다.

키, 몸무게, 강수량 등과 같이 사회 현상이나 자연 현상을 관측하여 얻은 자료의 상대도수를 계급의 크기를 작게 하여 히스토그램으로 나타내면 자료의 개수가 많아질수록 오른쪽 그림과 같이 좌우 대칭인 종 모양의 곡선에 가까워지는 경우가 많다. 이러한 사회 현상이나 자연 현상은 일반적으로 정규분포를 따른다고 알려져 있다.

개념 ③ 정규분포의 확률밀도함수의 그래프

정규분포 $\mathrm{N}(m,\ \sigma^2)$을 따르는 확률변수 X의 확률밀도함수의 그래프는 다음과 같은 성질을 갖는다.

(1) 직선 $x=m$에 대하여 대칭이고 x축이 점근선인 종 모양의 곡선이다.

(2) 그래프와 x축 사이의 넓이는 1이다.

(3) σ의 값이 일정할 때, m의 값이 달라지면 대칭축의 위치는 바뀌지만 그래프의 모양은 변하지 않는다.

(4) m의 값이 일정할 때, σ의 값이 커지면 대칭축의 위치는 바뀌지 않지만 그래프의 가운데 부분의 높이가 낮아지고 양쪽으로 넓게 퍼진다.

평균이 m이고 표준편차가 σ인 정규분포의 확률밀도함수의 그래프는 m과 σ의 값에 따라 그 모양이 변한다.

정규분포의 확률밀도함수의 그래프에서 σ의 값을 고정하고, m의 값을 크게 하면 [그림 1]과 같이 대칭축이 오른쪽으로 이동하지만 그래프의 모양은 변하지 않는다.

또한, 정규분포의 확률밀도함수의 그래프에서 m의 값을 고정하고, σ의 값을 크게 하면 [그림 2]와 같이 대칭축의 위치는 변하지 않지만 그래프의 가운데 부분의 높이가 낮아지고 양쪽으로 퍼진다.

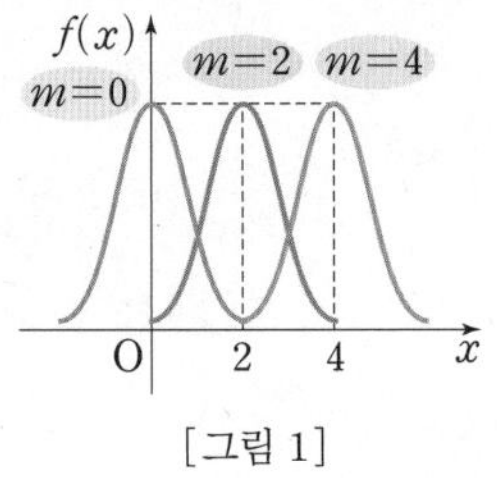

[그림 1]

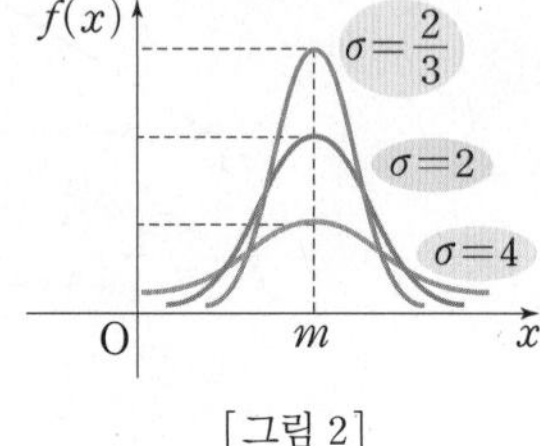

[그림 2]

이와 같이 정규분포의 확률밀도함수의 그래프에서 m의 값은 대칭축의 위치를 결정하고, σ의 값은 그래프의 가운데 부분의 높낮이와 모양을 결정한다.

참고 표준편차 σ는 자료들이 평균을 중심으로 흩어진 정도를 나타내므로 σ가 그래프의 모양을 결정한다. 이때 σ의 값이 작을수록 자료들이 평균에 몰려 있는 것이므로 가운데 부분의 높이가 높고, 자료가 고르다고 할 수 있다.

한편, 정규분포는 연속확률변수의 확률분포 중 하나이므로 정규분포를 따르는 확률변수 X의 확률밀도함수의 그래프가 오른쪽 그림과 같을 때, 확률 $\mathrm{P}(a \le X \le b)$는 그래프와 x축 및 두 직선 $x=a$, $x=b$로 둘러싸인 도형의 넓이와 같다.

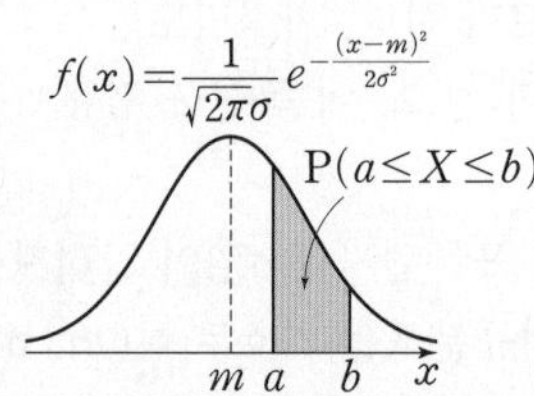

개념 4 표준정규분포

(1) 평균이 0이고, 표준편차가 1인 정규분포 $\mathbf{N(0,\ 1)}$을 **표준정규분포**라 한다.

(2) 확률변수 Z가 표준정규분포 $\mathrm{N}(0,\ 1)$을 따를 때, Z의 확률밀도함수는

$$f(z)=\frac{1}{\sqrt{2\pi}}e^{-\frac{z^2}{2}}$$

이고, 그 그래프는 오른쪽 그림과 같다.

또한, 양수 z_0에 대하여 확률 $\mathrm{P}(0 \le Z \le z_0)$은 오른쪽 그림에서 색칠한 도형의 넓이와 같다.

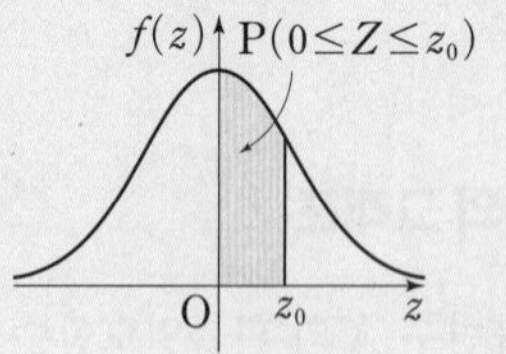

▶ 표준정규분포를 따르는 확률변수는 보통 Z로 나타낸다.

정규분포의 확률밀도함수에 $m=0$, $\sigma=1$을 대입하고, x 대신 z를 사용하면 표준정규분포의 확률밀도함수를 구할 수 있다. 즉

$$f(x)=\frac{1}{\sqrt{2\pi}\sigma}e^{-\frac{(x-m)^2}{2\sigma^2}} \xrightarrow[x \text{ 대신 } z\text{를 사용}]{m=0,\ \sigma=1\text{을 대입}} f(z)=\frac{1}{\sqrt{2\pi}}e^{-\frac{z^2}{2}}$$

한편, 확률 $\mathrm{P}(0 \le Z \le z_0)$을 구하기 위해서는 $0 \le z \le z_0$에서 $f(z)$의 그래프와 z축 사이의 넓이를 구하면 되는데, 이 값을 양수 z_0의 값에 따라 구하여 표로 나타낸 것이 표준정규분포표이다.

또한, 표준정규분포 $\mathrm{N}(0, 1)$을 따르는 확률변수 Z의 확률밀도함수 $f(z)$의 그래프는 직선 $z=0$에 대하여 대칭이므로 다음이 성립한다. (단, $0<a<b$)

(1) $\mathrm{P}(Z\geq 0)=\mathrm{P}(Z\leq 0)=0.5$

(2) $\mathrm{P}(0\leq Z\leq a)=\mathrm{P}(-a\leq Z\leq 0)$

(3) $\mathrm{P}(a\leq Z\leq b)=\mathrm{P}(0\leq Z\leq b)-\mathrm{P}(0\leq Z\leq a)$

(4) $\mathrm{P}(Z\geq a)=\mathrm{P}(Z\geq 0)-\mathrm{P}(0\leq Z\leq a)=0.5-\mathrm{P}(0\leq Z\leq a)$

(5) $\mathrm{P}(Z\leq a)=\mathrm{P}(Z\leq 0)+\mathrm{P}(0\leq Z\leq a)=0.5+\mathrm{P}(0\leq Z\leq a)$

(6) $\mathrm{P}(-a\leq Z\leq b)=\mathrm{P}(-a\leq Z\leq 0)+\mathrm{P}(0\leq Z\leq b)=\mathrm{P}(0\leq Z\leq a)+\mathrm{P}(0\leq Z\leq b)$

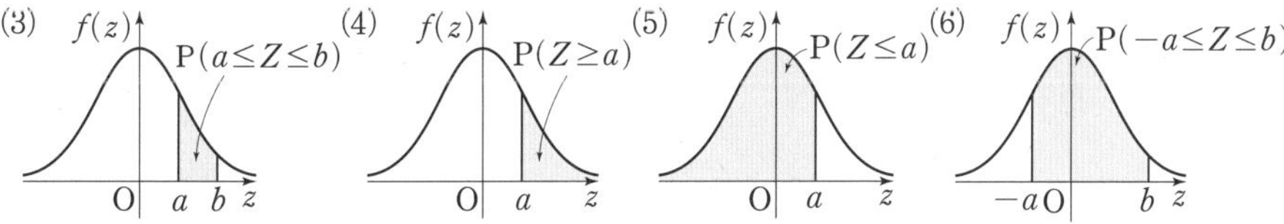

개념 Check

정답 및 해설 31쪽

2. 확률변수 Z가 표준정규분포 $\mathrm{N}(0, 1)$을 따를 때, 오른쪽 표준정규분포표를 이용하여 다음 값을 구하시오.

(1) $\mathrm{P}(Z\geq 2)$

(2) $\mathrm{P}(-0.5\leq Z\leq 1)$

(3) $\mathrm{P}(1\leq Z\leq 2)$

(4) $\mathrm{P}(-1.5\leq Z\leq -0.5)$

z	$\mathrm{P}(0\leq Z\leq z)$
0.5	0.1915
1.0	0.3413
1.5	0.4332
2.0	0.4772

개념 5 정규분포의 표준화

확률변수 X가 정규분포 $\mathrm{N}(m, \sigma^2)$을 따를 때, 확률변수

$$Z=\frac{X-m}{\sigma}$$

은 표준정규분포 $\mathrm{N}(0, 1)$을 따른다. 이와 같이 정규분포 $\mathrm{N}(m, \sigma^2)$을 따르는 확률변수 X를 표준정규분포 $\mathrm{N}(0, 1)$을 따르는 확률변수 Z로 바꾸는 것을 **표준화**라 하고, 다음이 성립한다.

$$\mathrm{P}(a\leq X\leq b)=\mathrm{P}\left(\frac{a-m}{\sigma}\leq Z\leq \frac{b-m}{\sigma}\right)$$

개념 NOTE

▸ 정규분포를 따르는 확률변수 X를 표준화하면 표준정규분포표를 이용하여 확률을 구할 수 있다.

정규분포 $\mathrm{N}(m, \sigma^2)$을 따르는 확률변수 X에 대하여 $Z=\dfrac{X-m}{\sigma}$이라 하면

$$\mathrm{E}(Z)=\mathrm{E}\left(\frac{X-m}{\sigma}\right)=\frac{1}{\sigma}\mathrm{E}(X)-\frac{m}{\sigma}=\frac{1}{\sigma}\times m-\frac{m}{\sigma}=0$$

$$\mathrm{V}(Z)=\mathrm{V}\left(\frac{X-m}{\sigma}\right)=\frac{1}{\sigma^2}\mathrm{V}(X)=\frac{1}{\sigma^2}\times\sigma^2=1$$

이고 Z도 X와 같이 정규분포를 따르는 확률변수이므로 확률변수 Z는 표준정규분포 $\mathrm{N}(0, 1)$을 따른다.

따라서 확률변수 X가 정규분포 $\mathrm{N}(m, \sigma^2)$을 따를 때, 확률 $\mathrm{P}(a\leq X\leq b)$는 다음과 같이 구할 수 있다.

$$\mathrm{P}(a\leq X\leq b)=\mathrm{P}\left(\frac{a-m}{\sigma}\leq\frac{X-m}{\sigma}\leq\frac{b-m}{\sigma}\right)=\mathrm{P}\left(\frac{a-m}{\sigma}\leq Z\leq\frac{b-m}{\sigma}\right)$$

개념 Check 정답 및 해설 31쪽

개념 NOTE

3. 확률변수 X가 다음 정규분포를 따를 때, X를 표준정규분포를 따르는 확률변수 Z로 표준화하시오.

(1) $\mathrm{N}(10,\ 3^2)$

(2) $\mathrm{N}(50,\ 16)$

개념 6 이항분포와 정규분포의 관계

확률변수 X가 이항분포 $\mathrm{B}(n,\ p)$를 따를 때, n이 충분히 크면 X는 근사적으로 정규분포 $\mathrm{N}(np,\ npq)$를 따른다. (단, $q=1-p$)

▶ 일반적으로 n이 충분히 크다는 것은 $np\geq5$, $nq\geq5$일 때를 뜻한다.

일반적으로 확률변수 X가 이항분포 $\mathrm{B}(n,\ p)$를 따를 때, n이 충분히 크면 X는 근사적으로 평균이 np, 표준편차가 $\sqrt{npq}$인 정규분포를 따른다고 알려져 있다. (단, $q=1-p$)

따라서 확률변수 X에 대한 확률을 $Z=\dfrac{X-np}{\sqrt{npq}}$로 표준화하여 구할 수 있다.

개념 Check 정답 및 해설 31쪽

4. 확률변수 X가 다음과 같은 이항분포를 따를 때, X가 근사적으로 따르는 정규분포를 $\mathrm{N}(m,\ \sigma^2)$ 꼴로 나타내시오.

(1) $\mathrm{B}\left(48,\ \dfrac{1}{4}\right)$

(2) $\mathrm{B}\left(400,\ \dfrac{1}{5}\right)$

개념 ①

필수 예제 1 확률밀도함수의 성질

상수 a에 대하여 연속확률변수 X가 갖는 값의 범위는 $0\le X\le a$이고, X의 확률밀도함수의 그래프가 그림과 같다. $\mathrm{P}\left(0\le X\le \frac{a}{2}\right)$의 값은?

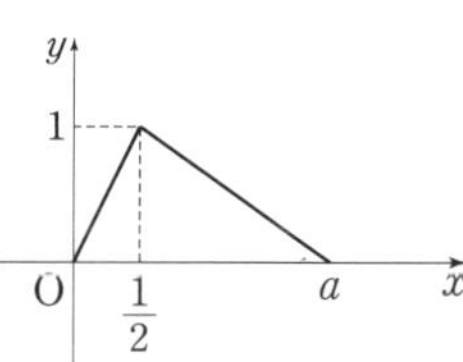

① $\frac{1}{6}$ ② $\frac{1}{3}$ ③ $\frac{1}{2}$ ④ $\frac{2}{3}$ ⑤ $\frac{5}{6}$

수능 link 확률밀도함수의 그래프가 주어지거나 확률밀도함수의 그래프의 개형을 직접 그려서 확률을 구하는 문제가 종종 출제된다. 확률밀도함수가 주어지면 넓이가 곧 확률임을 기억하고, (전체 확률)=(전체 넓이)=1임을 잊지 말자.

수능 key 연속확률변수 X가 $\alpha\le X\le\beta$의 모든 실수의 값을 가질 때, X의 확률밀도함수 $f(x)\,(\alpha\le x\le\beta)$는 다음과 같은 성질을 갖는다.

(1) $f(x)\ge 0$

(2) 함수 $y=f(x)$의 그래프와 x축 및 두 직선 $x=\alpha$, $x=\beta$로 둘러싸인 도형의 넓이는 1이다.

(3) $\mathrm{P}(a\le X\le b)$는 함수 $y=f(x)$의 그래프와 x축 및 두 직선 $x=a$, $x=b$로 둘러싸인 도형의 넓이와 같다. (단, $\alpha\le a\le b\le\beta$)

1 2 3

1-1

▸ 수능

연속확률변수 X가 갖는 값의 범위는 $0\le X\le 2$이고, X의 확률밀도함수의 그래프가 그림과 같을 때, $\mathrm{P}\left(\frac{1}{3}\le X\le a\right)$의 값은? (단, a는 상수이다.)

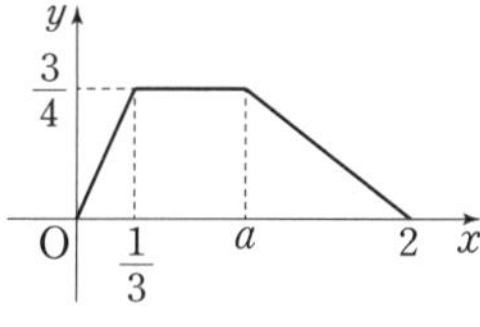

① $\frac{11}{16}$ ② $\frac{5}{8}$ ③ $\frac{9}{16}$ ④ $\frac{1}{2}$ ⑤ $\frac{7}{16}$

워크북 41쪽 | 정답 및 해설 32쪽

개념 ❷ ❸

필수 예제 2 정규분포에서의 확률

확률변수 X가 정규분포 $\mathrm{N}(10,\ \sigma^2)$을 따르고 $\mathrm{P}(6 \le X \le 14)=0.84$일 때, $\mathrm{P}(X \ge 14)$의 값은?

① 0.08 ② 0.09 ③ 0.1 ④ 0.11 ⑤ 0.12

수능 link 정규분포곡선의 성질을 이용하여 구하고자 하는 확률을 구할 수 있다. 정규분포곡선의 성질을 제대로 이해하고 그림을 그려서 주어진 조건을 활용하도록 하자.

수능 key 정규분포의 확률밀도함수의 그래프의 성질

(1) 확률변수 X가 정규분포 $\mathrm{N}(m,\ \sigma^2)$을 따르면 그 확률밀도함수의 그래프는 직선 $x=m$에 대하여 대칭이다.

(2) $\mathrm{P}(X \le m)=\mathrm{P}(X \ge m)=0.5$

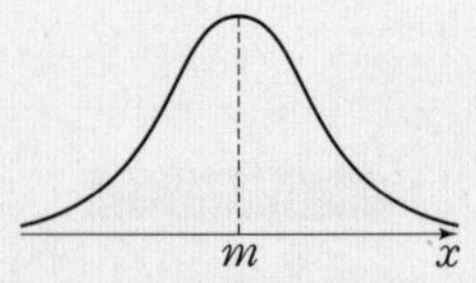

참고 $\mathrm{P}(X \le a)=\mathrm{P}(X \ge b)$이면 $m=\dfrac{a+b}{2}$

1 2 3

2-1

확률변수 X가 정규분포 $\mathrm{N}(m,\ \sigma^2)$을 따르고 $\mathrm{P}(X \le m-k)=0.13$일 때, $\mathrm{P}(|X-m| \le k)$의 값은? (단, k는 상수이다.)

① 0.72 ② 0.74 ③ 0.76 ④ 0.78 ⑤ 0.8

• 3점 빈출 •

필수 예제 3

개념 ④ ⑤

표준정규분포

확률변수 X가 정규분포 $\mathrm{N}(12,\ 2^2)$을 따를 때, $\mathrm{P}(10 \le X \le 16)$의 값을 오른쪽 표준정규분포표를 이용하여 구한 것은?

z	$\mathrm{P}(0 \le Z \le z)$
0.5	0.1915
1.0	0.3413
1.5	0.4332
2.0	0.4772

① 0.6247 ② 0.6687 ③ 0.7745 ④ 0.8185 ⑤ 0.9104

수능 link 표준정규분포를 이용하여 확률을 구하는 문제가 자주 출제된다. 통계 단원에서 가장 핵심이 되는 유형이므로 정규분포, 표준화, 표준정규분포 등에 대한 개념도 정확히 이해하고 있어야 한다.

수능 key 정규분포 $\mathrm{N}(m,\ \sigma^2)$을 따르는 확률변수 X에 대한 확률은

➡ $Z=\dfrac{X-m}{\sigma}$으로 표준화하여 구한다.

참고 (1) $\mathrm{P}(Z \le a)=\mathrm{P}(Z \ge b)$이면 $a=-b$
(2) $\mathrm{P}(Z \le a)+\mathrm{P}(Z \ge b)=1$이면 $a=b$

1 2 3

3-1

확률변수 X는 평균이 m, 표준편차가 σ인 정규분포를 따르고 다음 등식을 만족시킨다.

$$\mathrm{P}(m \le X \le m+12)-\mathrm{P}(X \le m-12)=0.3664$$

오른쪽 표준정규분포표를 이용하여 σ의 값을 구한 것은?

z	$\mathrm{P}(0 \le Z \le z)$
0.5	0.1915
1.0	0.3413
1.5	0.4332
2.0	0.4772

① 4 ② 6 ③ 8 ④ 10 ⑤ 12

개념 ❹❺

필수 예제 4 표준정규분포의 활용

▸ 평가원

어느 고등학교의 수학 시험에 응시한 수험생의 시험 점수는 평균이 68점, 표준편차가 10점인 정규분포를 따른다고 한다. 이 수학 시험에 응시한 수험생 중 임의로 선택한 수험생 한 명의 시험 점수가 55점 이상이고 78점 이하일 확률을 오른쪽 표준정규분포표를 이용하여 구한 것은?

z	$\mathrm{P}(0\le Z\le z)$
1.0	0.3413
1.1	0.3643
1.2	0.3849
1.3	0.4032

① 0.7262 ② 0.7445 ③ 0.7492 ④ 0.7675 ⑤ 0.7881

수능 link 필수 예제 3에서 발전된 유형으로 확률변수 X를 정하고 주어진 문장과 조건을 수식으로 나타낸다면 그 이후의 풀이 과정은 필수 예제 3과 동일하다.

수능 key 표준정규분포의 활용 문제는 다음과 같은 순서로 구한다.
❶ 확률변수 X를 정한 후, X가 따르는 정규분포 $\mathrm{N}(m,\ \sigma^2)$을 구한다.
❷ X를 $Z=\dfrac{X-m}{\sigma}$으로 표준화한다.
❸ 구하는 확률을 식으로 나타낸 후 표준정규분포표를 이용하여 확률 또는 미지수를 구한다.

1 2 3

4-1

어느 공장에서 생산하는 쿠키 1개의 무게는 평균이 m g, 표준편차가 2 g인 정규분포를 따른다고 한다. 이 공장에서 생산하는 쿠키 중에서 무게가 50 g 이하일 경우에는 판매하지 않는다고 할 때, 이 공장에서 생산한 쿠키 중에서 임의로 선택한 1개의 쿠키가 상품으로 판매되지 않을 확률은 0.0228이다. m의 값을 오른쪽 표준정규분포표를 이용하여 구한 것은?

z	$\mathrm{P}(0\le Z\le z)$
0.5	0.1915
1.0	0.3413
1.5	0.4332
2.0	0.4772

① 51 ② 52 ③ 53 ④ 54 ⑤ 55

개념 6

필수 예제 5 이항분포와 정규분포의 관계

확률변수 X가 이항분포 $\mathrm{B}\left(100, \frac{1}{5}\right)$을 따를 때, $\mathrm{P}(X \leq 16)$의 값을 오른쪽 표준정규분포표를 이용하여 구한 것은?

z	$\mathrm{P}(0 \leq Z \leq z)$
0.5	0.1915
1.0	0.3413
1.5	0.4332
2.0	0.4772

① 0.0668 ② 0.1587 ③ 0.1915
④ 0.3085 ⑤ 0.3413

수능 link 자주 출제되지는 않는 유형이지만 이항분포와 정규분포 사이의 관계를 이해하고 공부하도록 하자.

수능 key 확률변수 X가 이항분포 $\mathrm{B}(n, p)$를 따를 때, n이 충분히 크면
➡ X는 근사적으로 정규분포 $\mathrm{N}(np, np(1-p))$를 따른다.

1 2 3

5-1

이산확률변수 X의 확률질량함수가

$$\mathrm{P}(X=x)={}_{180}\mathrm{C}_x\left(\frac{1}{6}\right)^x\left(\frac{5}{6}\right)^{180-x} \quad (0 \leq x \leq 180)$$

일 때, $\mathrm{P}(25 \leq X \leq 45)$의 값을 오른쪽 표준정규분포표를 이용하여 구한 것은?

z	$\mathrm{P}(0 \leq Z \leq z)$
1.0	0.3413
1.5	0.4332
2.0	0.4772
2.5	0.4938
3.0	0.4987

① 0.8185 ② 0.84 ③ 0.9104
④ 0.927 ⑤ 0.9319

단원 마무리

02 연속확률변수의 확률분포

1 ①②③

필수 예제 1

연속확률변수 X가 갖는 값의 범위는 $0 \le X \le 4$이고, X의 확률밀도함수의 그래프가 그림과 같다.

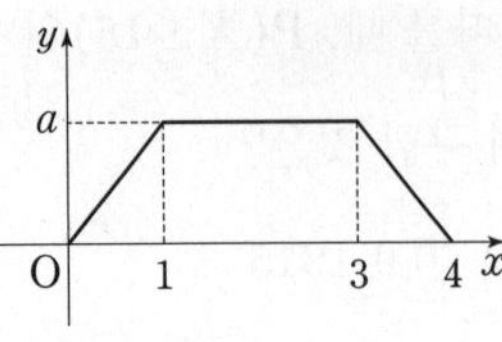

$\mathrm{P}(0 \le X \le b) = \frac{1}{3}$일 때, $a+b$의 값은?

(단, a, b는 상수이다.)

① $\frac{11}{6}$ ② $\frac{7}{3}$ ③ $\frac{17}{6}$

④ $\frac{10}{3}$ ⑤ $\frac{23}{6}$

2 ①②③

필수 예제 1

두 상수 a, b $(b>0)$에 대하여 연속확률변수 X의 확률밀도함수가

$$f(x) = ax + \frac{1}{2} \quad (-b \le x \le b)$$

이다. $5\mathrm{P}(-b \le X \le 0) = 3\mathrm{P}(0 \le X \le b)$를 만족시킬 때, ab의 값은?

① 1 ② $\frac{1}{2}$ ③ $\frac{1}{3}$

④ $\frac{1}{4}$ ⑤ $\frac{1}{5}$

3 ①②③

필수 예제 2

정규분포를 따르는 확률변수 X가 다음 조건을 만족시킬 때, $\mathrm{P}(12 \le X \le 21)$의 값은?

(가) $\mathrm{P}(X \ge 20) = \mathrm{P}(X \le 10)$
(나) $\mathrm{P}(15 \le X \le 18) = 0.34$, $\mathrm{P}(X \le 9) = 0.02$

① 0.81 ② 0.82 ③ 0.83

④ 0.84 ⑤ 0.85

정답 및 해설 33쪽

4

필수 예제 2

확률변수 X가 정규분포 $N(0, \sigma^2)$을 따르고

$$P(a \le X \le b) = 0.73,\ P(X \le -b) = 0.05$$

일 때, $P(|X| \le -a)$의 값은? (단, a, b는 상수이다.)

① 0.5　② 0.52　③ 0.54　④ 0.56　⑤ 0.58

5

필수 예제 3

확률변수 X가 정규분포 $N(7, 2^2)$을 따를 때, $P(4 \le X \le a) = 0.6247$을 만족시키는 상수 a의 값을 오른쪽 표준정규분포표를 이용하여 구한 것은?

z	$P(0 \le Z \le z)$
0.5	0.1915
1.0	0.3413
1.5	0.4332
2.0	0.4772
2.5	0.4938

① 8　② 9　③ 10　④ 11　⑤ 12

6

필수 예제 3

확률변수 X가 정규분포 $N(12, 3^2)$을 따를 때,

$$P(k \le X \le 21) = P(-3 \le Z \le 2)$$

를 만족시키는 상수 k의 값을 구하시오.

(단, 확률변수 Z는 표준정규분포를 따른다.)

7 ①②③

필수 예제 3

두 확률변수 X, Y가 각각 정규분포 $\mathrm{N}(10,\ 4^2)$, $\mathrm{N}(16,\ 2^2)$을 따를 때,

$$\mathrm{P}(X \le 18)+\mathrm{P}(Y \le a)=1$$

을 만족시키는 상수 a의 값을 구하시오.

8 ①②③

필수 예제 4

어느 고등학교 학생들의 수학 성적은 평균이 m점, 표준편차가 20점인 정규분포를 따른다고 한다. 이 고등학교 학생 중에서 임의로 한 명을 뽑았을 때 수학 성적이 90점 이상일 확률은 6.68 %이다. m의 값을 오른쪽 표준정규분포표를 이용하여 구한 것은?

z	$\mathrm{P}(0 \le Z \le z)$
1.0	0.3413
1.5	0.4332
2.0	0.4772
2.5	0.4938

① 45 ② 50 ③ 55
④ 60 ⑤ 65

9 ①②③

필수 예제 5

확률변수 X가 이항분포 $\mathrm{B}\left(256,\ \frac{1}{2}\right)$을 따를 때, $\mathrm{P}(124 \le X \le 138)$의 값을 오른쪽 표준정규분포표를 이용하여 구한 것은?

z	$\mathrm{P}(0 \le Z \le z)$
0.5	0.1915
0.75	0.2734
1.0	0.3413
1.25	0.3944

① 0.44 ② 0.4649 ③ 0.5859
④ 0.6147 ⑤ 0.6678

10

필수 예제 5

흰 공 3개, 검은 공 2개가 들어 있는 주머니에서 임의로 한 개의 공을 꺼내어 꺼낸 공의 색을 확인하고 다시 집어넣는 시행을 150회 반복할 때, 흰 공이 나오는 횟수를 확률변수 X라 하자. $P(X\ge n)=0.9772$일 때, 자연수 n의 값을 오른쪽 표준정규분포표를 이용하여 구한 것은?

z	$P(0\le Z\le z)$
0.5	0.1915
1.0	0.3413
1.5	0.4332
2.0	0.4772

① 70 ② 72 ③ 74 ④ 76 ⑤ 78

기출문제

▸ 평가원

11

필수 예제 1

연속확률변수 X가 갖는 값의 범위는 $0\le X\le 2$이고, X의 확률밀도함수의 그래프는 그림과 같다.

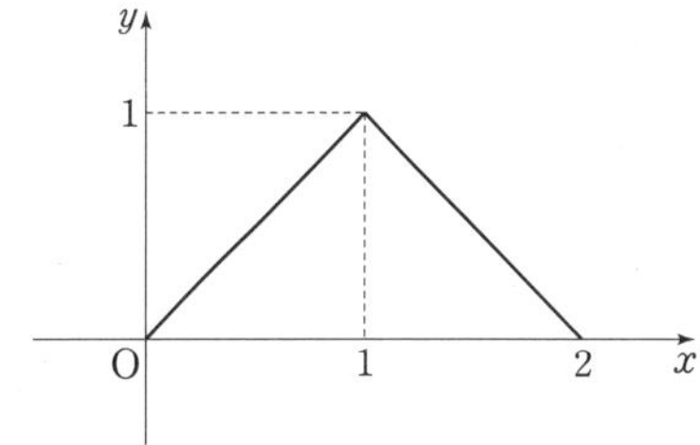

확률 $P\left(a\le X\le a+\frac{1}{2}\right)$의 값이 최대가 되도록 하는 상수 a의 값은?

① $\frac{3}{8}$ ② $\frac{1}{2}$ ③ $\frac{5}{8}$ ④ $\frac{3}{4}$ ⑤ $\frac{7}{8}$

▸ 수능

12

필수 예제 4

어느 농장에서 수확하는 파프리카 1개의 무게는 평균이 180 g, 표준편차가 20 g인 정규분포를 따른다고 한다. 이 농장에서 수확한 파프리카 중에서 임의로 선택한 파프리카 1개의 무게가 190 g 이상이고 210 g 이하일 확률을 오른쪽 표준정규분포표를 이용하여 구한 것은?

z	$P(0\le Z\le z)$
0.5	0.1915
1.0	0.3413
1.5	0.4332
2.0	0.4772

① 0.0440 ② 0.0919 ③ 0.1359 ④ 0.1498 ⑤ 0.2417

통계적 추정

개념 ① 모집단과 표본

1 전수조사와 표본조사

(1) **전수조사**: 통계 조사에서 조사의 대상이 되는 집단 전체를 조사하는 것

(2) **표본조사**: 조사의 대상이 되는 집단 전체에서 일부분을 뽑아서 조사하는 것

2 모집단과 표본

(1) **모집단**: 통계 조사에서 조사의 대상이 되는 집단 전체

(2) **표본**: 조사하기 위하여 뽑은 모집단의 일부분

(3) **표본의 크기**: 표본조사에서 뽑은 표본의 개수

(4) **추출**: 모집단에서 표본을 뽑는 것

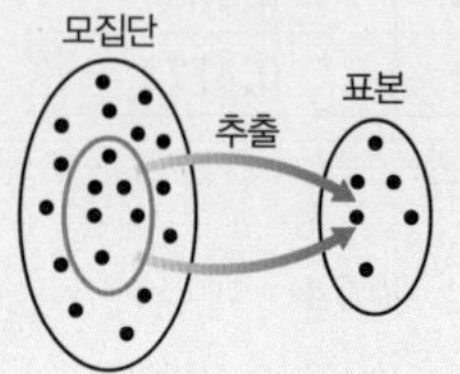

설명 예시 대통령 선거에서 투표용지를 모두 개표하여 조사하는 것은 전수조사이고, 개표가 시작되기 전에 투표한 사람들 중에서 일부를 대상으로 조사하는 것, 즉 출구조사는 표본조사이다.

이때 대통령 선거에 참여한 인원 전체를 모집단이라 하고, 투표한 사람 중에서 출구조사에 참여한 인원을 표본, 인원수를 표본의 크기라 한다.

개념 ② 추출

(1) **임의추출**: 표본을 추출할 때, 모집단에 속하는 각 대상이 같은 확률로 추출되도록 하는 방법

(2) **복원추출과 비복원추출**

① **복원추출**: 한 번 추출된 자료를 되돌려 놓은 후 다시 추출하는 방법

② **비복원추출**: 한 번 추출된 자료를 되돌려 놓지 않고 다시 추출하는 방법

개념 NOTE

▸ (1) 특별한 말이 없으면 임의추출은 복원추출로 간주한다.

(2) 모집단의 크기가 표본의 크기에 비해 충분히 큰 경우에는 비복원추출도 복원추출로 볼 수 있다.

설명 예시 1, 2, 3, 4의 숫자가 각각 하나씩 적힌 4장의 카드가 들어 있는 상자에서 2장의 카드를 다음과 같이 추출할 때, 그 경우의 수를 구해 보자.

(1) 한 장씩 복원추출하면 ➡ ${}_4\Pi_2=4^2=16$

(2) 한 장씩 비복원추출하면 ➡ ${}_4P_2=4\times3=12$

(3) 동시에 2장을 추출하면 ➡ ${}_4C_2=\dfrac{4\times3}{2\times1}=6$

참고 자료의 개수가 n인 모집단에서 크기가 r인 표본을 추출할 때, 그 경우의 수는 다음과 같다.

(1) 복원추출인 경우 ➡ ${}_n\Pi_r=n^r$

(2) 비복원추출인 경우 ➡ ${}_nP_r$

또한, 복원추출은 임의추출이고, 비복원추출은 임의추출이 아니지만 모집단의 크기가 충분히 큰 경우에는 비복원추출과 복원추출의 차이가 별로 없기 때문에 실제 조사에서 모집단의 크기가 충분히 크면 비복원추출로 표본을 추출하는 경우가 많다.

개념 3 모평균과 표본평균

1 모평균, 모분산, 모표준편차

모집단에서 조사하고자 하는 특성을 나타내는 확률변수 X의 평균, 분산, 표준편차를 각각 모평균, 모분산, 모표준편차라 하고, 이것을 각각 기호로 $\boldsymbol{m}$, $\boldsymbol{\sigma^2}$, $\boldsymbol{\sigma}$와 같이 나타낸다.

2 표본평균, 표본분산, 표본표준편차

모집단에서 크기가 n인 표본 X_1, X_2, $\cdots$, X_n을 임의추출할 때, 이들의 평균, 분산, 표준편차를 각각 **표본평균**, **표본분산**, **표본표준편차**라 하고, 이것을 각각 기호로 $\boldsymbol{\overline{X}}$, $\boldsymbol{S^2}$, $\boldsymbol{S}$와 같이 나타낸다.

$$\overline{X}=\frac{1}{n}(X_1+X_2+X_3+\cdots+X_n)$$

$$S^2=\frac{1}{n-1}\{(X_1-\overline{X})^2+(X_2-\overline{X})^2+(X_3-\overline{X})^2+\cdots+(X_n-\overline{X})^2\}$$

$$S=\sqrt{S^2}$$

개념 NOTE

▸ n이 아닌 $n-1$로 나누는 것은 표본분산과 모분산의 차이를 줄이기 위한 것이다.

모집단은 변하지 않으므로 모집단의 특성을 나타내는 확률변수 X의 평균, 분산, 표준편차는 모두 하나의 값으로 정해지지만 표본평균, 표본분산, 표본표준편차는 표본에 따라 그 값이 달라진다.
즉, m, σ^2, σ는 상수이지만, $\overline{X}$, S^2, S는 추출된 표본에 따라 여러 가지 값을 가질 수 있으므로 확률변수이다.

개념 Check

정답 및 해설 36쪽

1. 숫자 1, 2, 3, 4가 하나씩 적혀 있는 4장의 카드가 들어 있는 주머니가 있다. 이 주머니에서 다음과 같은 크기가 3인 표본을 임의추출할 때, 표본평균 $\overline{X}$, 표본분산 S^2, 표본표준편차 S를 각각 구하시오.
   (1) 표본이 1, 4, 4일 때
   (2) 표본이 2, 3, 4일 때

개념 4 표본평균의 평균, 분산, 표준편차

모평균이 m이고 모표준편차가 σ인 모집단에서 크기가 n인 표본 X_1, X_2, $\cdots$, X_n을 임의추출할 때, 표본평균 $\overline{X}$의 평균, 분산, 표준편차는 다음과 같다.

$$\mathrm{E}(\overline{X})=m,\ \mathrm{V}(\overline{X})=\frac{\sigma^2}{n},\ \sigma(\overline{X})=\frac{\sigma}{\sqrt{n}}$$

▸ • $\overline{X}$: 표본평균
• $\mathrm{E}(\overline{X})$: 표본평균의 평균

설명 예시 1, 3, 5의 숫자가 각각 하나씩 적혀 있는 3개의 공이 들어 있는 주머니에서 한 개의 공을 임의추출할 때, 꺼낸 공에 적혀 있는 숫자를 확률변수 X라 하고 X의 확률분포를 표로 나타내면 다음과 같다.

X	1	3	5	합계
$\mathrm{P}(X=x)$	$\frac{1}{3}$	$\frac{1}{3}$	$\frac{1}{3}$	1

개념 NOTE

이때 모평균 m, 모분산 σ^2, 모표준편차 σ를 각각 구하면

$$m=\mathrm{E}(X)=1\times\frac{1}{3}+3\times\frac{1}{3}+5\times\frac{1}{3}=3$$

$$\sigma^2=\mathrm{V}(X)=1^2\times\frac{1}{3}+3^2\times\frac{1}{3}+5^2\times\frac{1}{3}-3^2=\frac{8}{3}$$

$$\sigma=\sigma(X)=\sqrt{\mathrm{V}(X)}=\sqrt{\frac{8}{3}}=\frac{2\sqrt{6}}{3}$$

이 모집단에서 크기가 2인 표본을 복원추출할 때, 첫 번째 공에 적혀 있는 숫자를 X_1, 두 번째 공에 적혀 있는 숫자를 X_2라 하면 이들의 평균, 즉 표본평균 $\overline{X}$는

$$\overline{X}=\frac{X_1+X_2}{2}$$

이고, 추출되는 표본에 따라 표본평균 $\overline{X}$의 값을 구하면 다음 표와 같다.

X_2 \ X_1	1	3	5
1	1	2	3
3	2	3	4
5	3	4	5

즉, 표본평균 $\overline{X}$가 가질 수 있는 값은 1, 2, 3, 4, 5이고, 위의 표에서 각 경우가 일어날 확률이 $\frac{1}{9}$이므로 표본평균 $\overline{X}$의 확률분포를 표로 나타내면 다음과 같다.

$\overline{X}$	1	2	3	4	5	합계
$\mathrm{P}(\overline{X}=\overline{x})$	$\frac{1}{9}$	$\frac{2}{9}$	$\frac{1}{3}$	$\frac{2}{9}$	$\frac{1}{9}$	1

이때 표본평균 $\overline{X}$의 평균 $\mathrm{E}(\overline{X})$, 분산 $\mathrm{V}(\overline{X})$, 표준편차 $\sigma(\overline{X})$를 각각 구하면

$$\mathrm{E}(\overline{X})=1\times\frac{1}{9}+2\times\frac{2}{9}+3\times\frac{1}{3}+4\times\frac{2}{9}+5\times\frac{1}{9}=3$$

$$\mathrm{V}(\overline{X})=1^2\times\frac{1}{9}+2^2\times\frac{2}{9}+3^2\times\frac{1}{3}+4^2\times\frac{2}{9}+5^2\times\frac{1}{9}-3^2=\frac{4}{3}$$

$$\sigma(\overline{X})=\sqrt{\mathrm{V}(\overline{X})}=\sqrt{\frac{4}{3}}=\frac{2\sqrt{3}}{3}$$

위의 예에서 표본의 크기가 $n=2$이므로 표본평균 $\overline{X}$의 평균, 분산, 표준편차를 모평균, 모분산, 모표준편차와 비교하면 $\overline{X}$의 평균 3은 모평균과 같고, $\overline{X}$의 분산 $\frac{4}{3}$는 모분산을 표본의 크기 2로 나눈 것과 같다.

또한, $\overline{X}$의 표준편차 $\frac{2\sqrt{3}}{3}$은 모표준편차를 $\sqrt{2}$로 나눈 것임을 알 수 있다.

개념 Check

정답 및 해설 36쪽

2. 모평균 m, 모표준편차 σ와 이 모집단에서 임의추출한 표본의 크기 n이 다음과 같을 때, $\mathrm{E}(\overline{X})$, $\mathrm{V}(\overline{X})$, $\sigma(\overline{X})$를 각각 구하시오.

(1) $m=40$, $\sigma=3$, $n=64$

(2) $m=20$, $\sigma=2$, $n=100$

개념 5 표본평균의 분포

모평균이 m, 모표준편차가 σ인 모집단에서 크기가 n인 표본을 임의추출할 때, 표본평균 $\overline{X}$에 대하여 다음이 성립한다.

(1) 모집단이 정규분포 $\mathrm{N}(m,\ \sigma^2)$을 따르면 $\overline{X}$는 정규분포 $\mathrm{N}\left(m,\ \frac{\sigma^2}{n}\right)$을 따른다.

(2) 모집단의 분포가 정규분포를 따르지 않아도 표본의 크기 n이 충분히 크면 $\overline{X}$는 근사적으로 정규분포 $\mathrm{N}\left(m,\ \frac{\sigma^2}{n}\right)$을 따른다.

정규분포 $\mathrm{N}(m,\ \sigma^2)$을 따르는 모집단에서 임의추출한 크기가 n인 표본의 표본평균을 $\overline{X_1}$라 하면

$$\mathrm{E}(\overline{X_1})=m,\ \mathrm{V}(\overline{X_1})=\frac{\sigma^2}{n},\ \sigma(\overline{X_1})=\frac{\sigma}{\sqrt{n}}$$

이므로 $\overline{X_1}$는 정규분포 $\mathrm{N}\left(m,\ \frac{\sigma^2}{n}\right)$을 따른다.

한편, 모평균이 m, 모분산이 σ^2인 모집단에서 임의추출한 크기가 n인 표본의 표본평균을 $\overline{X_2}$라 할 때, n이 충분히 크면 모집단이 정규분포를 따르지 않아도 $\overline{X_2}$는 근사적으로 정규분포 $\mathrm{N}\left(m,\ \frac{\sigma^2}{n}\right)$을 따른다고 알려져 있다.

이와 같이 모집단의 분포에 상관없이 표본평균 $\overline{X}$는 정규분포를 따르므로 $\overline{X}$를 표준화하여 확률을 구할 수 있다.

개념 NOTE

▸ 표본의 크기 n이 충분히 크다는 것은 일반적으로 $n\geq 30$일 때를 뜻한다.

개념 Check 정답 및 해설 36쪽

3. 정규분포 $\mathrm{N}(120,\ 8^2)$을 따르는 모집단에서 크기가 16인 표본을 임의추출할 때, 표본평균 $\overline{X}$에 대하여 $\mathrm{P}(\overline{X}\geq 124)$의 값을 구하시오.
(단, $\mathrm{P}(0\leq Z\leq 2)=0.4772$로 계산한다.)

개념 6 모평균의 추정

1 추정

표본에서 얻은 정보를 이용하여 모집단의 평균이나 표준편차와 같은 알지 못하는 값을 추측하는 것을 **추정**이라 한다.

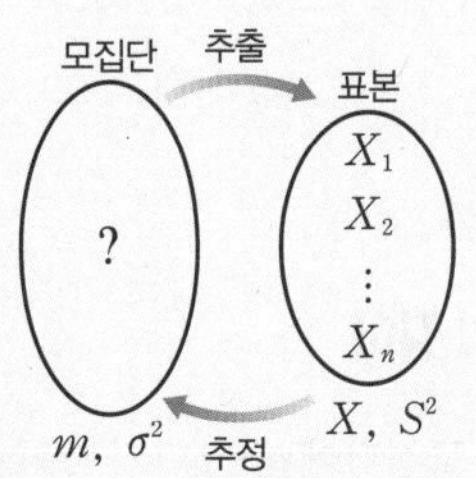

2 모평균에 대한 신뢰구간

정규분포 $\mathrm{N}(m,\ \sigma^2)$을 따르는 모집단에서 크기가 n인 표본을 임의추출할 때, 표본평균 $\overline{X}$의 값이 $\overline{x}$이면 모평균 m에 대한 신뢰구간은 다음과 같다.

(1) 신뢰도 95 %의 신뢰구간: $\overline{x}-1.96\frac{\sigma}{\sqrt{n}}\leq m\leq\overline{x}+1.96\frac{\sigma}{\sqrt{n}}$

(2) 신뢰도 99 %의 신뢰구간: $\overline{x}-2.58\frac{\sigma}{\sqrt{n}}\leq m\leq\overline{x}+2.58\frac{\sigma}{\sqrt{n}}$

표본평균을 이용하여 모평균을 추정하는 방법에 대하여 알아보자.

정규분포 $N(m,\ \sigma^2)$을 따르는 모집단에서 크기가 n인 표본을 임의추출할 때, 표본평균 $\overline{X}$는 정규분포 $N\left(m,\ \frac{\sigma^2}{n}\right)$을 따르므로 $Z=\frac{\overline{X}-m}{\frac{\sigma}{\sqrt{n}}}$이라 하면 확률변수 Z는 표준정규분포 $N(0,\ 1)$을 따른다.

이때 표준정규분포표에서 $P(-1.96\le Z\le 1.96)=0.95$이므로

$$P\left(-1.96\le \frac{\overline{X}-m}{\frac{\sigma}{\sqrt{n}}}\le 1.96\right)=0.95$$

이고, 이 식을 정리하면 다음과 같다.

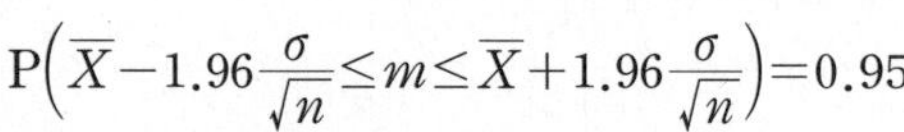

$$P\left(\overline{X}-1.96\frac{\sigma}{\sqrt{n}}\le m\le \overline{X}+1.96\frac{\sigma}{\sqrt{n}}\right)=0.95$$

여기서 표본평균 $\overline{X}$의 값이 $\overline{x}$일 때,

$$\overline{x}-1.96\frac{\sigma}{\sqrt{n}}\le m\le \overline{x}+1.96\frac{\sigma}{\sqrt{n}}$$

를 모평균 m에 대한 신뢰도 95 %의 신뢰구간이라 한다.

같은 방법으로 $P(-2.58\le Z\le 2.58)=0.99$임을 이용하면 모평균 m에 대한 신뢰도 99 %의 신뢰구간이 다음과 같음을 알 수 있다.

$$\overline{x}-2.58\frac{\sigma}{\sqrt{n}}\le m\le \overline{x}+2.58\frac{\sigma}{\sqrt{n}}$$

참고 $P(-k\le Z\le k)=\frac{\alpha}{100}$일 때, 모평균 m에 대한 신뢰도 α %의 신뢰구간은

➡ $\overline{x}-k\frac{\sigma}{\sqrt{n}}\le m\le \overline{x}+k\frac{\sigma}{\sqrt{n}}$

한편, 정규분포를 따르는 모집단에서 모평균의 신뢰구간을 구할 때, 모표준편차 σ를 모르는 경우가 많다. 이 경우 표본의 크기 n이 충분히 크면 표본표준편차의 값 s는 모표준편차 σ와 큰 차이가 없음이 알려져 있으므로 모표준편차 σ 대신 표본표준편차 s를 이용하여 신뢰구간을 구할 수 있다.

개념 Check 정답 및 해설 36쪽

4. 정규분포 $N(m,\ 3^2)$을 따르는 모집단에서 크기가 36인 표본을 임의추출하여 구한 표본평균이 10일 때, 다음과 같은 신뢰도로 추정한 모평균 m에 대한 신뢰구간을 구하시오. (단, $P(|Z|\le 1.96)=0.95$, $P(|Z|\le 2.58)=0.99$로 계산한다.)

(1) 신뢰도 95 %　　(2) 신뢰도 99 %

개념 7 모평균에 대한 신뢰구간의 길이

정규분포 $N(m,\ \sigma^2)$을 따르는 모집단에서 크기가 n인 표본을 임의추출할 때, 모평균 m에 대한 신뢰구간의 길이는 다음과 같다.

(1) 신뢰도 95 %의 신뢰구간의 길이: $2\times 1.96\frac{\sigma}{\sqrt{n}}$

(2) 신뢰도 99 %의 신뢰구간의 길이: $2\times 2.58\frac{\sigma}{\sqrt{n}}$

개념 NOTE

설명 예시 정규분포 $\mathrm{N}(m, \sigma^2)$을 따르는 모집단에서 크기가 n인 표본을 임의추출할 때, 표본평균 $\overline{X}$의 값이 $\overline{x}$이면 모평균 m에 대한 신뢰도 95 %의 신뢰구간은

$$\overline{x}-1.96\frac{\sigma}{\sqrt{n}}\le m\le\overline{x}+1.96\frac{\sigma}{\sqrt{n}}$$

이므로 신뢰구간의 길이는

$$\left(\overline{x}+1.96\frac{\sigma}{\sqrt{n}}\right)-\left(\overline{x}-1.96\frac{\sigma}{\sqrt{n}}\right)=2\times1.96\frac{\sigma}{\sqrt{n}}$$

이다. 같은 방법으로 모평균 m에 대한 신뢰도 99 %의 신뢰구간의 길이는 다음과 같다.

$$\left(\overline{x}+2.58\frac{\sigma}{\sqrt{n}}\right)-\left(\overline{x}-2.58\frac{\sigma}{\sqrt{n}}\right)=2\times2.58\frac{\sigma}{\sqrt{n}}$$

또한, 신뢰구간의 길이는 신뢰도와 표본의 크기에 따라 다음과 같이 달라짐을 확인할 수 있다.

(1) 표본의 크기가 일정할 때, 신뢰도가 높아지면 신뢰구간의 길이는 길어지고, 신뢰도가 낮아지면 신뢰구간의 길이는 짧아진다.

(2) 신뢰도가 일정할 때, 표본의 크기가 커지면 신뢰구간의 길이는 짧아지고, 표본의 크기가 작아지면 신뢰구간의 길이는 길어진다.

개념 NOTE

개념 Check

정답 및 해설 36쪽

5. 정규분포 $\mathrm{N}(m, 2^2)$을 따르는 모집단에서 크기가 16인 표본을 임의추출하여 다음과 같은 신뢰도로 모평균을 추정할 때, 모평균 m에 대한 신뢰구간의 길이를 구하시오.
(단, $\mathrm{P}(|Z|\le1.96)=0.95$, $\mathrm{P}(|Z|\le2.58)=0.99$로 계산한다.)

(1) 신뢰도 95 %

(2) 신뢰도 99 %

개념 ④

필수 예제 1

표본평균의 평균, 분산, 표준편차; 모평균 또는 모표준편차가 주어진 경우

모평균이 30, 모표준편차가 6인 모집단에서 크기가 9인 표본을 임의추출할 때, 표본평균 $\overline{X}$에 대하여 $E(\overline{X}) \times \sigma(\overline{X})$의 값은?

① 20　② 40　③ 60　④ 80　⑤ 100

수능 link 출제율은 떨어지지만 모평균과 표본평균의 평균, 분산, 표준편차 등을 이해하는 데 필요한 유형이다. 통계 단원에서는 용어와 기호가 중요하므로 이에 대해 잘 숙지해 두어야 하고, 공식의 암기도 중요하다. 특히, $\overline{X}$는 '표본평균'이고, $E(\overline{X})$는 '표본평균의 평균'임을 혼동하지 않도록 주의한다.

수능 key 모평균이 m, 모표준편차가 σ인 모집단에서 크기가 n인 표본을 임의추출할 때, 표본평균 $\overline{X}$에 대하여

➡ $E(\overline{X})=m$, $V(\overline{X})=\dfrac{\sigma^2}{n}$, $\sigma(\overline{X})=\dfrac{\sigma}{\sqrt{n}}$

1 2 3

1-1

이항분포 $B\left(72, \dfrac{1}{3}\right)$을 따르는 모집단에서 크기가 4인 표본을 임의추출할 때, 표본평균 $\overline{X}$에 대하여 $E(\overline{X}^2)$의 값은?

① 500　② 520　③ 540　④ 560　⑤ 580

워크북 46쪽 | 정답 및 해설 36쪽

개념 4

필수 예제 2 표본평균의 평균, 분산, 표준편차; 모집단이 주어진 경우

모집단의 확률변수 X의 확률분포를 표로 나타내면 다음과 같다. 이 모집단에서 크기가 4인 표본을 임의추출하여 구한 표본평균을 $\overline{X}$라 할 때, $\mathrm{V}(\overline{X})$의 값은? (단, a는 상수이다.)

X	-1	0	1	합계
$\mathrm{P}(X=x)$	$\frac{1}{3}$	$\frac{1}{6}$	a	1

① $\frac{25}{144}$ ② $\frac{3}{16}$ ③ $\frac{29}{144}$ ④ $\frac{31}{144}$ ⑤ $\frac{11}{48}$

수능 link 모집단의 확률분포가 주어졌을 때 표본평균 $\overline{X}$의 평균, 분산, 표준편차 등을 구하는 문제가 종종 출제된다. 주어진 조건을 이용하여 모평균 또는 모분산을 먼저 구하는 것이 핵심이다. 이후의 풀이는 **필수 예제** 1과 같다.

수능 key 모집단이 주어진 경우 표본평균 $\overline{X}$의 평균, 분산, 표준편차는 다음과 같은 순서로 구한다.

❶ 모집단의 확률변수 X의 확률분포를 구한다.

❷ 모평균과 모분산을 구한다.

❸ 모평균과 모분산을 이용하여 표본평균 $\overline{X}$의 평균, 분산, 표준편차를 구한다.

1 2 3

2-1

흰 공 2개, 검은 공 2개가 들어 있는 주머니에서 임의로 2개의 공을 꺼낼 때 나오는 흰 공의 개수를 확률변수 X라 하자. 모집단의 확률변수가 X이고 이 모집단에서 크기가 12인 표본을 임의추출할 때, 표본평균 $\overline{X}$에 대하여 $\sigma(\overline{X})$의 값은?

① $\frac{1}{6}$ ② $\frac{1}{5}$ ③ $\frac{1}{4}$ ④ $\frac{1}{3}$ ⑤ $\frac{1}{2}$

개념 ⑤

필수 예제 3 표본평균의 확률

어느 공장에서 생산하는 빵 1개의 무게는 평균이 100 g, 표준편차가 10 g인 정규분포를 따른다고 한다. 이 공장에서 생산하는 빵 중에서 임의추출한 25개의 빵의 무게의 표본평균이 104 g 이상일 확률을 오른쪽 표준정규분포표를 이용하여 구한 것은?

z	$P(0 \le Z \le z)$
0.5	0.1915
1.0	0.3413
1.5	0.4332
2.0	0.4772

① 0.0228 ② 0.0668 ③ 0.1587
④ 0.1915 ⑤ 0.3085

수능 link 모집단에서 임의추출한 표본의 표본평균 $\overline{X}$의 확률을 구하거나 $\overline{X}$의 확률이 주어지고 미지수를 구하는 3점 또는 4점 문제가 종종 출제된다. 모집단의 확률분포와 표본평균의 확률분포 사이의 관계를 잘 이해하고 있어야 한다. 특히, 모집단이 정규분포를 따르면 표본평균도 정규분포를 따른다는 것을 기억해 두자.

수능 key 표본평균의 확률은 다음과 같은 순서로 구한다.

❶ 정규분포 $N(m, \sigma^2)$을 따르는 모집단에서 크기가 n인 표본을 임의추출할 때, 표본평균 $\overline{X}$가 따르는 정규분포 $N\left(m, \frac{\sigma^2}{n}\right)$을 구한다.

❷ 표본평균 $\overline{X}$를 $Z=\dfrac{\overline{X}-m}{\frac{\sigma}{\sqrt{n}}}$으로 표준화한 후, 표준정규분포표를 이용하여 확률을 구한다.

1 2 3

3-1

▸ 평가원

어느 회사에서 일하는 플랫폼 근로자의 일주일 근무 시간은 평균이 m시간, 표준편차가 5시간인 정규분포를 따른다고 한다. 이 회사에서 일하는 플랫폼 근로자 중에서 임의추출한 36명의 일주일 근무 시간의 표본평균이 38시간 이상일 확률을 오른쪽 표준정규분포표를 이용하여 구한 값이 0.9332일 때, m의 값은?

z	$P(0 \le Z \le z)$
0.5	0.1915
1.0	0.3413
1.5	0.4332
2.0	0.4772

① 38.25 ② 38.75 ③ 39.25 ④ 39.75 ⑤ 40.25

• 3점 빈출 •

개념 6

필수 예제 4 모평균의 추정; 신뢰구간 구하기

어느 과수원에서 수확하는 사과 1개의 무게는 표준편차가 20 g인 정규분포를 따른다고 한다. 이 과수원의 사과 100개를 임의추출하여 그 무게를 조사했더니 평균이 330 g이었을 때, 이 과수원에서 수확하는 사과의 무게의 평균 m g에 대한 신뢰도 95 %의 신뢰구간은 $a \le m \le b$이다. $b-a$의 값은?

(단, Z가 표준정규분포를 따르는 확률변수일 때, $\mathrm{P}(|Z| \le 1.96)=0.95$로 계산한다.)

① 3.92 ② 5.88 ③ 7.84 ④ 9.8 ⑤ 11.76

수능 link 표본을 임의추출하여 얻은 표본평균을 이용해 모평균을 추정하는, 즉 모평균의 신뢰구간을 구하는 문제가 출제되거나 신뢰구간을 이용하여 표본의 크기를 구하는 문제가 3점 문제로 출제된다. 주어진 조건을 신뢰구간의 공식에 대입하기만 하면 쉽게 해결할 수 있으므로 신뢰구간의 공식을 정확히 알아야 한다.

수능 key 정규분포 $\mathrm{N}(m, \sigma^2)$을 따르는 모집단에서 임의추출한 크기가 n인 표본의 표본평균 $\overline{X}$의 값이 $\overline{x}$일 때, 모평균 m에 대한 신뢰도 α %의 신뢰구간은

➡ $\overline{x}-k\dfrac{\sigma}{\sqrt{n}} \le m \le \overline{x}+k\dfrac{\sigma}{\sqrt{n}}$ $\left(\text{단, } \mathrm{P}(|Z| \le k)=\dfrac{\alpha}{100}\right)$

1 2 3

4-1

어느 회사에서 생산하는 샴푸 1개의 용량은 정규분포 $\mathrm{N}(m, \sigma^2)$을 따른다고 한다. 이 회사에서 생산하는 샴푸 중에서 16개를 임의추출하여 얻은 표본평균을 이용하여 구한 m에 대한 신뢰도 95 %의 신뢰구간이 $746.1 \le m \le 755.9$이다. 이 회사에서 생산하는 샴푸 중에서 n개를 임의추출하여 얻은 표본평균을 이용하여 구한 m에 대한 신뢰도 99 %의 신뢰구간이 $a \le m \le b$일 때, $b-a$의 값이 6 이하가 되기 위한 자연수 n의 최솟값은? (단, 용량의 단위는 mL이고, Z가 표준정규분포를 따르는 확률변수일 때, $\mathrm{P}(|Z| \le 1.96)=0.95$, $\mathrm{P}(|Z| \le 2.58)=0.99$로 계산한다.)

① 70 ② 74 ③ 78 ④ 82 ⑤ 86

워크북 49쪽 | 정답 및 해설 38쪽

개념 6

필수 예제 5 모평균의 추정; 표본평균 또는 표준편차 구하기

어느 농장에서 생산되는 달걀 1개의 무게는 평균이 m g, 표준편차가 σ g인 정규분포를 따른다고 한다. 이 농장에서 달걀 n개를 임의추출하여 조사했더니 평균 무게가 $\overline{x}$ g이었다. 이 농장에서 생산되는 달걀 1개의 무게의 평균 m g을 신뢰도 95 %로 추정한 신뢰구간이 $56.08 \le m \le 63.92$이다. $\overline{x}$의 값은?

(단, Z가 표준정규분포를 따르는 확률변수일 때, $\mathrm{P}(|Z| \le 1.96) = 0.95$로 계산한다.)

① 58 ② 59 ③ 60 ④ 61 ⑤ 62

수능 link 필수 예제 4는 모평균, 모표준편차, 표본평균 등을 이용하여 신뢰구간을 구했다면 필수 예제 5는 신뢰구간을 이용하여 모평균, 모표준편차, 표본평균 등을 구하는 유형이다. 필수 예제 4를 정확히 알고 있다면 쉽게 풀 수 있다.

수능 key 신뢰구간을 이용한 표본평균 또는 표준편차는 다음과 같은 순서로 구한다.

❶ 주어진 조건을 이용하여 표본평균, 모표준편차를 포함한 신뢰구간을 구한다.

❷ 주어진 신뢰구간과 비교하여 표본평균 또는 표준편차를 구한다.

1 2 3

5-1

어느 지역의 1인당 1일 물 사용량은 평균이 m L, 표준편차가 σ L인 정규분포를 따른다고 한다. 이 지역의 사람 중 25명을 임의추출하여 1일 물 사용량을 조사하였더니 평균이 $\overline{x}$ L이었다. 이 지역의 1인당 1일 물 사용량의 평균 m L를 신뢰도 99 %로 추정한 신뢰구간이 $269.68 \le m \le 290.32$일 때, $\overline{x} + \sigma$의 값은?

(단, Z가 표준정규분포를 따르는 확률변수일 때, $\mathrm{P}(|Z| \le 2.58) = 0.99$로 계산한다.)

① 220 ② 240 ③ 260 ④ 280 ⑤ 300

03 통계적 추정

정답 및 해설 38쪽

1

필수 예제 1

정규분포 $N(m,\ 5^2)$을 따르는 모집단에서 크기가 n인 표본을 임의추출할 때, 표본평균 $\overline{X}$에 대하여 $\sigma(\overline{X}) \le 0.2$를 만족시키는 자연수 n의 최솟값은?

① 620 ② 625 ③ 630
④ 635 ⑤ 640

2

필수 예제 1

모평균이 m, 모표준편차가 σ인 정규분포를 따르는 모집단에서 크기가 36인 표본을 임의추출할 때, 표본평균 $\overline{X}$에 대하여 $E(\overline{X})=20$, $V(\overline{X})=\frac{1}{4}$이다. $m+\sigma$의 값을 구하시오.

3

필수 예제 2

실수 k에 대하여 모집단의 확률변수 X의 확률질량함수가

$$P(X=x)=\frac{x}{k}\ (x=1,\ 2,\ 3,\ 4)$$

이다. 이 모집단에서 크기가 4인 표본을 임의추출할 때, $E(\overline{X}^2)$의 값은?

① $\frac{29}{4}$ ② $\frac{31}{4}$ ③ $\frac{33}{4}$
④ $\frac{35}{4}$ ⑤ $\frac{37}{4}$

4

필수 예제 2

모집단의 확률변수 X의 확률분포를 표로 나타내면 다음과 같다. 이 모집단에서 크기가 n인 표본을 임의추출하여 구한 표본평균 $\overline{X}$에 대하여 $V(\overline{X})=\frac{1}{20}$이다. 자연수 n의 값은?

X	0	1	2	합계
$P(X=x)$	$\frac{1}{4}$	$\frac{1}{2}$	$\frac{1}{4}$	1

① 6 ② 8 ③ 10
④ 12 ⑤ 14

5 1 2 3

필수 예제 3

어느 나무의 나뭇잎 1개의 길이는 평균이 10 cm, 표준편차가 2 cm인 정규분포를 따른다고 한다. 이 나무의 나뭇잎 중에서 임의추출한 100개의 나뭇잎의 길이의 표본평균이 9.5 cm 이상이고 10.2 cm 이하일 확률을 오른쪽 표준정규분포표를 이용하여 구한 것은?

z	$\mathrm{P}(0\le Z\le z)$
1.0	0.3413
1.5	0.4332
2.0	0.4772
2.5	0.4938

① 0.5318 ② 0.6687 ③ 0.7745
④ 0.8351 ⑤ 0.9104

6 1 2 3

필수 예제 3

어느 건물의 엘리베이터를 이용하는 사람의 체중은 평균이 75 kg, 표준편차가 20 kg인 정규분포를 따른다고 한다. 이 엘리베이터의 정격하중은 1360 kg이고 이 건물의 엘리베이터를 이용하는 사람 중 임의추출한 16명이 탑승할 때, 정격하중 이상이 될 확률을 오른쪽 표준정규분포표를 이용하여 구한 것은?

z	$\mathrm{P}(0\le Z\le z)$
0.5	0.1915
1.0	0.3413
1.5	0.4332
2.0	0.4772

① 0.3085 ② 0.1915 ③ 0.1587
④ 0.0668 ⑤ 0.0228

7 1 2 3

필수 예제 4

정규분포 $\mathrm{N}(m,\ 30^2)$을 따르는 모집단에서 크기가 n인 표본을 임의추출하여 얻은 모평균 m에 대한 신뢰도 95 %의 신뢰구간이 $80.2\le m\le 99.8$일 때, n의 값을 구하시오. (단, Z가 표준정규분포를 따르는 확률변수일 때, $\mathrm{P}(|Z|\le 1.96)=0.95$로 계산한다.)

8 1 2 3

필수 예제 4

어느 공장에서 생산하는 사탕 1개의 무게는 평균이 m g, 표준편차가 18 g인 정규분포를 따른다고 한다. 이 공장에서 생산한 사탕 중 81개를 임의추출하여 사탕의 무게의 모평균 m을 신뢰도 α %로 구한 신뢰구간이 $a\le m\le b$이다. $b-a=6$일 때, α의 값을 오른쪽 표준정규분포표를 이용하여 구한 것은?

z	$\mathrm{P}(0\le Z\le z)$
0.5	0.19
1.0	0.34
1.5	0.43
2.0	0.47

① 82 ② 84 ③ 86
④ 88 ⑤ 90

9

필수 예제 5

정규분포 $N(m, \sigma^2)$을 따르는 모집단에서 크기가 100인 표본을 임의추출하여 얻은 표본의 표본평균은 250이고, 이를 이용하여 추정한 모평균 m에 대한 신뢰도 99 %의 신뢰구간이 $a \le m \le 262.9$일 때, $a+\sigma$의 값은? (단, Z가 표준정규분포를 따르는 확률변수일 때, $P(|Z| \le 2.58)=0.99$로 계산한다.)

① 247.1 ② 257.1 ③ 267.1
④ 277.1 ⑤ 287.1

10

필수 예제 5

정규분포 $N(m, \sigma^2)$을 따르는 모집단이 있다.
이 모집단에서 크기가 36인 표본을 임의추출하여 얻은 모평균 m에 대한 신뢰도 α %의 신뢰구간은 $a \le m \le b$이고, 크기가 4인 표본을 임의추출하여 얻은 모평균 m에 대한 신뢰도 α %의 신뢰구간은 $c \le m \le d$이다.
$t(b-a)=d-c$라 할 때, 상수 t의 값을 구하시오.

기출문제

▸ 평가원

11

필수 예제 1

정규분포 $N(20, 5^2)$을 따르는 모집단에서 크기가 16인 표본을 임의추출하여 구한 표본평균을 $\overline{X}$라 할 때, $E(\overline{X})+\sigma(\overline{X})$의 값은?

① $\frac{83}{4}$ ② $\frac{85}{4}$ ③ $\frac{87}{4}$
④ $\frac{89}{4}$ ⑤ $\frac{91}{4}$

▸ 평가원

12

필수 예제 3

지역 A에 살고 있는 성인들의 1인 하루 물 사용량을 확률변수 X, 지역 B에 살고 있는 성인들의 1인 하루 물 사용량을 확률변수 Y라 하자. 두 확률변수 X, Y는 정규분포를 따르고 다음 조건을 만족시킨다.

(가) 두 확률변수 X, Y의 평균은 각각 220과 240이다.
(나) 확률변수 Y의 표준편차는 확률변수 X의 표준편차의 1.5배이다.

지역 A에 살고 있는 성인 중 임의추출한 n명의 1인 하루 물 사용량의 표본평균을 $\overline{X}$, 지역 B에 살고 있는 성인 중 임의추출한 $9n$명의 1인 하루 물 사용량의 표본평균을 $\overline{Y}$라 하자.
$P(\overline{X} \le 215)=0.1587$일 때, $P(\overline{Y} \ge 235)$의 값을 오른쪽 표준정규분포표를 이용하여 구한 것은? (단, 물 사용량의 단위는 L이다.)

z	$P(0 \le Z \le z)$
0.5	0.1915
1.0	0.3413
1.5	0.4332
2.0	0.4772

① 0.6915 ② 0.7745 ③ 0.8185
④ 0.8413 ⑤ 0.9772

memo

메가스터디 **수능 수학**

KICK

메가스터디 **수능 수학**

KICK

확률과 통계

Workbook

메가스터디BOOKS

메가스터디 **수능 수학**

KICK

확률과 통계

Workbook

Workbook

이 책의 차례

확률과 통계

Ⅰ. 경우의 수

Ⅱ. 확률

Ⅲ. 통계

정답 및 해설 41쪽

01 여러 가지 순열

필수 예제 1 원 모양의 탁자에 둘러앉는 경우의 수

1 1 2 3

오른쪽 그림과 같이 정사각형 모양의 탁자에 8명이 둘러앉는 경우의 수는 $7! \times k$이다. 실수 k의 값은?
(단, 회전하여 일치하는 것은 같은 것으로 본다.)

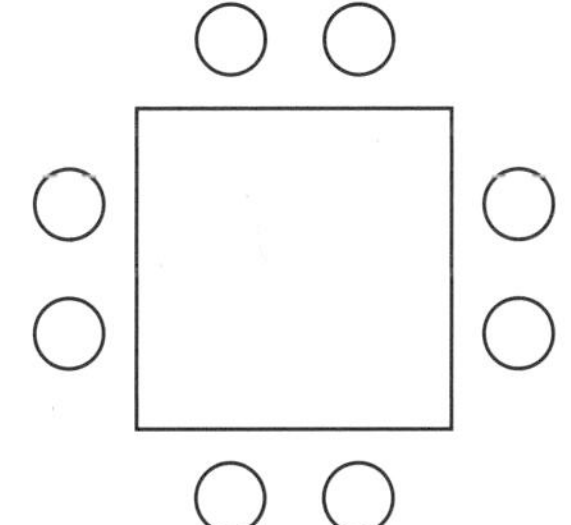

① 1 ② 2 ③ 3
④ 4 ⑤ 5

2 1 2 3

2학년 학생 3명과 3학년 학생 4명이 있다. 이 7명의 학생이 일정한 간격을 두고 원 모양의 탁자에 둘러앉을 때, 2학년 학생끼리는 어느 누구도 서로 이웃하지 않도록 앉는 경우의 수는?
(단, 회전하여 일치하는 것은 같은 것으로 본다.)

① 140 ② 142 ③ 144
④ 146 ⑤ 148

▶ 평가원

3 1 2 3

1학년 학생 2명, 2학년 학생 2명, 3학년 학생 3명이 있다. 이 7명의 학생이 일정한 간격을 두고 원 모양의 탁자에 모두 둘러앉을 때, 1학년 학생끼리 이웃하고 2학년 학생끼리 이웃하게 되는 경우의 수는?
(단, 회전하여 일치하는 것은 같은 것으로 본다.)

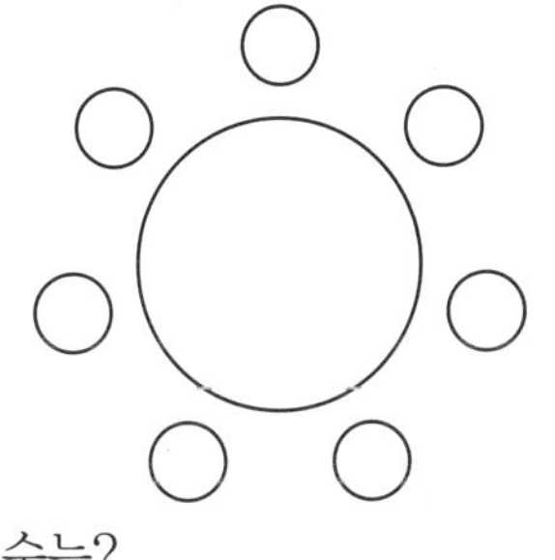

① 96 ② 100 ③ 104
④ 108 ⑤ 112

4 1 2 3

남학생 3명과 여학생 3명이 있다. 이 6명의 학생이 일정한 간격을 두고 원 모양의 탁자에 둘러앉을 때, 남학생과 여학생이 교대로 앉는 경우의 수는?
(단, 회전하여 일치하는 것은 같은 것으로 본다.)

① 6 ② 8 ③ 10
④ 12 ⑤ 14

정답 및 해설 41쪽

필수 예제 2 도형에 색칠하는 경우의 수

▸ 교육청

5 1 2 3

그림과 같이 반지름의 길이가 같은 7개의 원이 있다. 7개의 원에 서로 다른 7개의 색을 모두 사용하여 색칠하는 경우의 수를 구하시오. (단, 한 원에는 한 가지 색만 칠하고, 회전하여 일치하는 것은 같은 것으로 본다.)

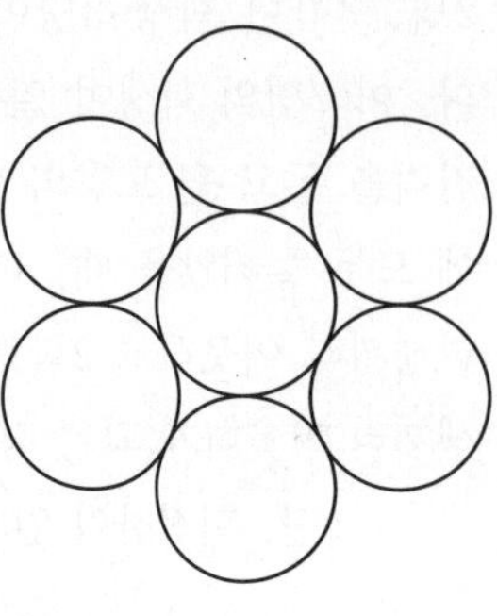

6 1 2 3

그림과 같이 정사각형과 정사각형에 내접하는 원, 두 접점을 잇는 선분에 의해 나뉜 6개의 영역을 서로 다른 6가지 색을 모두 사용하여 칠하는 경우의 수는? (단, 한 영역에는 한 가지 색만 칠하고, 회전하여 일치하는 것은 같은 것으로 본다.)

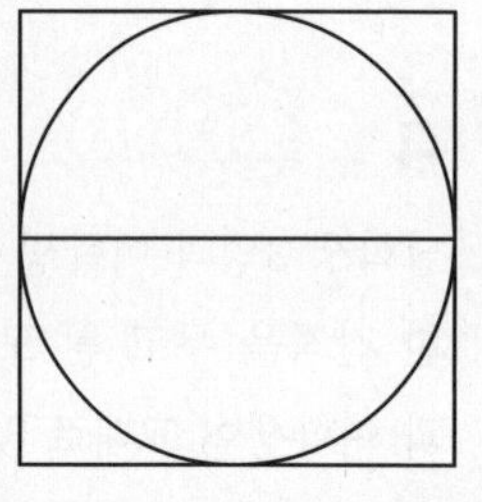

① 300 ② 320 ③ 340
④ 360 ⑤ 380

7 1 2 3

그림과 같이 6개의 합동인 정사각형으로 만들어진 도형이 있다. 6개의 영역에 서로 다른 7가지 색 중 6가지 색을 이용하여 색칠하는 경우의 수는? (단, 한 영역에는 한 가지 색만 칠하고, 회전하여 일치하는 것은 같은 것으로 본다.)

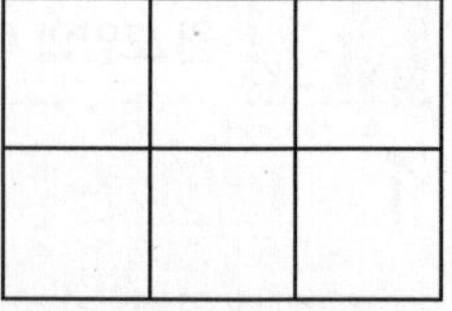

① 1480 ② 1740 ③ 2000
④ 2260 ⑤ 2520

8 1 2 3

그림과 같이 합동인 정삼각형 6개로 만들어진 정육각형이 있다. 이 정육각형의 6개의 영역을 빨간색과 파란색을 포함한 6가지의 색을 모두 사용하여 색칠할 때, 빨간색과 파란색을 이웃하지 않게 색칠하는 경우의 수는? (단, 한 영역에는 한 가지 색만 칠하고, 회전하여 일치하는 것은 같은 것으로 본다.)

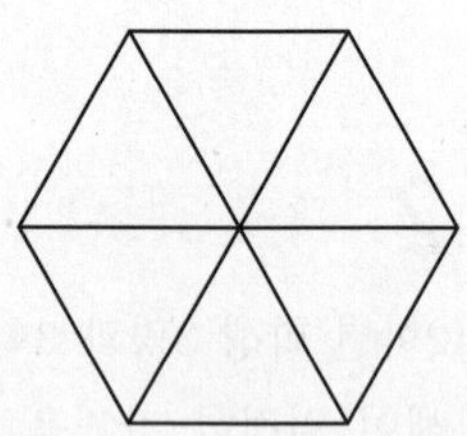

① 66 ② 68 ③ 70
④ 72 ⑤ 74

필수 예제 3 중복순열의 수

9

서로 다른 공책 4권과 서로 다른 연필 3자루를 3명의 학생 A, B, C에게 남김없이 나누어 주려고 한다. 3명의 학생 A, B, C가 모두 연필을 1자루씩 받도록 나누어 주는 경우의 수는?

(단, 공책을 받지 못하는 학생이 있을 수 있다.)

① 484　② 486　③ 488　④ 490　⑤ 492

10

서로 다른 종류의 사탕 6개를 3명의 학생 A, B, C에게 남김없이 나누어 주려고 한다. 이때 학생 A가 사탕 2개를 받는 경우의 수는?

(단, 사탕을 받지 못하는 사람은 없다.)

① 180　② 190　③ 200　④ 210　⑤ 220

11

전체집합 $U=\{1, 2, 3, 4, 5, 6, 7\}$의 두 부분집합 A, B에 대하여

$n(A\cup B)=4$, $A\cap B=\varnothing$

을 만족시키는 집합 A, B의 모든 순서쌍 (A, B)의 개수는?

① 440　② 470　③ 500　④ 530　⑤ 560

▸ 평가원

12

네 문자 a, b, X, Y 중에서 중복을 허락하여 6개를 택해 일렬로 나열하려고 한다. 다음 조건이 성립하도록 나열하는 경우의 수는?

(가) 양 끝 모두에 대문자가 나온다.
(나) a는 한 번만 나온다.

① 384　② 408　③ 432　④ 456　⑤ 480

필수 예제 4 자연수의 개수

13 1 2 3

숫자 0, 1, 2, 3, 4 중에서 중복을 허락하여 4개를 택해 일렬로 나열하여 만들 수 있는 네 자리의 자연수의 개수는?

① 300 ② 350 ③ 400
④ 450 ⑤ 500

14 1 2 3

숫자 1, 2, 3, 4, 5 중에서 중복을 허락하여 5개를 택해 일렬로 나열하여 다섯 자리의 자연수를 만들 때, 20000보다 크고 40000보다 작은 짝수의 개수는?

① 420 ② 440 ③ 460
④ 480 ⑤ 500

15 1 2 3

숫자 1, 2, 3, 4, 5 중에서 중복을 허락하여 3개를 택해 일렬로 나열하여 세 자리의 자연수를 만들 때, 1이 한 개 이하로 포함되는 세 자리의 자연수의 개수는?

① 112 ② 114 ③ 116
④ 118 ⑤ 120

16 1 2 3

숫자 1, 2, 3, 4, 5 중에서 중복을 허락하여 4개를 택해 일렬로 나열하여 네 자리의 자연수를 만들 때, 십의 자리 수와 일의 자리 수의 합이 홀수인 자연수의 개수는?

① 240 ② 260 ③ 280
④ 300 ⑤ 320

필수 예제 5 중복순열을 이용한 함수의 개수

17

집합 $X=\{1, 2, 3, 4, 5\}$에 대하여 $f(1)\times f(2)\le 2$를 만족시키는 함수 $f: X \longrightarrow X$의 개수는?

① 350　② 375　③ 400　④ 425　⑤ 450

18

두 집합 $X=\{1, 2, 3, 4\}$, $Y=\{1, 2, 3, 4, 5, 6, 7\}$에 대하여 다음 조건을 만족시키는 함수 $f: X \longrightarrow Y$의 개수는?

(가) $f(1)\times f(2)$는 홀수이다.
(나) $f(2)+f(3)+f(4)$는 짝수이다.

① 378　② 380　③ 382　④ 384　⑤ 386

19

두 집합 $X=\{1, 2, 3, 4, 5\}$, $Y=\{6, 7, 8\}$에 대하여 다음 조건을 만족시키는 함수 $f: X \longrightarrow Y$의 개수는?

(가) $\{f(x)\mid x\in X\}=Y$
(나) 두 자연수 n, m에 대하여 $f(2n-1)\ne f(2m)$이다.

① 21　② 22　③ 23　④ 24　⑤ 25

▸ 교육청

20

두 집합 $X=\{1, 2, 3, 4, 5\}$, $Y=\{1, 2, 3\}$에 대하여 다음 조건을 만족시키는 함수 $f: X \longrightarrow Y$의 개수는?

집합 X의 모든 원소 x에 대하여 $x\times f(x)\le 10$이다.

① 102　② 105　③ 108　④ 111　⑤ 114

필수 예제 6 같은 것이 있는 순열의 수

21

숫자 1, 2, 3 중에서 중복을 허락하여 4개를 택해 일렬로 나열하여 네 자리의 자연수를 만들 때, 각 자리의 수의 합이 7이 되는 네 자리의 자연수의 개수는?
(단, 1, 2, 3 중 사용하지 않는 숫자가 있을 수 있다.)

① 16 ② 18 ③ 20
④ 22 ⑤ 24

22

문자 A, A, B, B, B, C, C, C, C가 하나씩 적혀 있는 9장의 카드를 모두 일렬로 나열할 때, 양 끝에 같은 문자가 적힌 카드를 나열하는 경우의 수는? (단, 같은 문자가 적혀 있는 카드끼리는 서로 구별하지 않는다.)

① 330 ② 335 ③ 340
④ 345 ⑤ 350

23

서로 다른 6종류의 볼펜을 4명에게 한 자루씩 나누어 주려고 할 때, 4명이 받은 볼펜이 3종류인 경우의 수를 구하시오. (단, 각각의 볼펜은 2자루 이상 있다.)

▸ 교육청

24

숫자 0, 0, 0, 1, 1, 2, 2가 하나씩 적힌 7장의 카드가 있다. 이 7장의 카드를 모두 한 번씩 사용하여 일렬로 나열할 때, 이웃하는 두 장의 카드에 적힌 수의 곱이 모두 1 이하가 되도록 나열하는 경우의 수는? (단, 같은 숫자가 적힌 카드끼리는 서로 구별하지 않는다.)

① 14 ② 15 ③ 16
④ 17 ⑤ 18

정답 및 해설 45쪽

필수 예제 7 순서가 정해진 순열의 수

25

두 과제 A, B를 포함한 6가지의 과제 중 A, B를 포함한 4가지의 과제를 오늘 수행하려고 한다. 과제 B보다 과제 A를 먼저 수행할 때, 오늘 과제를 수행하는 순서를 정하는 경우의 수는?

① 68 ② 70 ③ 72
④ 74 ⑤ 76

26

문자 a, a, a, b, c, d, e를 일렬로 나열할 때, c가 b와 d 사이에 오는 경우의 수는?

① 280 ② 290 ③ 300
④ 310 ⑤ 320

▸ 교육청

27

1부터 6까지의 자연수가 하나씩 적혀 있는 6장의 카드가 있다. 이 카드를 모두 한 번씩 사용하여 일렬로 나열할 때, 2가 적혀 있는 카드는 4가 적혀 있는 카드보다 왼쪽에 나열하고 홀수가 적혀 있는 카드는 작은 수부터 크기 순서로 왼쪽부터 나열하는 경우의 수는?

① 56 ② 60 ③ 64
④ 68 ⑤ 72

28

숫자 1, 2, 3, 4, 5를 모두 사용하여 일렬로 나열할 때, 다음 조건을 만족시키는 경우의 수는?

(가) 1은 2보다 왼쪽에 나열한다.
(나) 1과 2는 이웃하지 않는다.

① 32 ② 34 ③ 36
④ 38 ⑤ 40

필수 예제 8 최단 거리로 가는 경우의 수

29 1 2 3

그림과 같이 직사각형 모양으로 연결된 도로망이 있다. 이 도로망을 따라 A지점에서 출발하여 P지점을 거쳐 Q지점을 지나지 않고 B지점까지 최단 거리로 가는 경우의 수는?

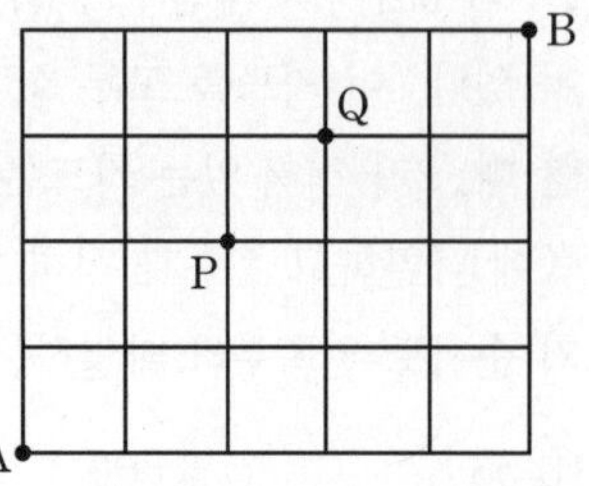

① 20 ② 21 ③ 22
④ 23 ⑤ 24

▸ 수능

30 1 2 3

그림과 같이 마름모 모양으로 연결된 도로망이 있다. 이 도로망을 따라 A지점에서 출발하여 C지점을 지나지 않고, D지점도 지나지 않으면서 B지점까지 최단 거리로 가는 경우의 수는?

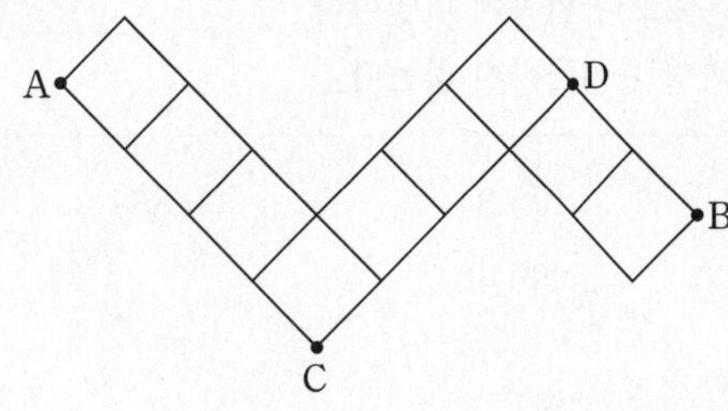

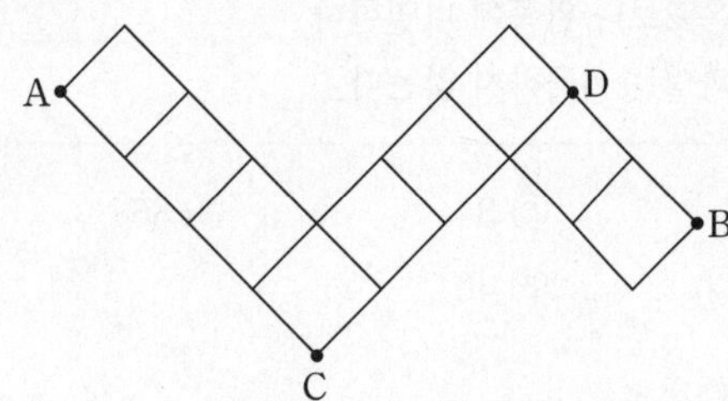

① 26 ② 24 ③ 22
④ 20 ⑤ 18

31 1 2 3

그림과 같이 직사각형 모양으로 연결된 도로망이 있다. 이 도로망을 따라 A지점에서 B지점까지 최단 거리로 가는 경우의 수를 구하시오.

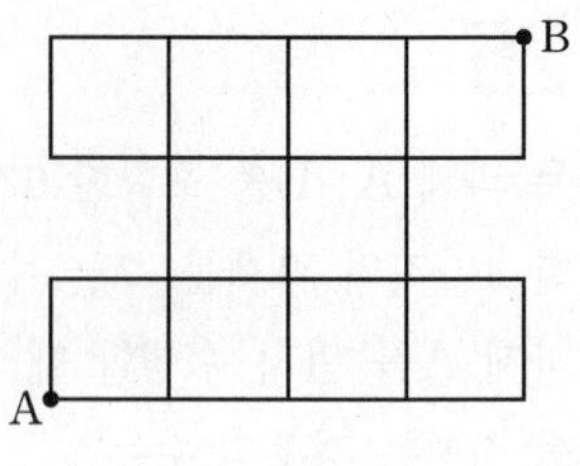

32 1 2 3

그림과 같이 정사각형 모양으로 이루어진 도로망이 있다. P는 A지점에서 출발하여 B지점까지, Q는 B지점에서 출발하여 A지점까지 최단 거리로 이동할 때, 두 사람이 동시에 출발하여 서로 만나지 않고 각각 최종 도착지로 가는 경우의 수는? (단, P와 Q의 속력은 같다.)

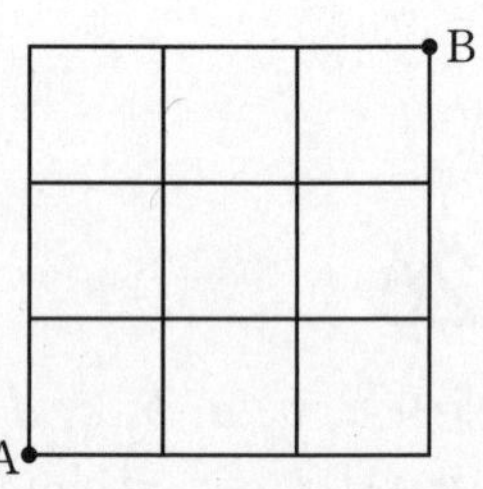

① 200 ② 208 ③ 216
④ 224 ⑤ 236

정답 및 해설 47쪽

02 중복조합과 이항정리

필수 예제 1 중복조합의 수

1 1 2 3

같은 종류의 흰 공 5개와 검은 공 6개를 서로 다른 3개의 상자에 남김없이 나누어 넣는 방법의 수는?
(단, 빈 상자가 있을 수 있다.)

① 580 ② 588 ③ 596
④ 604 ⑤ 612

2 1 2 3

같은 종류의 구슬 10개를 4명의 학생 A, B, C, D에게 남김없이 나누어 줄 때, A에게는 1개 이상, B에게는 2개 이상의 구슬을 나누어 주는 경우의 수는?

① 120 ② 140 ③ 160
④ 180 ⑤ 200

▸ 평가원

3 1 2 3

빨간색 카드 4장, 파란색 카드 2장, 노란색 카드 1장이 있다. 이 7장의 카드를 세 명의 학생에게 남김없이 나누어 줄 때, 3가지 색의 카드를 각각 한 장 이상 받는 학생이 있도록 나누어 주는 경우의 수는?
(단, 같은 색 카드끼리는 서로 구별하지 않고, 카드를 받지 못하는 학생이 있을 수 있다.)

① 78 ② 84 ③ 90
④ 96 ⑤ 102

4 1 2 3

같은 종류의 볼펜 8자루를 3명의 학생에게 남김없이 나누어 줄 때, 한 명의 학생이 6자루 이상의 볼펜을 받지 않도록 나누어 주는 경우의 수는?
(단, 볼펜을 받지 못하는 학생이 있을 수 있다.)

① 26 ② 27 ③ 28
④ 29 ⑤ 30

필수 예제 2 순서쌍의 개수; 방정식이 주어진 경우

5

방정식 $a+b+c+4d=14$를 만족시키는 자연수 a, b, c, d의 모든 순서쌍 (a, b, c, d)의 개수는?

① 42 ② 44 ③ 46
④ 48 ⑤ 50

6

다음 조건을 만족시키는 세 정수 a, b, c의 모든 순서쌍 (a, b, c)의 개수를 구하시오.

(가) $a+b+c=12$
(나) $a\geq3$, $b\geq2$, $c\geq1$

7

다음 조건을 만족시키는 음이 아닌 정수 a, b, c, d의 모든 순서쌍 (a, b, c, d)의 개수는?

(가) $a+b+c+d=9$
(나) a, c의 합은 0이 아닌 3의 배수이다.

① 66 ② 67 ③ 68
④ 69 ⑤ 70

8

다음 조건을 만족시키는 음이 아닌 세 정수 a, b, c의 모든 순서쌍 (a, b, c)의 개수를 구하시오.

(가) $a+b+c=15$
(나) $a+b\leq2c$

필수 예제 3 순서쌍의 개수; 수의 대소가 정해진 경우

9

음이 아닌 네 정수 a, b, c, d에 대하여

$$a \le b \le 4 < c \le d \le 10$$

을 만족시키는 모든 순서쌍 (a, b, c, d)의 개수는?

① 305 ② 310 ③ 315
④ 320 ⑤ 325

10

자연수 a, b, c, d, e에 대하여

$$1 \le a < b < c \le d \le e \le 5$$

를 만족시키는 모든 순서쌍 (a, b, c, d, e)의 개수는?

① 21 ② 22 ③ 23
④ 24 ⑤ 25

11

다음 조건을 만족시키는 세 자연수 a, b, c의 모든 순서쌍 (a, b, c)의 개수는?

(가) $a+b+c$는 짝수이다.
(나) $a \le b \le c \le 20$

① 730 ② 740 ③ 750
④ 760 ⑤ 770

▸ 수능

12

세 정수 a, b, c에 대하여

$$1 \le |a| \le |b| \le |c| \le 5$$

를 만족시키는 모든 순서쌍 (a, b, c)의 개수는?

① 360 ② 320 ③ 280
④ 240 ⑤ 200

필수 예제 4 중복조합을 이용한 함수의 개수

13

집합 $X=\{1, 2, 3, 4\}$에 대하여 다음 조건을 만족시키는 함수 $f: X \longrightarrow X$의 개수는?

$$f(2) \leq f(3) \leq f(4)$$

① 64 ② 68 ③ 72 ④ 76 ⑤ 80

14

두 집합 $X=\{1, 2, 3, 4, 5, 6\}$, $Y=\{1, 2, 3, 4\}$에 대하여 다음 조건을 만족시키는 함수 $f: X \longrightarrow Y$의 개수는?

집합 X의 홀수인 임의의 두 원소 x_1, x_2에 대하여 $x_1 < x_2$이면 $f(x_1) \leq f(x_2)$이다.

① 1120 ② 1160 ③ 1200 ④ 1240 ⑤ 1280

15

집합 $X=\{1, 2, 3, 4, 5, 6\}$에 대하여 다음 조건을 만족시키는 함수 $f: X \longrightarrow X$의 개수는?

(가) 집합 X의 임의의 두 원소 x_1, x_2에 대하여 $x_1 < x_2$이면 $f(x_1) \leq f(x_2)$이다.
(나) $f(2) < f(6) - 3$

① 155 ② 157 ③ 159 ④ 161 ⑤ 163

16

두 집합 $X=\{1, 2, 3, 4, 5\}$, $Y=\{2, 3, 4\}$에 대하여 다음 조건을 만족시키는 함수 $f: X \longrightarrow Y$의 개수를 구하시오.

(가) 집합 X의 임의의 두 원소 x_1, x_2에 대하여 $x_1 < x_2$이면 $f(x_1) \leq f(x_2)$이다.
(나) $f(1) \times f(2) \times f(3) \times f(4) \times f(5)$는 9의 배수가 아니다.

필수 예제 5 $(a+b)^n$의 전개식에서의 항의 계수

17

$\left(x-\frac{3}{x}\right)^6$의 전개식에서 x^2의 계수는?

① 130 ② 135 ③ 140
④ 145 ⑤ 150

18

다항식 $(x+2a)^5$의 전개식에서 x^3의 계수가 360일 때, 양수 a의 값은?

① 1 ② 2 ③ 3
④ 4 ⑤ 5

19

2 이상의 자연수 n에 대하여 다항식 $(x+3)^n$의 전개식에서 x의 계수와 x^2의 계수가 같을 때, n의 값을 구하시오.

▸ 교육청

20

양수 a에 대하여 $\left(ax-\frac{2}{ax}\right)^7$의 전개식에서 각 항의 계수의 총합이 1일 때, $\frac{1}{x}$의 계수는?

① 70 ② 140 ③ 210
④ 280 ⑤ 350

필수 예제 6 $(a+b)^n(c+d)^m$의 전개식에서의 항의 계수

21

다항식 $(x^2-2)(2x+1)^5$의 전개식에서 x^4의 계수는?

① -120 ② -110 ③ -100
④ -90 ⑤ -80

22

다항식 $(x^2+1)^4(x^3+1)^n$의 전개식에서 x^5의 계수가 12일 때, 자연수 n의 값은?

① 3 ② 4 ③ 5
④ 6 ⑤ 7

▸ 평가원

23

다항식 $(2+x)^4(1+3x)^3$의 전개식에서 x의 계수는?

① 174 ② 176 ③ 178
④ 180 ⑤ 182

24

$(2x-1)^5\left(x+\frac{1}{2x}\right)^3$의 전개식에서 x^6의 계수를 구하시오.

필수 예제 7 $(1+x)^n$의 전개식의 활용

25

$1+\frac{{}_{12}C_1}{4}+\frac{{}_{12}C_2}{4^2}+\cdots+\frac{{}_{12}C_{12}}{4^{12}}$의 값은?

① $\left(\frac{1}{2}\right)^{24}$ ② $\left(\frac{1}{2}\right)^{12}$ ③ $\left(\frac{3}{4}\right)^{12}$
④ 1 ⑤ $\left(\frac{5}{4}\right)^{12}$

26

$2\,{}_{20}C_1-2^2\,{}_{20}C_2+2^3\,{}_{20}C_3-2^4\,{}_{20}C_4+\cdots-2^{20}\,{}_{20}C_{20}$의 값은?

① -2 ② -1 ③ 0
④ 1 ⑤ 2

27

${}_{10}C_{10}+6\,{}_{10}C_9+6^2\,{}_{10}C_8+\cdots+6^{10}\,{}_{10}C_0$의 값은?

① 5^9 ② 5^{10} ③ 5^{11}
④ 7^{10} ⑤ 7^{11}

28

자연수 n에 대하여

$${}_nC_0+7\,{}_nC_1+7^2\,{}_nC_2+\cdots+7^n\,{}_nC_n=2^{30}$$

일 때, n의 값은?

① 10 ② 15 ③ 20
④ 25 ⑤ 30

필수 예제 8 이항계수의 성질

29 (1)(2)(3)

${}_{50}C_1-{}_{50}C_2+{}_{50}C_3-{}_{50}C_4+\cdots-{}_{50}C_{48}+{}_{50}C_{49}$의 값은?

① 1 ② 2 ③ 3
④ 4 ⑤ 5

30 (1)(2)(3)

등식 ${}_{2n}C_1+{}_{2n}C_3+{}_{2n}C_5+\cdots+{}_{2n}C_{2n-1}=128$을 만족시키는 자연수 n의 값을 구하시오.

31 (1)(2)(3)

서로 다른 구슬 8개와 서로 같은 공 8개가 들어 있는 주머니가 있다. 이 주머니에서 8개를 선택하는 경우의 수는?

① 32 ② 64 ③ 128
④ 256 ⑤ 512

▸ 교육청

32 (1)(2)(3)

집합 $A=\{x|x$는 25 이하의 자연수$\}$의 부분집합 중 두 원소 1, 2를 모두 포함하고 원소의 개수가 홀수인 부분집합의 개수는?

① 2^{18} ② 2^{19} ③ 2^{20}
④ 2^{21} ⑤ 2^{22}

정답 및 해설 52쪽

01 확률의 뜻과 정의

필수 예제 1 수학적 확률; 직접 세는 경우

1

1부터 7까지의 자연수 중에서 임의로 서로 다른 2개의 수를 선택하여 작은 수부터 차례대로 a, b라 하자. $a+2b\geq 13$일 확률은?

① $\frac{11}{21}$ ② $\frac{4}{7}$ ③ $\frac{13}{21}$ ④ $\frac{2}{3}$ ⑤ $\frac{5}{7}$

2

숫자 1, 2, 3, 4가 하나씩 적혀 있는 흰 공 4개와 숫자 1, 2, 3, 4가 하나씩 적혀 있는 검은 공 4개가 들어 있는 주머니가 있다. 이 주머니에서 임의로 2개의 공을 동시에 꺼낼 때, 꺼낸 두 공에 적혀 있는 두 수의 차가 2 이상일 확률은?

① $\frac{11}{28}$ ② $\frac{3}{7}$ ③ $\frac{13}{28}$ ④ $\frac{1}{2}$ ⑤ $\frac{15}{28}$

3

네 개의 수 1, 3, 5, 7 중에서 임의로 선택한 한 개의 수를 a라 하고, 네 개의 수 4, 6, 8, 10 중에서 임의로 선택한 한 개의 수를 b라 하자. $1<\frac{b}{a}<4$일 확률은?

① $\frac{1}{2}$ ② $\frac{9}{16}$ ③ $\frac{5}{8}$ ④ $\frac{11}{16}$ ⑤ $\frac{3}{4}$

4

한 개의 주사위를 세 번 던져서 나오는 눈의 수를 차례대로 a, b, c라 할 때, $|a-3|+|b-2|+|c-1|=2$가 성립할 확률은?

① $\frac{1}{18}$ ② $\frac{1}{9}$ ③ $\frac{1}{6}$ ④ $\frac{2}{9}$ ⑤ $\frac{5}{18}$

필수 예제 2 수학적 확률; 순열을 이용하는 경우

5

A, B, C를 포함한 6명이 원형의 탁자에 일정한 간격을 두고 임의로 앉을 때, B의 양옆에 A, C가 앉을 확률은?
(단, 회전하여 일치하는 것은 같은 것으로 본다.)

① $\frac{1}{10}$ ② $\frac{1}{5}$ ③ $\frac{3}{10}$
④ $\frac{2}{5}$ ⑤ $\frac{1}{2}$

6

문자 A, A, B, B, B, C, C가 하나씩 적혀 있는 7장의 카드가 있다. 이 카드를 모두 한 번씩 사용하여 일렬로 임의로 나열할 때, 양 끝에 문자 A가 적혀 있는 카드를 나열할 확률은?

① $\frac{1}{21}$ ② $\frac{2}{21}$ ③ $\frac{3}{7}$
④ $\frac{4}{21}$ ⑤ $\frac{5}{21}$

7

숫자 1, 2, 3, 4 중에서 중복을 허락하여 3개를 택해 일렬로 나열하여 만들 수 있는 모든 세 자리의 자연수 중에서 임의로 하나의 수를 선택할 때, 선택한 수가 3의 배수일 확률은?

① $\frac{1}{4}$ ② $\frac{9}{32}$ ③ $\frac{5}{16}$
④ $\frac{11}{32}$ ⑤ $\frac{3}{8}$

▸ 수능

8

문자 A, B, C, D, E가 하나씩 적혀 있는 5장의 카드와 숫자 1, 2, 3, 4가 하나씩 적혀 있는 4장의 카드가 있다. 이 9장의 카드를 모두 한 번씩 사용하여 일렬로 임의로 나열할 때, 문자 A가 적혀 있는 카드의 바로 양옆에 각각 숫자가 적혀 있는 카드가 놓일 확률은?

① $\frac{5}{12}$ ② $\frac{1}{3}$ ③ $\frac{1}{4}$
④ $\frac{1}{6}$ ⑤ $\frac{1}{12}$

정답 및 해설 54쪽

필수 예제 3 수학적 확률; 조합을 이용하는 경우

9

$1 \le a \le b \le 7$을 만족시키는 자연수 a, b의 모든 순서쌍 (a, b) 중에서 임의로 한 개를 선택할 때, 선택한 순서쌍 (a, b)에 대하여 $a \times b$의 값이 홀수일 확률은?

① $\frac{1}{14}$ ② $\frac{1}{7}$ ③ $\frac{3}{14}$
④ $\frac{2}{7}$ ⑤ $\frac{5}{14}$

10

숫자 1, 2, 3, 4가 하나씩 적혀 있는 흰 구슬 4개와 숫자 2, 3, 4, 5, 6이 하나씩 적혀 있는 검은 구슬 5개가 들어 있는 주머니가 있다. 이 주머니에서 임의로 2개의 구슬을 동시에 꺼낼 때, 꺼낸 구슬에 적혀 있는 두 수의 합이 짝수일 확률은?

① $\frac{1}{9}$ ② $\frac{2}{9}$ ③ $\frac{1}{3}$
④ $\frac{4}{9}$ ⑤ $\frac{5}{9}$

11

두 집합

$X=\{1, 2, 3, 4\}$, $Y=\{5, 6, 7, 8\}$

에 대하여 $f : X \longrightarrow Y$로의 모든 함수 중에서 임의로 하나를 선택할 때, 이 함수가 다음 조건을 만족시킬 확률은 $\frac{q}{p}$이다. $p+q$의 값을 구하시오.

(단, p와 q는 서로소인 자연수이다.)

(가) $f(1) \le f(3)$
(나) $\{f(2), f(4)\}=\{6, 7\}$

12

방정식 $x+y+z=9$를 만족시키는 세 자연수 x, y, z의 모든 순서쌍 (x, y, z) 중에서 임의로 한 개를 선택할 때, 선택한 순서쌍 (x, y, z)가 $z=x+2$를 만족시킬 확률은?

① $\frac{1}{28}$ ② $\frac{1}{14}$ ③ $\frac{3}{28}$
④ $\frac{1}{7}$ ⑤ $\frac{5}{28}$

필수 예제 4 확률의 덧셈정리; 계산

▸ 평가원

13

두 사건 A, B에 대하여

$$P(A\cup B)=1,\ P(B)=\frac{1}{3},\ P(A\cap B)=\frac{1}{6}$$

일 때, $P(A^C)$의 값은? (단, A^C은 A의 여사건이다.)

① $\frac{1}{3}$ ② $\frac{1}{4}$ ③ $\frac{1}{5}$ ④ $\frac{1}{6}$ ⑤ $\frac{1}{7}$

14

두 사건 A와 B는 서로 배반사건이고

$$P(A)=\frac{1}{4},\ P(A^C)P(B)=\frac{3}{8}$$

일 때, $P(A\cup B)$의 값은? (단, A^C은 A의 여사건이다.)

① $\frac{3}{8}$ ② $\frac{1}{2}$ ③ $\frac{5}{8}$ ④ $\frac{3}{4}$ ⑤ $\frac{7}{8}$

15

두 사건 A, B에 대하여

$$P(A\cup B)=\frac{5}{3}P(A)=\frac{3}{2}P(B)$$

일 때, $\frac{P(A\cap B)}{P(A\cup B)}$의 값은? (단, $P(A\cup B)\neq 0$)

① $\frac{1}{15}$ ② $\frac{2}{15}$ ③ $\frac{1}{5}$ ④ $\frac{4}{15}$ ⑤ $\frac{1}{3}$

16

두 사건 A, B에 대하여 A와 B^C은 서로 배반사건이고

$$P(A^C)=\frac{2}{3},\ P(A^C\cap B)=\frac{1}{4}$$

일 때, $P(B)$의 값은? (단, A^C은 A의 여사건이다.)

① $\frac{1}{2}$ ② $\frac{7}{12}$ ③ $\frac{2}{3}$ ④ $\frac{3}{4}$ ⑤ $\frac{5}{6}$

필수 예제 5 확률의 덧셈정리; 배반사건이 아닌 경우

17 1 2 3

한 개의 주사위를 두 번 던져서 나오는 눈의 수를 차례대로 a, b라 하자. 두 수 a, b의 최대공약수가 짝수인 사건을 A, 두 수 a, b의 최소공배수가 6인 사건을 B라 할 때, $\mathrm{P}(A\cup B)$의 값은?

① $\frac{11}{36}$　② $\frac{13}{36}$　③ $\frac{5}{12}$　④ $\frac{17}{36}$　⑤ $\frac{19}{36}$

▸ 평가원

18 1 2 3

세 학생 A, B, C를 포함한 7명의 학생이 원 모양의 탁자에 일정한 간격을 두고 임의로 모두 둘러앉을 때, A가 B 또는 C와 이웃하게 될 확률은?

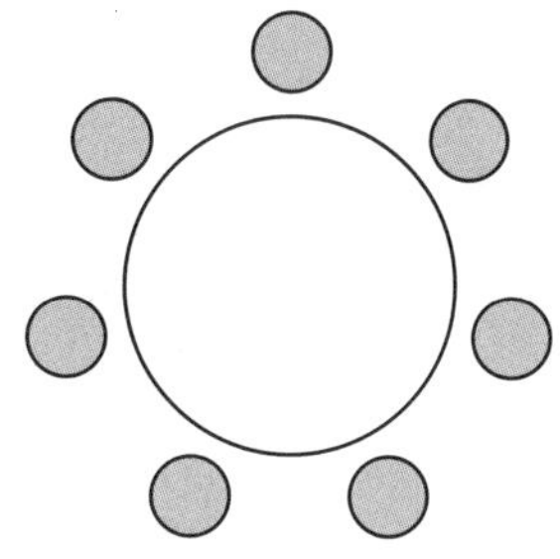

① $\frac{1}{2}$　② $\frac{3}{5}$　③ $\frac{7}{10}$　④ $\frac{4}{5}$　⑤ $\frac{9}{10}$

19 1 2 3

방정식 $x+y+z+w=10$을 만족시키는 음이 아닌 정수 x, y, z, w의 모든 순서쌍 (x, y, z, w) 중에서 임의로 한 개를 선택할 때, $x=2$ 또는 $y=3$일 확률은?

① $\frac{35}{143}$　② $\frac{75}{286}$　③ $\frac{40}{143}$　④ $\frac{85}{286}$　⑤ $\frac{45}{143}$

20 1 2 3

두 집합 $X=\{a, b, c, d\}$, $Y=\{1, 2, 3, 4, 5\}$에 대하여 일대일함수 $f: X \longrightarrow Y$ 중에서 임의로 하나를 선택할 때, 선택한 함수가 $f(a)<f(b)$ 또는 $f(a)<f(c)$를 만족시킬 확률은 $\frac{q}{p}$이다. $p+q$의 값을 구하시오.

(단, p와 q는 서로소인 자연수이다.)

정답 및 해설 56쪽

필수 예제 6 확률의 덧셈정리; 배반사건인 경우

21 1 2 3

1에서 50까지의 자연수 중에서 한 개의 수를 선택할 때, 그 수가 4의 배수이거나 일의 자리의 수가 5일 확률은?

① $\frac{8}{25}$ ② $\frac{17}{50}$ ③ $\frac{9}{25}$
④ $\frac{19}{50}$ ⑤ $\frac{2}{5}$

22 1 2 3

흰 공 4개와 검은 공 3개가 들어 있는 상자에서 임의로 5개의 공을 동시에 꺼낼 때, 흰 공이 검은 공보다 많이 나올 확률은?

① $\frac{1}{7}$ ② $\frac{2}{7}$ ③ $\frac{3}{7}$
④ $\frac{4}{7}$ ⑤ $\frac{5}{7}$

23 1 2 3

서로 다른 쿠키 n개, 서로 다른 음료 n개 중에서 임의로 3개를 선택하여 세트 상품을 만들 때, 이 상품이 쿠키로만 구성되어 있거나 음료로만 구성된 세트 상품일 확률이 $\frac{13}{58}$이다. 자연수 n의 값을 구하시오. (단, $n \geq 3$)

24 1 2 3

한 개의 주사위를 2번 던져서 나오는 눈의 수를 차례대로 a, b라 하자. a, b의 약수의 개수의 합이 3의 배수일 확률은?

① $\frac{11}{36}$ ② $\frac{1}{3}$ ③ $\frac{13}{36}$
④ $\frac{7}{18}$ ⑤ $\frac{5}{12}$

필수예제 7 여사건의 확률

▸수능

25

흰색 마스크 5개, 검은색 마스크 9개가 들어 있는 상자가 있다. 이 상자에서 임의로 3개의 마스크를 동시에 꺼낼 때, 꺼낸 3개의 마스크 중에서 적어도 한 개가 흰색 마스크일 확률은?

① $\frac{8}{13}$ ② $\frac{17}{26}$ ③ $\frac{9}{13}$ ④ $\frac{19}{26}$ ⑤ $\frac{10}{13}$

26

두 학생 A, B를 포함한 6명의 학생을 임의로 일렬로 세울 때, A와 B 사이에 적어도 한 명의 학생을 세울 확률은?

① $\frac{1}{6}$ ② $\frac{1}{3}$ ③ $\frac{1}{2}$ ④ $\frac{2}{3}$ ⑤ $\frac{5}{6}$

정답 및 해설 57쪽

27

세 학생 A, B, C를 포함한 7명의 학생이 원 모양의 탁자에 일정한 간격을 두고 임의로 모두 둘러앉을 때, A, B, C 중에서 적어도 2명 이상 이웃하게 될 확률은?

① $\frac{7}{10}$ ② $\frac{11}{15}$ ③ $\frac{23}{30}$ ④ $\frac{4}{5}$ ⑤ $\frac{5}{6}$

▸수능

28

1부터 10까지의 자연수가 하나씩 적혀 있는 10장의 카드가 들어 있는 주머니가 있다. 이 주머니에서 임의로 카드 3장을 동시에 꺼낼 때, 꺼낸 카드에 적혀 있는 세 자연수 중에서 가장 작은 수가 4 이하이거나 7 이상일 확률은?

① $\frac{4}{5}$ ② $\frac{5}{6}$ ③ $\frac{13}{15}$ ④ $\frac{9}{10}$ ⑤ $\frac{14}{15}$

정답 및 해설 59쪽

02 조건부확률

필수 예제 1 조건부확률; 계산

1 1 2 3

두 사건 A, B에 대하여

$$P(A)=\frac{1}{4},\ P(A\cup B)=\frac{3}{5}$$

일 때, $P(B|A^C)$의 값은? (단, A^C은 A의 여사건이다.)

① $\frac{2}{5}$　② $\frac{7}{15}$　③ $\frac{8}{15}$　④ $\frac{3}{5}$　⑤ $\frac{2}{5}$

2 1 2 3

두 사건 A, B에 대하여

$$P(A\cap B)=\frac{1}{6},\ P(A^C|B)=P(A|B)$$

일 때, $P(B)$의 값은? (단, A^C은 A의 여사건이다.)

① $\frac{1}{3}$　② $\frac{7}{18}$　③ $\frac{4}{9}$　④ $\frac{1}{2}$　⑤ $\frac{5}{9}$

3 1 2 3

두 사건 A, B에 대하여

$$P(A^C)=\frac{2}{3},\ P(B)=\frac{1}{4},\ P(A\cap B)=\frac{1}{6}$$

일 때, $P(A|B^C)$의 값은? (단, A^C은 A의 여사건이다.)

① $\frac{1}{18}$　② $\frac{1}{9}$　③ $\frac{1}{6}$　④ $\frac{2}{9}$　⑤ $\frac{5}{18}$

4 1 2 3

두 사건 A, B가 다음 조건을 만족시킬 때, $P(B|A)$의 값은? (단, $P(A)P(B)\neq 0$)

(가) $P(A|B)=\frac{1}{2}$

(나) $P(A\cup B)=5P(A\cap B)$

① $\frac{1}{8}$　② $\frac{1}{4}$　③ $\frac{3}{8}$　④ $\frac{1}{2}$　⑤ $\frac{5}{8}$

필수 예제 2 조건부확률; 표가 주어진 경우

5

어느 동아리 학생 80명을 대상으로 수학 과목의 선호도를 조사하였다. 이 조사에 참여한 학생은 수학 I과 수학 II 중 하나를 선택하였고, 각각의 과목을 선택한 학생 수는 다음과 같다.

(단위: 명)

구분	남학생	여학생	합계
수학 I	20	24	44
수학 II	16	20	36
합계	36	44	80

이 조사에 참여한 학생 80명 중에서 임의로 선택한 한 명이 남학생일 때, 이 학생이 수학 I을 선호할 확률은 $\frac{q}{p}$이다. $p+q$의 값을 구하시오.

(단, p와 q는 서로소인 자연수이다.)

▸ 평가원

6

어느 학교의 독후감 쓰기 대회에 1, 2학년 학생 50명이 참가하였다. 이 대회에 참가한 학생은 다음 두 주제 중 하나를 반드시 골라야 하고, 각 학생이 고른 주제별 인원수는 표와 같다.

주제 A : 수학의 역사, 주제 B : 수학과 예술

(단위: 명)

구분	1학년	2학년	합계
주제 A	16	4	20
주제 B	8	22	30
합계	24	26	50

이 대회에 참가한 학생 50명 중에서 임의로 선택한 1명이 1학년 학생일 때, 이 학생이 주제 B를 고른 학생일 확률을 p_1이라 하고, 이 대회에 참가한 학생 50명 중에서 임의로 선택한 1명이 주제 B를 고른 학생일 때, 이 학생이 1학년 학생일 확률을 p_2라 하자. $\frac{p_2}{p_1}$의 값은?

① $\frac{1}{2}$ ② $\frac{3}{5}$ ③ $\frac{4}{5}$ ④ $\frac{3}{2}$ ⑤ $\frac{7}{4}$

7

어느 고등학교에서 3학년 대의원 학생 26명의 졸업사진 촬영 장소에 대한 선호도를 조사하였다. 이 조사에 참여한 학생은 촬영 장소 A와 촬영 장소 B 중 하나를 선택하였고, 각각의 장소를 선택한 학생 수는 다음과 같다.

(단위: 명)

구분	남학생	여학생
촬영 장소 A	$a+3$	$2b$
촬영 장소 B	$10-a$	$2b-3$

이 조사에 참여한 학생 26명 중에서 임의로 선택한 1명이 촬영 장소 A를 선택했을 때, 이 학생이 여학생일 확률은 $\frac{4}{7}$이다. $a+b$의 값을 구하시오.

(단, a, b는 상수이다.)

8

어느 중학교 학생 150명을 대상으로 SNS 플랫폼에 대한 선호도를 조사하였다. 이 조사에 참여한 150명의 학생은 SNS 플랫폼 A, B 중 하나를 선택하였고, 각각의 SNS 플랫폼을 선택한 학생 수는 다음과 같다.

(단위: 명)

구분	SNS 플랫폼 A	SNS 플랫폼 B
여학생	$6a$	$3b$
남학생	$34+2a$	$b+28$

이 조사에 참여한 학생 150명 중에서 임의로 선택한 1명이 남학생일 때, 이 학생이 SNS 플랫폼 B를 선택한 학생일 확률은 $\frac{3}{7}$이다. 이 조사에 참여한 학생 중에서 임의로 선택한 1명의 학생이 SNS 플랫폼 B를 선택한 학생일 때, 이 학생이 남학생일 확률은?

(단, a, b는 상수이다.)

① $\frac{3}{10}$ ② $\frac{2}{5}$ ③ $\frac{1}{2}$ ④ $\frac{3}{5}$ ⑤ $\frac{7}{10}$

필수 예제 3 **조건부확률의 활용**

정답 및 해설 60쪽

9

서로 다른 흰 공 4개와 서로 다른 검은 공 3개가 들어 있는 주머니에서 두 학생이 임의로 공을 1개씩 꺼내려고 한다. 두 학생이 꺼낸 공이 서로 다른 공일 때, 두 학생이 꺼낸 공이 모두 검은 공일 확률은?

(단, 꺼낸 공은 다시 집어 넣는다.)

① $\frac{1}{14}$ ② $\frac{1}{7}$ ③ $\frac{3}{14}$
④ $\frac{2}{7}$ ⑤ $\frac{5}{14}$

10

어느 학교의 전체 학생은 360명이고, 각 학생은 체험 학습 A, 체험 학습 B 중 하나를 선택하였다. 이 학교의 학생 중 체험 학습 A를 선택한 학생은 남학생 90명과 여학생 70명이다. 이 학교의 학생 중 임의로 뽑은 1명의 학생이 체험 학습 B를 선택한 학생일 때, 이 학생이 남학생일 확률은 $\frac{2}{5}$이다. 이 학교의 여학생 수는?

① 180 ② 185 ③ 190
④ 195 ⑤ 200

11

두 집합 $X=\{1, 2, 3\}$, $Y=\{1, 2, 3, 4\}$에 대하여 함수 $f: X \longrightarrow Y$ 중에서 임의로 하나를 선택하였다. 선택한 함수가 일대일함수이었을 때, 이 함수가 $f(1)+f(3)=f(2)$를 만족시킬 확률은?

① $\frac{1}{6}$ ② $\frac{1}{3}$ ③ $\frac{1}{2}$
④ $\frac{2}{3}$ ⑤ $\frac{5}{6}$

12

1부터 8까지의 자연수 중에서 임의로 서로 다른 3개의 수를 동시에 선택한다. 선택한 3개의 수의 곱이 짝수일 때, 이 3개의 수의 합이 홀수일 확률은?

① $\frac{3}{13}$ ② $\frac{4}{13}$ ③ $\frac{5}{13}$
④ $\frac{6}{13}$ ⑤ $\frac{7}{13}$

필수 예제 4 확률의 곱셈정리

13

흰 구슬 9개, 검은 구슬 3개가 들어 있는 상자에서 임의로 한 개씩 두 번 구슬을 두 번 꺼낼 때, 두 번 모두 검은 구슬이 나올 확률은? (단, 꺼낸 구슬은 다시 넣지 않는다.)

① $\frac{1}{22}$　② $\frac{1}{11}$　③ $\frac{3}{22}$　④ $\frac{2}{11}$　⑤ $\frac{5}{22}$

14

주머니 A에는 흰 공 2개, 검은 공 8개가 들어 있고, 주머니 B에는 흰 공 6개, 검은 공 4개가 들어 있다. 두 주머니 A, B 중 임의로 1개의 주머니를 선택하여 2개의 공을 꺼낼 때, 꺼낸 두 공의 색이 같을 확률은?

① $\frac{1}{9}$　② $\frac{2}{9}$　③ $\frac{1}{3}$　④ $\frac{4}{9}$　⑤ $\frac{5}{9}$

15

두 집합

$A=\{1, 2, 3, 4, 5\}$, $B=\{6, 7, 8, 9\}$

가 있다. 한 개의 주사위를 던져 나온 눈의 수가 3 이상이면 집합 A에서 임의로 서로 다른 2개의 원소를 동시에 선택하고, 눈의 수가 2 이하이면 집합 B에서 임의로 서로 다른 2개의 원소를 동시에 선택할 때, 선택한 2개의 원소의 곱이 3의 배수일 확률은 $\frac{q}{p}$이다. $p+q$의 값을 구하시오. (단, p와 q는 서로소인 자연수이다.)

▸ 평가원

16

주머니 A에는 흰 공 2개, 검은 공 4개가 들어 있고, 주머니 B에는 흰 공 3개, 검은 공 3개가 들어 있다. 두 주머니 A, B와 한 개의 주사위를 사용하여 다음 시행을 한다.

> 주사위를 한 번 던져
> 나온 눈의 수가 5 이상이면
> 주머니 A에서 임의로 2개의 공을 동시에 꺼내고,
> 나온 눈의 수가 4 이하이면
> 주머니 B에서 임의로 2개의 공을 동시에 꺼낸다.

이 시행을 한 번 하여 주머니에서 꺼낸 2개의 공이 모두 흰색일 때, 나온 눈의 수가 5 이상일 확률은?

① $\frac{1}{7}$　② $\frac{3}{14}$　③ $\frac{2}{7}$　④ $\frac{5}{14}$　⑤ $\frac{3}{7}$

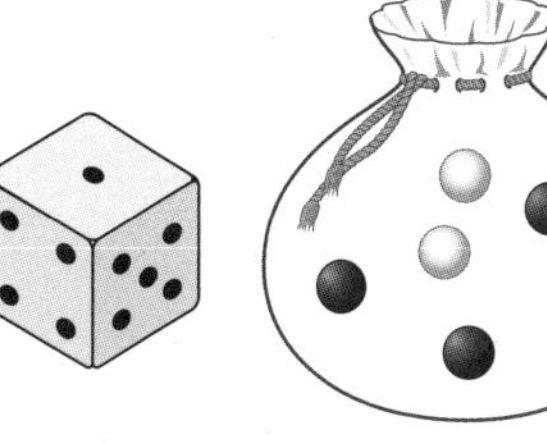
A

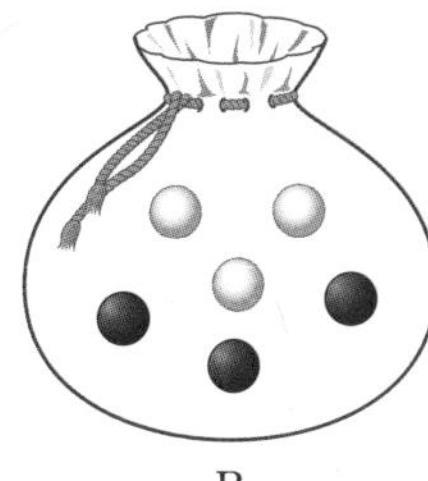
B

필수 예제 5 독립사건의 확률; 계산

17

두 사건 A와 B는 서로 독립이고

$$P(A)=\frac{2}{5},\ P(A\cup B)=\frac{7}{10}$$

일 때, $P(B)$의 값은?

① $\frac{1}{10}$ ② $\frac{1}{5}$ ③ $\frac{3}{10}$
④ $\frac{2}{5}$ ⑤ $\frac{1}{2}$

18

두 사건 A와 B는 서로 독립이고

$$P(A|B^C)=\frac{3}{8},\ P(A\cap B)=\frac{3}{14}$$

일 때, $P(B^C)$의 값은? (단, B^C은 B의 여사건이다.)

① $\frac{1}{7}$ ② $\frac{2}{7}$ ③ $\frac{3}{7}$
④ $\frac{4}{7}$ ⑤ $\frac{5}{7}$

19

두 사건 A와 B는 서로 독립이고

$$P(A)=\frac{4}{7},\ P(A^C\cap B)=\frac{1}{21}$$

일 때, $P(B|A)$의 값은? (단, A^C은 A의 여사건이다.)

① $\frac{1}{9}$ ② $\frac{2}{9}$ ③ $\frac{1}{3}$
④ $\frac{4}{9}$ ⑤ $\frac{5}{9}$

▸ 교육청

20

두 사건 A와 B는 서로 독립이고

$$P(A\cap B)=\frac{2}{5},\ P(A^C\cap B)=\frac{1}{3}$$

일 때, $P(A)$의 값은? (단, A^C은 A의 여사건이다.)

① $\frac{2}{11}$ ② $\frac{4}{11}$ ③ $\frac{6}{11}$
④ $\frac{8}{11}$ ⑤ $\frac{10}{11}$

정답 및 해설 62쪽

필수 예제 6 독립사건의 확률의 활용

21

흰 공 4개와 검은 공 5개가 들어 있는 주머니에서 임의로 한 개의 공을 꺼내어 색을 확인하고 다시 주머니에 넣는 시행을 한다. 이 시행을 2번 반복할 때, 한 번만 흰 공이 나올 확률은?

① $\frac{4}{9}$ ② $\frac{37}{81}$ ③ $\frac{38}{81}$ ④ $\frac{13}{27}$ ⑤ $\frac{40}{81}$

22

주머니 A에는 숫자 1, 3, 5, 7, 9가 하나씩 적혀 있는 공 5개가 들어 있고, 주머니 B에는 흰 공 4개, 검은 공 3개가 들어 있다. 두 주머니 A, B에서 각각 임의로 1개, 5개씩 공을 동시에 꺼낼 때, 주머니 A에서 꺼낸 공에 적혀 있는 수를 a라 하고, 주머니 B에서 꺼낸 5개의 공 중에서 검은 공의 개수를 b라 하자. $a=b$일 확률은?

① $\frac{3}{35}$ ② $\frac{4}{35}$ ③ $\frac{1}{7}$ ④ $\frac{6}{35}$ ⑤ $\frac{1}{5}$

23

상자 A에는 1이 적혀 있는 구슬 3개, 2가 적혀 있는 구슬 2개가 들어 있고, 상자 B에는 1이 적혀 있는 구슬 4개, 2가 적혀 있는 구슬 3개가 들어 있다. 두 상자 A, B에서 각각 구슬을 임의로 하나씩 꺼내어 꺼낸 구슬에 적혀 있는 수를 곱했을 때, 짝수일 확률은?

① $\frac{3}{5}$ ② $\frac{22}{35}$ ③ $\frac{23}{35}$ ④ $\frac{24}{35}$ ⑤ $\frac{5}{7}$

▸ 수능

24

어느 디자인 공모 대회에 철수가 참가하였다. 참가자는 두 항목에서 점수를 받으며, 각 항목에서 받을 수 있는 점수는 표와 같이 3가지 중 하나이다. 철수가 각 항목에서 점수 A를 받을 확률은 $\frac{1}{2}$, 점수 B를 받을 확률은 $\frac{1}{3}$, 점수 C를 받을 확률은 $\frac{1}{6}$이다. 관람객 투표 점수를 받는 사건과 심사 위원 점수를 받는 사건이 서로 독립일 때, 철수가 받는 두 점수의 합이 70일 확률은?

항목 \ 점수	점수 A	점수 B	점수 C
관람객 투표	40	30	20
심사 위원	50	40	30

① $\frac{1}{3}$ ② $\frac{11}{36}$ ③ $\frac{5}{18}$ ④ $\frac{1}{4}$ ⑤ $\frac{2}{9}$

정답 및 해설 63쪽

필수 예제 7 독립시행의 확률

25

두 학생 A, B가 볼링 경기를 할 때, 매 경기에서 A가 이길 확률은 $\frac{3}{5}$, B가 이길 확률은 $\frac{2}{5}$이다. 세 번의 경기에서 두 번 먼저 이기는 학생이 승자가 될 때, A가 승자가 될 확률은?

① $\frac{66}{125}$ ② $\frac{71}{125}$ ③ $\frac{76}{125}$
④ $\frac{81}{125}$ ⑤ $\frac{86}{125}$

26

수직선의 원점에 점 P가 있다. 한 개의 동전을 사용하여 다음과 같은 시행을 한다.

> 한 개의 동전을 던져
> 앞면이 나오면 점 P를 양의 방향으로 2만큼 이동시키고,
> 뒷면이 나오면 점 P를 음의 방향으로 1만큼 이동시킨다.

이 시행을 6번 반복할 때, 6번째 시행 후 점 P의 좌표가 0일 확률은?

① $\frac{15}{64}$ ② $\frac{17}{64}$ ③ $\frac{19}{64}$
④ $\frac{21}{64}$ ⑤ $\frac{23}{64}$

27

한 개의 주사위를 4번 던져 6의 약수의 눈이 나오는 횟수를 a, 6의 약수의 눈이 나오지 않는 횟수를 b라 할 때, $a \le b$일 확률은?

① $\frac{31}{81}$ ② $\frac{11}{27}$ ③ $\frac{35}{81}$
④ $\frac{38}{81}$ ⑤ $\frac{41}{81}$

▸ 교육청

28

주머니에 1, 2, 3, 4의 숫자가 하나씩 적혀 있는 4개의 공이 들어 있다. 이 주머니에서 임의로 2개의 공을 동시에 꺼낼 때, 꺼낸 공에 적혀 있는 숫자의 합이 소수이면 1개의 동전을 2번 던지고, 소수가 아니면 1개의 동전을 3번 던진다. 동전의 앞면이 2번 나왔을 때, 꺼낸 2개의 공에 적혀 있는 숫자의 합이 소수일 확률은?

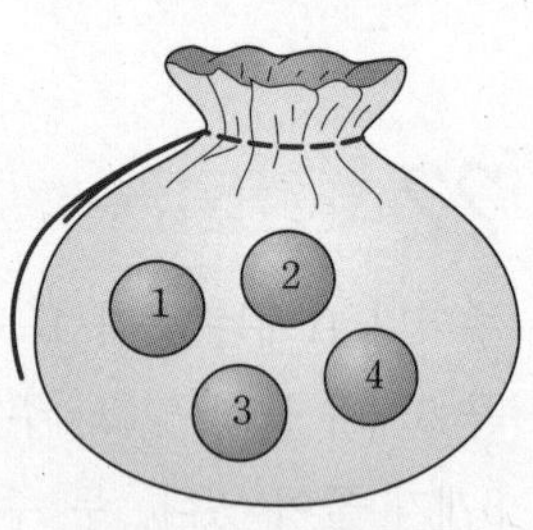

① $\frac{2}{7}$ ② $\frac{5}{14}$ ③ $\frac{3}{7}$
④ $\frac{1}{2}$ ⑤ $\frac{4}{7}$

정답 및 해설 64쪽

01 이산확률변수의 확률분포

필수 예제 1 확률질량함수의 성질

1

확률변수 X의 확률분포를 표로 나타내면 다음과 같다.

X	0	1	2	3	4	합계
$\mathrm{P}(X=x)$	a	$2a$	$3a$	$4a$	b	1

$2\mathrm{P}(X=4)=\mathrm{P}(0\le X<4)$일 때, $\mathrm{P}(X=2)$의 값은?
(단, a, b는 상수이다.)

① $\frac{1}{8}$ ② $\frac{1}{7}$ ③ $\frac{1}{6}$
④ $\frac{1}{5}$ ⑤ $\frac{1}{4}$

2

서로 다른 두 개의 주사위를 동시에 던져 나오는 눈의 수의 차를 확률변수 X라 하자. $\mathrm{P}(X\ge 2)$의 값은?

① $\frac{1}{9}$ ② $\frac{2}{9}$ ③ $\frac{1}{3}$
④ $\frac{4}{9}$ ⑤ $\frac{5}{9}$

3

두 상수 a, b에 대하여 확률변수 X의 확률질량함수가

$$\mathrm{P}(X=x)=a|x|+b\ (x=-2,\ -1,\ 0,\ 1,\ 2)$$

이고 $\mathrm{P}(X\ge 0)=\frac{11}{20}$일 때, $b-a$의 값은?

① $\frac{1}{60}$ ② $\frac{1}{50}$ ③ $\frac{1}{40}$
④ $\frac{1}{30}$ ⑤ $\frac{1}{20}$

4

확률변수 X의 확률분포를 표로 나타내면 다음과 같다.

X	1	2	3	4	5	합계
$\mathrm{P}(X=x)$	$\frac{1}{4}$	a	b	$2a$	$\frac{1}{4}$	1

$\mathrm{P}(X^2=6X-8)=\mathrm{P}(X^2=8X-15)$일 때,
$\mathrm{P}(X\le 3)$의 값은? (단, a, b는 상수이다.)

① $\frac{1}{8}$ ② $\frac{1}{4}$ ③ $\frac{3}{8}$
④ $\frac{1}{2}$ ⑤ $\frac{5}{8}$

정답 및 해설 64쪽

필수 예제 2 이산확률변수 X의 평균, 분산, 표준편차

5

확률변수 X의 확률분포를 표로 나타내면 다음과 같다.

X	0	1	2	합계
$\mathrm{P}(X=x)$	$\frac{5}{3}a$	$\frac{1}{3}a$	a	1

$\mathrm{E}(X)$의 값은? (단, a는 상수이다.)

① $\frac{4}{9}$ ② $\frac{5}{9}$ ③ $\frac{2}{3}$
④ $\frac{7}{9}$ ⑤ $\frac{8}{9}$

6

확률변수 X의 확률분포를 표로 나타내면 다음과 같다.

X	$-a+1$	1	$a+1$	합계
$\mathrm{P}(X=x)$	$\frac{1}{6}$	$\frac{1}{6}$	$\frac{2}{3}$	1

$\mathrm{E}(X^2)=\mathrm{V}(X)=b$일 때, $b-a$의 값은?
(단, a는 상수이다.)

① $\frac{11}{3}$ ② 4 ③ $\frac{13}{3}$
④ $\frac{14}{3}$ ⑤ 5

▸ 수능

7

확률변수 X의 확률분포를 표로 나타내면 다음과 같다.

X	-1	0	1	2	합계
$\mathrm{P}(X=x)$	$\frac{3-a}{8}$	$\frac{1}{8}$	$\frac{3+a}{8}$	$\frac{1}{8}$	1

$\mathrm{P}(0\le X\le 2)=\frac{7}{8}$일 때, $\mathrm{V}(X)$의 값은?

① $\frac{1}{2}$ ② $\frac{9}{16}$ ③ $\frac{5}{8}$
④ $\frac{11}{16}$ ⑤ $\frac{3}{4}$

▸ 수능

8

4개의 동전을 동시에 던져서 앞면이 나오는 동전의 개수를 확률변수 X라 하고, 이산확률변수 Y를

$$Y=\begin{cases} X & (X\text{가 0 또는 1의 값을 가지는 경우}) \\ 2 & (X\text{가 2 이상의 값을 가지는 경우}) \end{cases}$$

라 하자. $\mathrm{E}(Y)$의 값은?

① $\frac{25}{16}$ ② $\frac{13}{8}$ ③ $\frac{27}{16}$
④ $\frac{7}{4}$ ⑤ $\frac{29}{16}$

필수 예제 3 이산확률변수 $aX+b$의 평균, 분산, 표준편차

9

확률변수 X의 확률분포를 표로 나타내면 다음과 같다.

X	-1	0	1	합계
$\mathrm{P}(X=x)$	a	b	$\frac{1}{2}$	1

$\mathrm{E}(6X)=1$일 때, $a-b$의 값은? (단, a, b는 상수이다.)

① $\frac{1}{3}$ ② $\frac{1}{4}$ ③ $\frac{1}{5}$
④ $\frac{1}{6}$ ⑤ $\frac{1}{7}$

▸ 교육청

10

이산확률변수 X의 확률분포를 표로 나타내면 다음과 같다.

X	-3	0	a	합계
$\mathrm{P}(X=x)$	$\frac{1}{2}$	$\frac{1}{4}$	$\frac{1}{4}$	1

$\mathrm{E}(X)=-1$일 때, $\mathrm{V}(aX)$의 값은?

(단, a는 상수이다.)

① 12 ② 15 ③ 18
④ 21 ⑤ 24

11

이산확률변수 X의 확률질량함수가

$$\mathrm{P}(X=x)=ax \ (x=1, 2, 3, 4, 5)$$

이고 $\mathrm{E}(X^2)=\mathrm{V}(kX)+1$일 때, 양수 k의 값은?

(단, a는 상수이다.)

① 1 ② 2 ③ 3
④ 4 ⑤ 5

12

주머니 속에 숫자 1, 2, 3이 각각 하나씩 적혀 있는 3개의 공이 들어 있다. 이 주머니에서 임의로 1개의 공을 꺼내어 공에 적혀 있는 수를 확인한 후 다시 넣는 과정을 2번 반복할 때, 꺼낸 공에 적혀 있는 수를 차례대로 a, b라 하자. $a-b$의 값을 확률변수 X라 할 때, $\mathrm{V}(-3X+2)$의 값을 구하시오.

정답 및 해설 66쪽

필수예제 4 이항분포의 뜻과 확률

13

확률변수 X가 이항분포 $\mathrm{B}(3,\ p)$를 따르고

$3\mathrm{P}(X=0)+\mathrm{P}(X=1)=\frac{1}{3}$일 때, p의 값은?

(단, $0\le p\le 1$)

① $\frac{1}{6}$　② $\frac{1}{3}$　③ $\frac{1}{2}$
④ $\frac{2}{3}$　⑤ $\frac{5}{6}$

14

확률변수 X가 이항분포 $\mathrm{B}\left(n,\ \frac{1}{2}\right)$을 따르고

$2\mathrm{P}(X=1)+\mathrm{P}(X=2)=2\mathrm{P}(X=3)$일 때, 자연수 n의 값은? (단, $n\ge 3$)

① 3　② 4　③ 5
④ 6　⑤ 7

15

확률변수 X가 이항분포 $\mathrm{B}(n,\ p)$를 따르고

$\mathrm{P}(X=n)=\frac{1}{256}$일 때, $n+\frac{1}{p}$의 최댓값과 최솟값의 합을 구하시오. (단, p는 $0<p<1$인 유리수이다.)

16

이항분포 $\mathrm{B}(n,\ p)$를 따르는 확률변수 X에 대하여

$\frac{\mathrm{P}(X=1)}{\mathrm{P}(X=0)}=\frac{5}{3}$이고 $\frac{1}{p}$이 자연수일 때, 자연수 n의 최솟값은? (단, $0<p<1$)

① 5　② 7　③ 9
④ 11　⑤ 13

정답 및 해설 67쪽

필수 예제 5 이항분포의 활용; 확률질량함수

17

주사위를 5번 던졌을 때, 6의 약수의 눈이 나오는 횟수를 확률변수 X라 하자. $\mathrm{P}(X \geq 4)$의 값은?

① $\frac{112}{243}$ ② $\frac{38}{81}$ ③ $\frac{116}{243}$

④ $\frac{118}{243}$ ⑤ $\frac{40}{81}$

18

숫자 1, 2, 3, 4, 5, 6이 하나씩 적혀 있는 6개의 공이 들어 있는 주머니가 있다. 이 주머니에서 임의로 2개의 공을 동시에 꺼내어 꺼낸 2개의 공에 적혀 있는 수를 확인하고 다시 넣는 시행을 10회 반복할 때, 소수가 적혀 있는 두 공을 꺼내는 횟수를 확률변수 X라 하자.

$\frac{\mathrm{P}(X=2)}{\mathrm{P}(X=5)}$의 값은?

① $\frac{60}{7}$ ② $\frac{65}{7}$ ③ 10

④ $\frac{75}{7}$ ⑤ $\frac{80}{7}$

19

n개의 동전을 동시에 던져서 나온 앞면의 개수를 확률변수 X라 하자. $\mathrm{P}(X=7)=\mathrm{P}(X=1)$일 때, $\mathrm{P}(X=4)$의 값은? (단, $n \geq 7$)

① $\frac{27}{128}$ ② $\frac{29}{128}$ ③ $\frac{31}{128}$

④ $\frac{33}{128}$ ⑤ $\frac{35}{128}$

20

흰 공 2개와 검은 공 $n-2$ $(n \geq 3)$개가 들어 있는 주머니에서 임의로 2개의 공을 동시에 꺼내어 색을 확인하고 다시 넣는 시행을 3번 반복할 때, 흰 공 1개와 검은 공 1개가 나오는 횟수를 확률변수 X라 하자. $\mathrm{P}(X=2)=\frac{4}{9}$를 만족시키는 모든 n의 값의 합을 구하시오.

정답 및 해설 68쪽

필수 예제 6 이항분포의 평균, 분산, 표준편차

▸ 수능

21 1 2 3

확률변수 X가 이항분포 $\mathrm{B}(80,\ p)$를 따르고 $\mathrm{E}(X)=20$일 때, $\mathrm{V}(X)$의 값을 구하시오.

22 1 2 3

확률변수 X가 이항분포 $\mathrm{B}\left(n,\ \frac{1}{2}\right)$을 따르고 $\mathrm{E}(X)=4$ 일 때, $\mathrm{P}(X\le 1)$의 값은?

① $\frac{1}{32}$ ② $\frac{9}{256}$ ③ $\frac{5}{128}$
④ $\frac{11}{256}$ ⑤ $\frac{3}{64}$

23 1 2 3

확률변수 X가 이항분포 $\mathrm{B}\left(n,\ \frac{2}{3}\right)$를 따르고 $\mathrm{E}(X^2)=38$일 때, $\mathrm{V}(X)$의 값을 구하시오.

24 1 2 3

두 확률변수 $X,\ Y$는 각각 이항분포 $\mathrm{B}(n,\ p_1)$, $\mathrm{B}(2n,\ p_2)$를 따르고

$$\mathrm{E}(X)=\mathrm{E}(Y)=12,\ 2\mathrm{V}(X)=\mathrm{V}(Y)$$

이다. $\sigma(Y)$의 값은? (단, $p_1p_2\neq 0$)

① 1 ② $\sqrt{2}$ ③ 2
④ $2\sqrt{2}$ ⑤ 4

필수 예제 7 **이항분포의 활용; 평균, 분산, 표준편차**

정답 및 해설 68쪽

25

두 개의 주사위를 동시에 던지는 시행을 80번 반복할 때, 두 개 모두 홀수의 눈이 나오는 횟수를 확률변수 X라 하자. $\mathrm{E}(X)+\mathrm{V}(X)$의 값을 구하시오.

26

흰 공 3개와 검은 공 2개가 들어 있는 주머니에서 임의로 2개의 공을 동시에 꺼내고 꺼낸 공의 색을 확인한 후 다시 집어 넣는 시행을 50번 반복한다. 두 공 모두 흰 공이 나오는 횟수를 확률변수 X라 할 때, $\mathrm{E}(4X-9)$의 값은?

① 42　② 45　③ 48　④ 51　⑤ 54

27

1부터 10까지의 자연수가 하나씩 적혀 있는 10장의 카드 중에서 중복을 허락하여 임의로 한 장씩 선택하는 시행을 100번 반복할 때, n의 배수가 적혀 있는 카드가 나오는 횟수를 확률변수 X라 하자. $\mathrm{V}(X)=16$일 때, 모든 자연수 n의 값의 합은?

① 5　② 6　③ 7　④ 8　⑤ 9

▸ 수능

28

두 주사위 A, B를 동시에 던질 때, 나오는 각각의 눈의 수 m, n에 대하여 $m^2+n^2\le 25$가 되는 사건을 E라 하자. 두 주사위 A, B를 동시에 던지는 12회의 독립시행에서 사건 E가 일어나는 횟수를 확률변수 X라 할 때, X의 분산 $\mathrm{V}(X)$는 $\frac{q}{p}$이다. $p+q$의 값을 구하시오.

(단, p와 q는 서로소인 자연수이다.)

정답 및 해설 69쪽

02 연속확률변수의 확률분포

필수 예제 1 확률밀도함수의 성질

1 123

상수 a에 대하여 연속확률변수 X가 갖는 값의 범위는 $0 \le X \le 2$이고, X의 확률밀도함수의 그래프가 그림과 같다. $\mathrm{P}(a \le X \le 2)$의 값은?

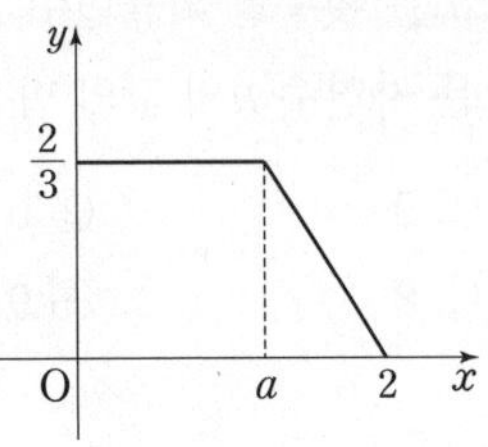

① $\frac{1}{2}$　② $\frac{1}{3}$　③ $\frac{1}{4}$　④ $\frac{1}{5}$　⑤ $\frac{1}{6}$

2 123

연속확률변수 X가 갖는 값의 범위는 $0 \le X \le 2$이고 X의 확률밀도함수의 그래프가 그림과 같다.

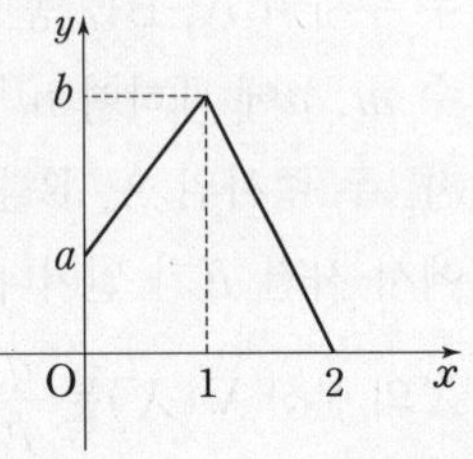

$\mathrm{P}\left(0 \le X \le \frac{1}{2}\right) = \frac{1}{4}$일 때,

$\mathrm{P}\left(\frac{1}{2} \le X \le \frac{3}{2}\right)$의 값은? (단, $a < b$)

① $\frac{1}{4}$　② $\frac{7}{20}$　③ $\frac{9}{20}$　④ $\frac{11}{20}$　⑤ $\frac{13}{20}$

▸수능

3 123

연속확률변수 X가 갖는 값의 범위는 $0 \le X \le 8$이고, X의 확률밀도함수 $f(x)$의 그래프는 직선 $x=4$에 대하여 대칭이다.

$$3\mathrm{P}(2 \le X \le 4) = 4\mathrm{P}(6 \le X \le 8)$$

일 때, $\mathrm{P}(2 \le X \le 6)$의 값은?

① $\frac{3}{7}$　② $\frac{1}{2}$　③ $\frac{4}{7}$　④ $\frac{9}{14}$　⑤ $\frac{5}{7}$

4 123

확률변수 X의 확률밀도함수가

$$f(x) = b - \frac{|x|}{a} \quad (-ab \le x \le ab)$$

이다. $f(1) = \frac{1}{4}$일 때, ab의 값을 구하시오.

(단, a, b는 $a>0$, $b>0$인 상수이다.)

정답 및 해설 70쪽

필수 예제 2 **정규분포에서의 확률**

5

확률변수 X가 정규분포 $\mathrm{N}(25, \sigma^2)$을 따르고 $\mathrm{P}(X \geq 30)=0.22$일 때, $\mathrm{P}(20 \leq X \leq 25)$의 값은?

① 0.2 ② 0.22 ③ 0.24
④ 0.26 ⑤ 0.28

6

확률변수 X가 정규분포 $\mathrm{N}(m, \sigma^2)$을 따르고 $\mathrm{P}(0 \leq X \leq 2m)=0.56$일 때, $\mathrm{P}(X^3 \leq 0)$의 값은? (단, $m>0$)

① 0.2 ② 0.22 ③ 0.24
④ 0.26 ⑤ 0.28

7

확률변수 X가 정규분포 $\mathrm{N}(8, \sigma^2)$을 따르고

$$\mathrm{P}(7 \leq X \leq 10)=0.53,\ \mathrm{P}(5 \leq X \leq 9)=0.62$$

일 때, $\mathrm{P}(10 \leq X \leq 11)$의 값은?

① 0.08 ② 0.09 ③ 0.1
④ 0.11 ⑤ 0.12

8

확률변수 X가 정규분포 $\mathrm{N}(0, \sigma^2)$을 따르고 양수 a, b에 대하여

$$\mathrm{P}(X \leq a)=0.71,\ \mathrm{P}(X \geq b)=0.11$$

일 때, $\mathrm{P}(-b \leq X \leq a)$의 값은?

① 0.6 ② 0.62 ③ 0.64
④ 0.66 ⑤ 0.68

정답 및 해설 70쪽

필수 예제 3 표준정규분포

9

확률변수 X가 정규분포 $\mathrm{N}(18,\ 4^2)$을 따를 때, $\mathrm{P}(16 \le X \le 22)$의 값을 오른쪽 표준정규분포표를 이용하여 구한 것은?

z	$\mathrm{P}(0 \le Z \le z)$
0.5	0.1915
1.0	0.3413
1.5	0.4332
2.0	0.4772

① 0.5328 ② 0.6247 ③ 0.6687
④ 0.8185 ⑤ 0.8351

10

확률변수 X가 정규분포 $\mathrm{N}(10,\ \sigma^2)$을 따르고 $\mathrm{P}(X \ge 18)=0.3446$일 때, σ의 값을 오른쪽 표준정규분포표를 이용하여 구한 것은? (단, $\sigma>0$)

z	$\mathrm{P}(0 \le Z \le z)$
0.4	0.1554
0.6	0.2257
0.8	0.2881
1.0	0.3413

① 4 ② 8 ③ 12
④ 16 ⑤ 20

11

두 확률변수 X, Y가 각각 정규분포 $\mathrm{N}(6,\ 2^2)$, $\mathrm{N}(8,\ 1)$을 따를 때,

$$\mathrm{P}(X \le 2a)=\mathrm{P}(Y \ge a)$$

를 만족시키는 상수 a의 값은?

① $\frac{9}{2}$ ② 5 ③ $\frac{11}{2}$
④ 6 ⑤ $\frac{13}{2}$

▸수능

12

확률변수 X는 평균이 8, 표준편차가 3인 정규분포를 따르고, 확률변수 Y는 평균이 m, 표준편차가 σ인 정규분포를 따른다.
두 확률변수 X, Y가

$$\mathrm{P}(4 \le X \le 8)+\mathrm{P}(Y \ge 8)=\frac{1}{2}$$

을 만족시킬 때, $\mathrm{P}\left(Y \le 8+\frac{2}{3}\sigma\right)$의 값을 오른쪽 표준정규분포표를 이용하여 구한 것은?

z	$\mathrm{P}(0 \le Z \le z)$
1.0	0.3413
1.5	0.4332
2.0	0.4772
2.5	0.4938

① 0.8351 ② 0.8413 ③ 0.9332
④ 0.9772 ⑤ 0.9938

필수 예제 4 표준정규분포의 활용

13

어느 지역의 성인 남성 한 명의 체중은 평균이 70 kg, 표준편차가 10 kg인 정규분포를 따른다고 한다. 이 지역의 남성 중 임의로 한 명을 택했을 때 체중이 85 kg 이하일 확률을 오른쪽 표준정규분포표를 이용하여 구한 것은?

z	$P(0 \leq Z \leq z)$
0.5	0.1915
1.0	0.3413
1.5	0.4332
2.0	0.4772

① 0.6915 ② 0.8413 ③ 0.9332
④ 0.9772 ⑤ 0.9938

14

어느 공장에서 생산하는 볼트 1개의 길이는 평균이 50 mm, 표준편차가 σ mm인 정규분포를 따른다고 한다. 공장에서 생산되는 볼트의 길이가 50 mm를 기준으로 오차가 2 mm 이상이면 불량이라 할 때, 임의로 선택한 볼트가 불량일 확률이 0.0124이다. σ의 값을 오른쪽 표준정규분포표를 이용하여 구한 것은?

z	$P(0 \leq Z \leq z)$
1.0	0.3413
1.5	0.4332
2.0	0.4772
2.5	0.4938

① 0.4 ② 0.5 ③ 0.6
④ 0.7 ⑤ 0.8

▸ 평가원

15

어느 인스턴트 커피 제조 회사에서 생산하는 A 제품 1개의 중량은 평균이 9, 표준편차가 0.4인 정규분포를 따르고, B 제품 1개의 중량은 평균이 20, 표준편차가 1인 정규분포를 따른다고 한다. 이 회사에서 생산한 A 제품 중에서 임의로 선택한 1개의 중량이 8.9 이상 9.4 이하일 확률과 B 제품 중에서 임의로 선택한 1개의 중량이 19 이상 k 이하일 확률이 서로 같다. 상수 k의 값은?

(단, 중량의 단위는 g이다.)

① 19.5 ② 19.75 ③ 20
④ 20.25 ⑤ 20.5

▸ 평가원

16

A 과수원에서 생산하는 귤의 무게는 평균이 86, 표준편차가 15인 정규분포를 따르고, B 과수원에서 생산하는 귤의 무게는 평균이 88, 표준편차가 10인 정규분포를 따른다고 한다. A 과수원에서 임의로 선택한 귤의 무게가 98 이하일 확률과 B 과수원에서 임의로 선택한 귤의 무게가 a 이하일 확률이 같을 때, a의 값을 구하시오.

(단, 귤의 무게의 단위는 g이다.)

정답 및 해설 72쪽

필수 예제 5 이항분포와 정규분포의 관계

17

확률변수 X가 이항분포 $\mathrm{B}\left(100, \frac{1}{2}\right)$을 따를 때, $\mathrm{P}(X \geq 55)$의 값을 오른쪽 표준정규분포표를 이용하여 구한 것은?

z	$\mathrm{P}(0 \leq Z \leq z)$
1.0	0.3413
1.5	0.4332
2.0	0.4772
2.5	0.4938

① 0.3085 ② 0.1587 ③ 0.0668
④ 0.0228 ⑤ 0.0062

18

$${}_{150}\mathrm{C}_{57}\left(\frac{2}{5}\right)^{57}\left(\frac{3}{5}\right)^{93}+{}_{150}\mathrm{C}_{58}\left(\frac{2}{5}\right)^{58}\left(\frac{3}{5}\right)^{92}+{}_{150}\mathrm{C}_{59}\left(\frac{2}{5}\right)^{59}\left(\frac{3}{5}\right)^{91}+\cdots+{}_{150}\mathrm{C}_{66}\left(\frac{2}{5}\right)^{66}\left(\frac{3}{5}\right)^{84}$$

의 값을 오른쪽 표준정규분포표를 이용하여 구한 것은?

z	$\mathrm{P}(0 \leq Z \leq z)$
0.5	0.1915
1.0	0.3413
1.5	0.4332
2.0	0.4772

① 0.5328 ② 0.6247
③ 0.6687 ④ 0.7745
⑤ 0.8185

19

확률변수 X가 이항분포 $\mathrm{B}\left(192, \frac{1}{4}\right)$을 따를 때, $\mathrm{P}(45 \leq X \leq k)=0.6247$이다. 자연수 k의 값을 오른쪽 표준정규분포표를 이용하여 구한 것은? (단, $k \geq 45$)

z	$\mathrm{P}(0 \leq Z \leq z)$
0.5	0.1915
1.0	0.3413
1.5	0.4332
2.0	0.4772

① 56 ② 57 ③ 58
④ 59 ⑤ 60

20

한 개의 주사위를 던져서 나온 눈의 수가 3의 배수이면 2점, 그렇지 않으면 -1점을 얻는 시행을 162번 반복할 때, 얻은 점수의 총합이 36점 이상일 확률을 오른쪽 표준정규분포표를 이용하여 구한 것은?

z	$\mathrm{P}(0 \leq Z \leq z)$
0.5	0.1915
1.0	0.3413
1.5	0.4332
2.0	0.4772

① 0.0062 ② 0.0228 ③ 0.0668
④ 0.1587 ⑤ 0.3085

03 통계적 추정

정답 및 해설 73쪽

필수 예제 1 표본평균의 평균, 분산, 표준편차; 모평균 또는 모표준편차가 주어진 경우

1

모평균이 16, 모표준편차가 8인 모집단에서 크기가 16인 표본을 임의추출할 때, 표본평균 $\overline{X}$에 대하여 $\mathrm{E}(\overline{X})+\mathrm{V}(\overline{X})$의 값은?

① 16 ② 17 ③ 18 ④ 19 ⑤ 20

2

정규분포 $\mathrm{N}(15,\ 2^2)$을 따르는 모집단에서 크기가 4인 표본을 임의추출할 때, 표본평균 $\overline{X}$에 대하여 $\mathrm{E}(\overline{X}^2)$의 값은?

① 214 ② 218 ③ 222 ④ 226 ⑤ 230

3

모집단의 확률변수 X에 대하여 $\mathrm{E}(X)=10$, $\mathrm{E}(X^2)=116$이다. 이 모집단에서 크기가 n인 표본을 임의추출할 때, $\mathrm{V}(\overline{X})\geq 3$이기 위한 자연수 n의 최댓값은?

① 3 ② 4 ③ 5 ④ 6 ⑤ 7

4

모집단의 확률변수 X에 대하여 $\mathrm{E}(X^2)=29$이다. 이 모집단에서 크기가 4인 표본을 임의추출하여 구한 표본평균 $\overline{X}$에 대하여 $\mathrm{E}(\overline{X}^2)=26$이다. $\mathrm{E}(\overline{X})$의 값은? (단, $\mathrm{E}(\overline{X})>0$)

① 1 ② 2 ③ 3 ④ 4 ⑤ 5

정답 및 해설 73쪽

필수 예제 2 표본평균의 평균, 분산, 표준편차; 모집단이 주어진 경우

5 1 2 3

어느 모집단의 확률변수 X의 확률분포를 표로 나타내면 다음과 같다. 이 모집단에서 크기가 4인 표본을 임의추출하여 구한 표본평균 $\overline{X}$에 대하여 $\mathrm{E}(\overline{X})+\mathrm{V}(\overline{X})$의 값은? (단, a는 상수이다.)

X	1	2	3	4	합계
$\mathrm{P}(X=x)$	$\frac{1}{6}$	$\frac{1}{6}$	$\frac{1}{6}$	a	1

① $\frac{7}{3}$ ② $\frac{8}{3}$ ③ 3
④ $\frac{10}{3}$ ⑤ $\frac{11}{3}$

6 1 2 3

어느 모집단의 확률변수 X의 확률분포가 다음 표와 같다.

X	0	2	4	합계
$\mathrm{P}(X=x)$	$\frac{1}{6}$	a	b	1

$\mathrm{E}(X^2)=\frac{16}{3}$일 때, 이 모집단에서 임의추출한 크기가 20인 표본의 표본평균 $\overline{X}$에 대하여 $\mathrm{V}(\overline{X})$의 값은?
(단, a, b는 상수이다.)

① $\frac{1}{60}$ ② $\frac{1}{30}$ ③ $\frac{1}{20}$
④ $\frac{1}{15}$ ⑤ $\frac{1}{12}$

7 1 2 3

모집단의 확률변수 X의 확률질량함수가

$$\mathrm{P}(X=x)=a|x|+\frac{1}{4}\ (x=-1,\ 0,\ 1)$$

이다. 이 모집단에서 크기가 16인 표본을 임의추출하여 구한 표본평균 $\overline{X}$에 대하여 $\sigma(\overline{X})$의 값은?

① $\frac{\sqrt{3}}{16}$ ② $\frac{\sqrt{3}}{8}$ ③ $\frac{\sqrt{3}}{4}$
④ $\frac{\sqrt{3}}{2}$ ⑤ $\sqrt{3}$

8 1 2 3

숫자 1, 1, 1, 2, 2, 3이 하나씩 적혀 있는 6개의 공이 들어 있는 주머니에서 임의로 한 개의 공을 꺼내어 숫자를 확인하고 다시 넣는 시행을 한다. 이 시행에서 공에 적혀 있는 숫자를 확률변수 X라 할 때, 이 모집단에서 크기가 n인 표본을 임의추출하여 구한 표본평균 $\overline{X}$에 대하여 $\frac{1}{\mathrm{V}(\overline{X})}$의 값이 자연수이기 위한 자연수 n의 최솟값은?

① 5 ② 6 ③ 7
④ 8 ⑤ 9

정답 및 해설 74쪽

필수 예제 3 표본평균의 확률

9 (1)(2)(3)

정규분포 $N(10,\ 6^2)$을 따르는 모집단에서 크기가 36인 표본을 임의추출하여 구한 표본평균을 $\overline{X}$라 하자. $P(|\overline{X}-11|\le 1)$의 값을 오른쪽 표준정규분포표를 이용하여 구한 것은?

z	$P(0\le Z\le z)$
0.5	0.1915
1.0	0.3413
1.5	0.4332
2.0	0.4772

① 0.1915 ② 0.3413 ③ 0.4332
④ 0.4772 ⑤ 0.6826

10 (1)(2)(3)

어느 고등학교 학생들의 하루 수면 시간은 평균 6시간, 표준편차 1시간인 정규분포를 따른다고 한다. 이 고등학교 학생 중 임의추출한 36명의 하루 수면 시간의 평균이 5시간 40분 이상 6시간 10분 이하일 확률을 오른쪽 표준정규분포표를 이용하여 구한 것은?

z	$P(0\le Z\le z)$
1.0	0.3413
1.5	0.4332
2.0	0.4772
2.5	0.4938

① 0.3830 ② 0.6247 ③ 0.6826
④ 0.8185 ⑤ 0.9104

11 (1)(2)(3)

어느 공장에서 생산되는 배터리 1개의 수명은 평균이 500시간, 표준편차가 30시간인 정규분포를 따른다고 한다. 이 공장에서 생산된 배터리 중에서 n개를 임의추출하여 구한 배터리의 평균 수명이 490시간 이상일 확률이 0.9772이다. 자연수 n의 값을 오른쪽 표준정규분포표를 이용하여 구한 것은?

z	$P(0\le Z\le z)$
0.5	0.1915
1.0	0.3413
1.5	0.4332
2.0	0.4772
2.5	0.4938

① 16 ② 25 ③ 36
④ 49 ⑤ 64

▸ 수능

12 (1)(2)(3)

정규분포 $N(0,\ 4^2)$을 따르는 모집단에서 크기가 9인 표본을 임의추출하여 구한 표본평균을 $\overline{X}$, 정규분포 $N(3,\ 2^2)$을 따르는 모집단에서 크기가 16인 표본을 임의추출하여 구한 표본평균을 $\overline{Y}$라 하자.
$P(\overline{X}\ge 1)=P(\overline{Y}\le a)$를 만족시키는 상수 a의 값은?

① $\frac{19}{8}$ ② $\frac{5}{2}$ ③ $\frac{21}{8}$
④ $\frac{11}{4}$ ⑤ $\frac{23}{8}$

필수 예제 4 모평균의 추정; 신뢰구간 구하기

13 ①②③

어느 텃밭에서 생산되는 감자 1개의 무게는 평균이 m g이고 표준편차가 20 g인 정규분포를 따른다고 한다. 이 텃밭에서 감자 16개를 임의추출하여 그 무게를 조사하였더니 평균이 90 g이었다. 이 텃밭에서 생산되는 감자의 무게의 평균 m에 대한 신뢰도 95 %의 신뢰구간에 속하는 자연수의 개수는? (단, Z가 표준정규분포를 따르는 확률변수일 때, $\mathrm{P}(|Z|\le 1.96)=0.95$로 계산한다.)

① 15　② 16　③ 17　④ 18　⑤ 19

14 ①②③

정규분포 $\mathrm{N}(m,\ 100)$을 따르는 모집단에서 크기가 25인 표본을 임의추출하였더니 표본평균이 50이었다. 모평균 m에 대한 신뢰도 95 %의 신뢰구간이 $\alpha\le m\le\beta$일 때, $2\beta-\alpha$의 값은? (단, Z가 표준정규분포를 따르는 확률변수일 때, $\mathrm{P}(|Z|\le 1.96)=0.95$로 계산한다.)

① 60.76　② 61.76　③ 62.76　④ 63.76　⑤ 64.76

15 ①②③

정규분포 $\mathrm{N}(m,\ \sigma^2)$을 따르는 모집단에서 크기가 n인 표본을 임의추출하여 얻은 모평균 m에 대한 신뢰도 99 %의 신뢰구간은 $57.1\le m\le 82.9$이다. 같은 표본을 이용하여 얻은 모평균 m에 대한 신뢰도 95 %의 신뢰구간이 $a\le m\le b$일 때, $b-a$의 값은? (단, Z가 표준정규분포를 따르는 확률변수일 때, $\mathrm{P}(|Z|\le 1.96)=0.95$, $\mathrm{P}(|Z|\le 2.58)=0.99$로 계산한다.)

① 7.84　② 11.76　③ 15.68　④ 19.6　⑤ 23.52

16 ①②③

어느 자동차 회사에서 생산하는 전기 자동차의 1회 충전 주행 거리는 평균이 m이고 표준편차가 σ인 정규분포를 따른다고 한다. 이 자동차 회사에서 생산한 전기 자동차 100대를 임의추출하여 얻은 1회 충전 주행 거리의 표본평균이 $\overline{x_1}$일 때, 모평균 m에 대한 신뢰도 95 %의 신뢰구간이 $a\le m\le b$이다. 이 자동차 회사에서 생산한 전기 자동차 400대를 임의추출하여 얻은 1회 충전 주행 거리의 표본평균이 $\overline{x_2}$일 때, 모평균 m에 대한 신뢰도 99 %의 신뢰구간이 $c\le m\le d$이다. $\overline{x_1}-\overline{x_2}=1.34$이고 $a=c$일 때, $b-a$의 값은? (단, 주행 거리의 단위는 km이고, Z가 표준정규분포를 따르는 확률변수일 때, $\mathrm{P}(|Z|\le 1.96)=0.95$, $\mathrm{P}(|Z|\le 2.58)=0.99$로 계산한다.)

① 5.88　② 7.84　③ 9.80　④ 11.76　⑤ 13.72

필수 예제 5 **모평균의 추정; 표본평균 또는 표준편차 구하기**

17

어느 떡집에서 판매하는 찹쌀떡의 무게는 평균이 m g, 표준편차가 σ g인 정규분포를 따른다고 한다. 이 떡집에서 판매하는 찹쌀떡 중 25개를 임의추출하여 얻은 표본평균이 70 g이었다. 이 떡집에서 판매하는 찹쌀떡의 무게의 평균 m g에 대한 신뢰도 95 %의 신뢰구간을 구하면 $66.08 \le m \le 73.92$일 때, σ의 값은? (단, Z가 표준정규분포를 따르는 확률변수일 때, $P(|Z| \le 1.96) = 0.95$로 계산한다.)

① 8 ② 9 ③ 10 ④ 11 ⑤ 12

18

정규분포 $N(m, 6^2)$을 따르는 모집단에서 크기가 n인 표본을 임의추출하였더니 표본평균이 $\overline{x}$이었다. 모평균 m에 대한 신뢰도 99 %의 신뢰구간이 $7.42 \le m \le 12.58$일 때, $\overline{x}+n$의 값은? (단, Z가 표준정규분포를 따르는 확률변수일 때, $P(|Z| \le 2.58) = 0.99$로 계산한다.)

① 44 ② 46 ③ 48 ④ 50 ⑤ 52

19

어느 공장에서 생산되는 파이프의 길이는 평균이 m cm, 표준편차가 σ cm인 정규분포를 따른다고 한다. 이 공장에서 생산되는 파이프 중 16개를 임의추출하여 얻은 표본평균이 101 cm이었다. 이 공장에서 생산되는 파이프의 길이의 평균 m cm에 대한 신뢰도 95 %의 신뢰구간을 구하면 $100.51 \le m \le a$이다. $a+\sigma$의 값은?
(단, Z가 표준정규분포를 따르는 확률변수일 때, $P(|Z| \le 1.96) = 0.95$로 계산한다.)

① 101.49 ② 102.49 ③ 103.49 ④ 104.49 ⑤ 105.49

20

어느 음식점을 방문한 고객의 주문 대기 시간은 평균이 m분, 표준편차가 σ분인 정규분포를 따른다고 한다. 이 음식점을 방문한 고객 중 64명을 임의추출하여 얻은 표본평균을 이용하여, 이 음식점을 방문한 고객의 주문 대기 시간의 평균 m에 대한 신뢰도 95 %의 신뢰구간을 구하면 $a \le m \le b$이다. $b-a=4.9$일 때, σ의 값을 구하시오. (단, Z가 표준정규분포를 따르는 확률변수일 때, $P(|Z| \le 1.96) = 0.95$로 계산한다.)

memo

memo

메가스터디 **수능 수학**

memo

메가스터디 **수능 수학**

KICK

확률과 통계

정답 및 **해설**

정답 및 해설

I. 경우의 수

01 여러 가지 순열

개념 Check 8~10쪽

1 24　　2 360　　3 125　　4 60

1 답 24

$(5-1)!=4!=24$

2 답 360

6명이 원형으로 둘러앉는 경우의 수는

$(6-1)!=5!=120$

이때 원형으로 둘러앉는 각 경우에 대하여 주어진 직사각형 모양의 탁자에서는 다음 그림과 같이 서로 다른 경우가 3가지씩 생긴다.

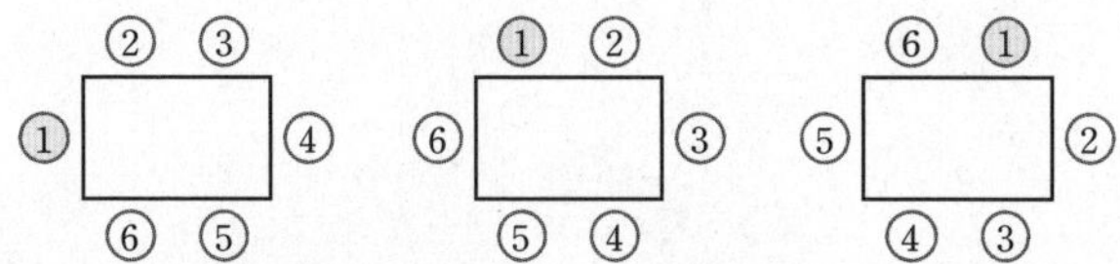

따라서 구하는 경우의 수는

$120\times3=360$

다른 풀이

6명이 일렬로 앉는 순열의 수는 $6!$이고, 이를 직사각형 모양으로 배열하면 다음 그림과 같이 회전하여 일치하는 경우가 2가지씩 있으므로 구하는 경우의 수는

$\frac{6!}{2}=360$

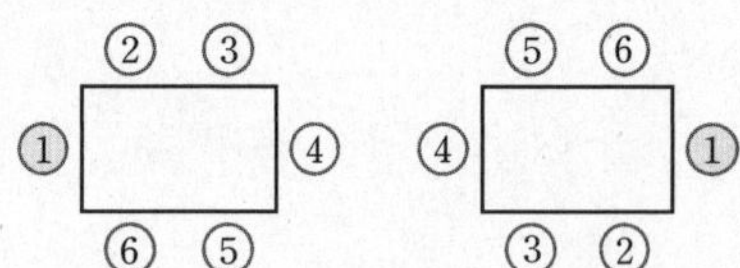

3 답 125

${}_5\Pi_3=5^3=125$

4 답 60

주어진 6개의 문자 중 a가 1개, b가 2개, c가 3개 있으므로 구하는 경우의 수는

$\frac{6!}{2!3!}=60$

필수 예제 12~19쪽

1 ④	1-1 ①	2 ⑤	2-1 ③
3 ②	3-1 ⑤	4 ②	4-1 ②
5 ③	5-1 ③	6 ④	6-1 ⑤
7 ②	7-1 ④	8 ③	8-1 ④

1 답 ④

8명의 학생 중에서 두 학생 A, B를 포함하여 5명을 선택하는 경우의 수는 두 학생 A, B를 제외한 6명 중 3명을 선택하는 경우의 수와 같으므로

${}_6C_3=20$

두 학생 A, B를 한 학생으로 생각하고 4명의 학생을 원 모양의 탁자에 둘러앉게 하는 경우의 수는

$(4-1)!=3!=6$

두 학생 A, B가 서로 자리를 바꾸는 경우의 수는

$2!=2$

따라서 구하는 경우의 수는

$20\times6\times2=240$

1-1 답 ①

남자 4명이 원 모양의 탁자에 앉는 경우의 수는

$(4-1)!=3!=6$

남자 사이사이의 4개의 자리 중에서 2개의 자리에 여학생 2명이 앉는 경우의 수는

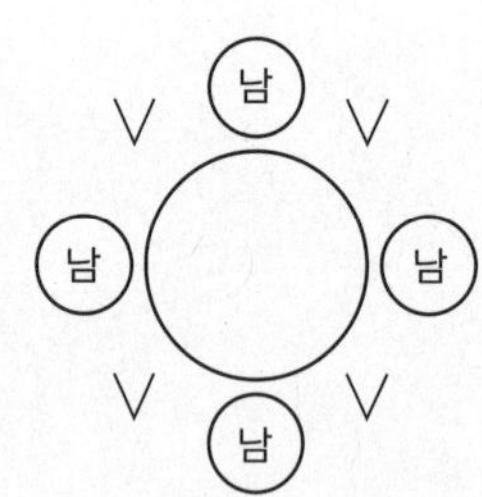

${}_4P_2=12$

따라서 구하는 경우의 수는

$6\times12=72$

2 답 ⑤

가운데 정사각형에 색칠하는 경우의 수는

${}_5C_1=5$

가운데 정사각형을 제외한 나머지 4개의 정사각형에 4가지의 색을 색칠하는 경우의 수는

$(4-1)!=3!=6$

따라서 구하는 경우의 수는

$5\times6=30$

2-1 답 ③

정오각형에 색칠하는 경우의 수는

${}_6C_1=6$

정오각형을 제외한 나머지 5개의 영역에 5가지의 색을 색칠하는 경우의 수는

$(5-1)!=4!=24$

따라서 구하는 경우의 수는

$6\times24=144$

3 답 ②

주머니 B에 넣을 5개의 공을 선택하는 경우의 수는

${}_{8}C_{5}={}_{8}C_{3}=56$

주머니 B에 넣은 5개의 공을 제외한 나머지 3개의 공을 두 주머니 A, C에 나누어 넣는 경우의 수는

${}_{2}\Pi_{3}=2^{3}=8$

따라서 구하는 경우의 수는

$56\times8=448$

3-1 답 ⑤

(i) A가 볼펜을 받지 않는 경우

서로 다른 7개의 볼펜을 두 사람 B, C에게 나누어 주면 되므로

${}_{2}\Pi_{7}=2^{7}=128$

(ii) A가 볼펜을 한 자루 받는 경우

A에게 줄 볼펜 한 자루를 선택하는 경우의 수는

${}_{7}C_{1}=7$

A에게 준 볼펜 한 자루를 제외한 나머지 6자루를 두 사람 B, C에게 나누어 주는 경우의 수는

${}_{2}\Pi_{6}=2^{6}=64$

즉, 이 경우의 경우의 수는

$7\times64=448$

(i), (ii)에서 구하는 경우의 수는

$128+448=576$

4 답 ②

천의 자리 수를 정하는 경우의 수는

4, 5의 2

백의 자리, 십의 자리 수를 정하는 경우의 수는 5개의 숫자 1, 2, 3, 4, 5 중에서 중복을 허락하여 2개를 선택하는 중복순열의 수와 같으므로

${}_{5}\Pi_{2}=5^{2}=25$

일의 자리 수를 정하는 경우의 수는

1, 3, 5의 3

따라서 구하는 홀수의 개수는

$2\times25\times3=150$

참고 **자연수 판정법**

(1) 홀수: 일의 자리 숫자가 1 또는 3 또는 5 또는 7 또는 9인 수

(2) 짝수 (2의 배수):
일의 자리 숫자가 0 또는 2 또는 4 또는 6 또는 8인 수

(3) 3의 배수: 각 자리의 수의 합이 3의 배수인 수

(4) 4의 배수: 끝의 두 자리의 수가 00 또는 4의 배수인 수

(5) 5의 배수: 일의 자리 숫자가 0 또는 5인 수

(6) 6의 배수: 2의 배수이면서 3의 배수인 수

(7) 8의 배수: 끝의 세 자리의 수가 000 또는 8의 배수인 수

(8) 9의 배수: 각 자리의 수의 합이 9의 배수인 수

4-1 답 ②

백의 자리, 십의 자리 수를 정하는 경우의 수는 6개의 숫자 1, 2, 3, 4, 5, 6 중에서 중복을 허락하여 2개를 선택하는 중복순열의 수와 같으므로

${}_{6}\Pi_{2}=6^{2}=36$

일의 자리 수를 정하는 경우의 수는

2, 4, 6의 3

따라서 구하는 짝수의 개수는

$36\times3=108$

5 답 ③

X에서 Y로의 함수 f의 개수는

${}_{3}\Pi_{5}=3^{5}=243$

이때 치역과 공역이 같아야 하므로 치역의 원소의 개수는 3이어야 한다.

(i) 치역의 원소의 개수가 1인 함수의 개수

치역의 원소 3개에서 1개를 선택하는 경우의 수와 같으므로

${}_{3}C_{1}=3$

(ii) 치역의 원소의 개수가 2인 함수의 개수

공역의 원소 3개에서 2개를 선택하는 경우의 수는

${}_{3}C_{2}={}_{3}C_{1}=3$

이때 선택한 치역의 원소 2개 중에서 중복을 허락하여 5개를 선택하는 중복순열의 수에서 치역의 원소 1개만 선택하는 경우의 수를 빼면 되므로 함수의 개수는

${}_{2}\Pi_{5}-2=2^{5}-2=30$

$\therefore\ 3\times30=90$

(i), (ii)에서 치역의 원소의 개수가 1 또는 2인 함수의 개수는

$3+90=93$

따라서 구하는 함수의 개수는

$243-93=150$

다른 풀이

(i) 함숫값이 3개가 같은 경우

6, 6, 6, 7, 8 또는 6, 7, 7, 7, 8 또는 6, 7, 8, 8, 8의 경우이고 각각의 경우의 수는

$\frac{5!}{3!}=20$

이므로 함수의 개수는

$3\times20=60$

(ii) 함숫값 2개가 2개씩 같은 경우

6, 6, 7, 7, 8 또는 6, 6, 7, 8, 8 또는 6, 7, 7, 8, 8의 경우이고 각각의 경우의 수는

$\frac{5!}{2!2!}=30$

이므로 함수의 개수는

$3\times30=90$

(i), (ii)에서 구하는 함수의 개수는

$60+90=150$

5-1 답 ③

정의역의 원소 1, 2, 3, 4가

(i) 모두 짝수에 대응하는 함수의 개수
정의역의 원소 4개가 모두 공역의 짝수인 원소 2, 4, 6 중 하나에 대응해야 하므로
$_3\Pi_4=3^4=81$

(ii) 홀수 2개, 짝수 2개에 대응하는 함수의 개수
정의역의 원소 4개 중 공역의 홀수인 원소에 대응하는 2개를 정하는 경우의 수는
$_4C_2=6$
이 정의역의 원소 2개가 공역의 홀수인 원소 1, 3, 5 중 하나에 대응해야 하므로
$_3\Pi_2=3^2=9$
정의역의 원소 4개 중 공역의 홀수에 대응하는 2개의 원소를 제외한 나머지 2개 원소는 공역의 짝수인 원소 2, 4, 6에 대응해야 하므로
$_3\Pi_2=9$
$\therefore\ 6\times9\times9=486$

(iii) 모두 홀수에 대응하는 함수의 개수
정의역의 원소 4개가 모두 공역의 홀수인 원소 1, 3, 5 중 하나에 대응해야 하므로
$_3\Pi_4=81$

(i), (ii), (iii)에서 구하는 함수의 개수는
$81+486+81=648$

6 답 ④

먼저 양 끝에 문자 B가 적혀 있는 카드를 놓고 그 사이에 양 끝에 놓은 문자 B가 적혀 있는 카드를 제외한 나머지 6장의 카드, 즉 A, A, B, B, C, C가 하나씩 적혀 있는 카드를 일렬로 나열하면 되므로 구하는 경우의 수는
$\frac{6!}{2!2!2!}=90$

6-1 답 ⑤

(i) 각 자리의 숫자가 1, 1, 1, 5인 경우
4개의 숫자 1, 1, 1, 5를 일렬로 나열하는 경우의 수는
$\frac{4!}{3!}=4$

(ii) 각 자리의 숫자가 1, 1, 2, 4인 경우
4개의 숫자 1, 1, 2, 4를 일렬로 나열하는 경우의 수는
$\frac{4!}{2!}=12$

(iii) 각 자리의 숫자가 1, 1, 3, 3인 경우
4개의 숫자 1, 1, 3, 3을 일렬로 나열하는 경우의 수는
$\frac{4!}{2!2!}=6$

(iv) 각 자리의 숫자가 1, 2, 2, 3인 경우
4개의 숫자 1, 2, 2, 3을 일렬로 나열하는 경우의 수는
$\frac{4!}{2!}=12$

(v) 각 자리의 숫자가 2, 2, 2, 2인 경우
4개의 숫자 2, 2, 2, 2를 일렬로 나열하는 경우의 수는
1

(i)~(v)에서 구하는 자연수의 개수는
$4+12+6+12+1=35$

7 답 ②

세 학생 A, B, C의 순서가 정해져 있으므로 모두 X로 생각하여 3명의 X를 포함한 6명의 학생을 일렬로 나열한 후 세 명의 X를 각각 세 학생 A, B, C로 하나씩 차례대로 바꾸면 된다.
따라서 구하는 경우의 수는
$\frac{6!}{3!}=120$

7-1 답 ④

4개의 숫자 1, 3, 5, 7은 순서가 정해져 있으므로 모두 X로 생각하여 X, X, X, X, 2, 2, 4를 일렬로 나열한 후 네 개의 X를 각각 네 개의 숫자 1, 3, 5, 7로 하나씩 차례대로 바꾸면 된다.
따라서 구하는 경우의 수는
$\frac{7!}{4!2!}=105$

8 답 ③

A → P의 경로로 이동하는 최단 거리의 경우의 수는
$\frac{4!}{3!1!}=4$
P → B의 경로로 이동하는 최단 거리의 경우의 수는
$\frac{2!}{1!1!}=2$
따라서 구하는 경우의 수는
$4\times2=8$

다른 풀이

오른쪽 그림과 같이 합의 법칙을 이용하여 최단 거리로 가는 경우의 수를 구할 수 있다.

8-1 답 ④

오른쪽 그림과 같이 세 지점 P, Q, R를 잡자.

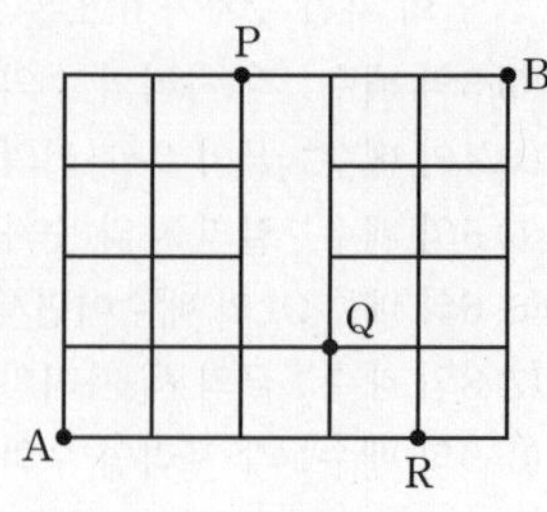

(ⅰ) A → P → B의 경로로 이동하는 최단 거리의 경우의 수

A → P의 경로로 이동하는 최단 거리의 경우의 수는

$\frac{6!}{2!4!}=15$

P → B의 경로로 이동하는 최단 거리의 경우의 수는

1

$\therefore 15\times1=15$

(ⅱ) A → Q → B의 경로로 이동하는 최단 거리의 경우의 수

A → Q의 경로로 이동하는 최단 거리의 경우의 수는

$\frac{4!}{3!}=4$

Q → B의 경로로 이동하는 최단 거리의 경우의 수는

$\frac{5!}{2!3!}=10$

$\therefore 4\times10=40$

(ⅲ) A → R → B의 경로로 이동하는 최단 거리의 경우의 수

A → R의 경로로 이동하는 최단 거리의 경우의 수는

1

R → B의 경로로 이동하는 최단 거리의 경우의 수는

$\frac{5!}{4!}=5$

$\therefore 1\times5=5$

(ⅰ), (ⅱ), (ⅲ)에서 구하는 경우의 수는

$15+40+5=60$

단원 마무리

20~23쪽

1 ②	2 ⑤	3 ④	4 ⑤
5 32	6 24	7 300	8 ①
9 ②	10 ②	11 36	12 ①

1 답 ②

두 학생 A, B 중 한 학생의 자리가 결정되면 다른 한 학생의 자리는 마주 보는 자리로 결정되므로 구하는 경우의 수는 5명의 학생이 원 모양의 탁자에 둘러앉는 경우의 수와 같다.

따라서 구하는 경우의 수는

$(5-1)!=4!=24$

다른 풀이

오른쪽 그림과 같이 두 학생 A, B의 자리를 고정한 후 두 학생 A, B를 제외한 나머지 네 학생이 자리에 앉으면 되므로 구하는 경우의 수는

$4!=24$

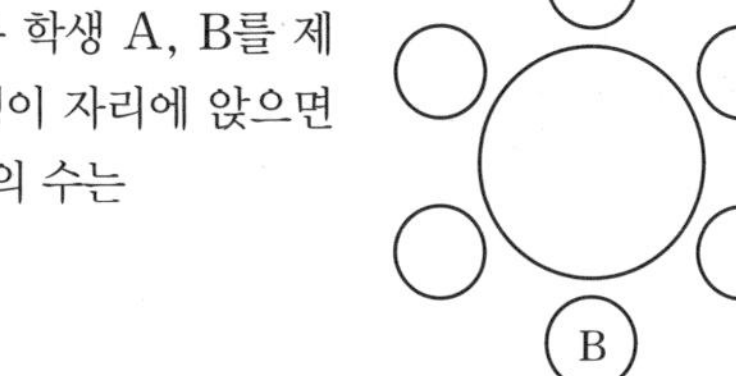

2 답 ⑤

학생 A가 어느 남학생과도 이웃하지 않아야 하므로 학생 A의 양옆에는 여학생이 앉아야 한다.

학생 A의 양옆에 여학생 두 명이 앉는 경우의 수는

${}_4P_2=12$

학생 A와 양옆의 여학생 두 명을 한 명의 학생으로 생각하고 5명의 학생이 원 모양의 탁자에 둘러앉는 경우의 수는

$(5-1)!=24$

따라서 구하는 경우의 수는

$12\times24=288$

3 답 ④

두 명의 학생 A, B에게 과자를 하나씩 나누어 주는 경우의 수는

${}_6P_2=30$

두 명의 학생 A, B를 제외한 나머지 두 명의 학생에게 A, B에게 나누어 준 과자를 제외한 나머지 4개의 과자를 남김없이 주는 경우의 수는 서로 다른 2개에서 중복을 허락하여 4개를 선택하는 중복순열의 수와 같으므로

${}_2\Pi_4=2^4=16$

따라서 구하는 경우의 수는

$30\times16=480$

4 답 ⑤

(ⅰ) 숫자 3이 2개일 때의 경우의 수

ⓐ 만의 자리 숫자가 3일 때의 경우의 수

천의 자리 숫자를 정하는 경우의 수는

0, 1, 2의 3

백의 자리, 십의 자리, 일의 자리 중 3이 들어갈 한 자리를 정하는 경우의 수는

${}_3C_1=3$

3이 들어간 자리를 제외한 나머지 두 자리에 들어갈 숫자를 정하는 경우의 수는 3개의 숫자 0, 1, 2에서 중복을 허락하여 2개를 선택하는 중복순열의 수와 같으므로

${}_3\Pi_2=3^2=9$

$\therefore 3\times3\times9=81$

ⓑ 만의 자리 숫자가 3이 아닐 때의 경우의 수

만의 자리 숫자를 정하는 경우의 수는

1, 2의 2

만의 자리가 아닌 네 자리 중 두 자리에 들어갈 3이 아닌 숫자를 정하는 경우의 수는

${}_3\Pi_2=3^2=9$

이 두 수 사이사이 및 양 끝의 3자리 중 2자리에 숫자 3을 넣는 경우의 수는

∨ □ ∨ □ ∨

${}_3C_2={}_3C_1=3$

$\therefore 2\times9\times3=54$

ⓐ, ⓑ에서

$81+54=135$

(ⅱ) 숫자 3이 3개일 때의 경우의 수

만의 자리, 백의 자리, 일의 자리에는 모두 3이 들어가야 한다.

천의 자리와 십의 자리의 수를 정하는 경우의 수는 3개의 숫자 0, 1, 2에서 중복을 허락하여 2개를 선택하는 중복순열의 수와 같으므로

$_3\Pi_2=3^2=9$

(ⅰ), (ⅱ)에서 구하는 자연수의 개수는

$135+9=144$

5 답 32

$f(1)+f(2)+f(3)$의 값이 짝수이려면

$f(1)$, $f(2)$, $f(3)$의 값이 모두 짝수이거나 짝수 1개, 홀수 2개이어야 한다.

(ⅰ) $f(1)$, $f(2)$, $f(3)$의 값이 모두 짝수인 함수 f의 개수

치역의 원소 4, 6 중에서 중복을 허락하여 2개를 선택하는 중복순열의 수와 같으므로

$_2\Pi_3=2^3=8$

(ⅱ) $f(1)$, $f(2)$, $f(3)$의 값 중에서 짝수 1개, 홀수 2개인 함수 f의 개수

정의역의 원소 1, 2, 3 중에서 공역의 짝수인 원소에 대응시키는 원소를 선택하는 경우의 수는

$_3C_1=3$

선택한 정의역의 원소를 공역의 짝수인 원소에 대응시키는 경우의 수는

4, 6의 2

나머지 정의역의 원소 2개를 공역의 홀수인 원소 5, 7에 대응시키는 경우의 수는

$_2\Pi_2=2^2=4$

$\therefore 3\times2\times4=24$

(ⅰ), (ⅱ)에서 구하는 함수 f의 개수는

$8+24=32$

6 답 24

숫자 1, 1, 3, 3이 하나씩 적혀 있는 카드 4장을 왼쪽부터 홀수 번째 자리에 놓이도록 나열하는 경우의 수는

$\frac{4!}{2!2!}=6$

숫자 2, 4, 4, 4가 하나씩 적혀 있는 카드 4장을 왼쪽부터 짝수 번째 자리에 놓이도록 나열하는 경우의 수는

$\frac{4!}{3!}=4$

따라서 구하는 경우의 수는

$6\times4=24$

7 답 300

문자 A, A, A, B, B가 하나씩 적혀 있는 카드 5장을 일렬로 나열하는 경우의 수는

$\frac{5!}{3!2!}=10$

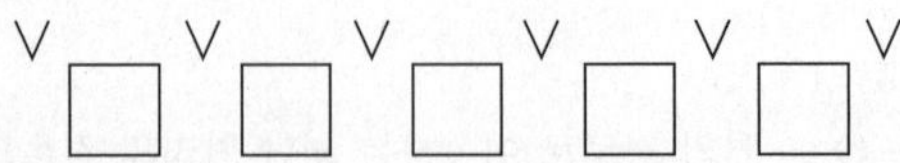

이 각각에 대하여 C와 D가 적혀 있는 카드는 위의 그림과 같이 나열한 카드 5장 사이사이 및 양 끝의 6개의 자리 중에서 2개를 선택하여 나열하면 되므로 이 경우의 수는

$_6P_2=30$

따라서 구하는 경우의 수는

$10\times30=300$

8 답 ①

(ⅰ) 일의 자리 숫자가 1인 경우

ⓐ 홀수가 1개인 경우의 수

일의 자리를 제외한 나머지 네 자리에 모두 짝수 2를 나열하여야 하므로

1

ⓑ 홀수가 3개인 경우의 수

일의 자리를 제외한 나머지 네 자리에 홀수 1, 3 중에서 중복을 허락하여 2개, 짝수 2를 2개 나열하여야 하므로

• 1, 1, 2, 2를 나열하는 경우의 수

$\frac{4!}{2!2!}=6$

• 1, 3, 2, 2를 나열하는 경우의 수

$\frac{4!}{2!}=12$

• 3, 3, 2, 2를 나열하는 경우의 수

$\frac{4!}{2!2!}=6$

$\therefore 6+12+6=24$

ⓒ 홀수가 5개인 경우의 수

일의 자리를 제외한 나머지 네 자리에 모두 홀수 1, 3 중에서 중복을 허락하여 4개를 나열하여야 하므로

$_2\Pi_4=2^4=16$

ⓐ, ⓑ, ⓒ에서 $1+24+16=41$

(ⅱ) 일의 자리 수가 3인 경우

이 경우의 수는 (ⅰ)과 같은 방법으로 41이다.

(ⅰ), (ⅱ)에서 구하는 홀수의 개수는

$41+41=82$

9 답 ②

네 문자 A, B, C, D의 순서가 정해져 있으므로 모두 X로 생각하여 7개의 문자 X, X, X, X, E, F, G를 일렬로 나열하는 경우의 수는

$\frac{7!}{4!}=210$

이때 첫 번째 X를 A로, 두 번째 X를 B로, 세 번째와 네 번째 X를 각각 C, D 또는 D, C로 하나씩 차례대로 바꾸면 되므로 이 경우의 수는

2

따라서 구하는 경우의 수는

$210\times2=420$

10 답 ②

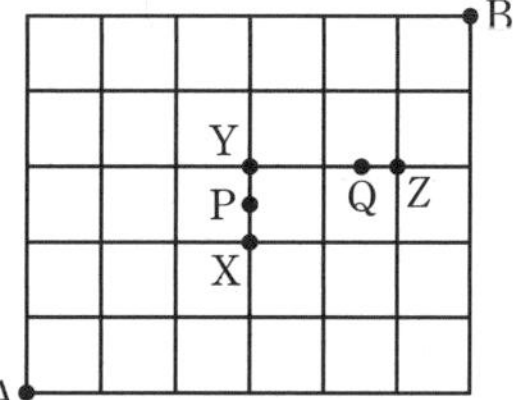

오른쪽 그림과 같이 세 지점 X, Y, Z를 잡으면 구하는 경우의 수는

A → X → Y → Z → B

의 경로로 이동하는 최단 거리의 경우의 수와 같다.

A → X의 경로로 이동하는 최단 거리의 경우의 수는

$\frac{5!}{3!2!}=10$

X → Y의 경로로 이동하는 최단 거리의 경우의 수는

1

Y → Z의 경로로 이동하는 최단 거리의 경우의 수는

1

Z → B의 경로로 이동하는 최단 거리의 경우의 수는

$\frac{3!}{2!}=3$

따라서 구하는 경우의 수는

$10\times1\times1\times3=30$

11 답 36

학생 B와 이웃하는 두 자리 중 한 자리에는 학생 A가 앉아야 하고, 학생 B와 학생 C가 이웃하지 않도록 앉아야 하므로 학생 A가 앉은 자리를 제외한 학생 B의 옆의 자리에 앉는 학생을 정하는 경우의 수는

${}_3C_1=3$

학생 B와 B의 양옆에 이웃한 두 학생을 한 학생으로 생각하여 4명의 학생이 원 모양의 탁자에 둘러앉는 경우의 수는

$(4-1)!=3!=6$

학생 B의 양옆에 이웃한 두 학생이 서로 자리를 바꾸는 경우의 수는

$2!=2$

따라서 구하는 경우의 수는

$3\times6\times2=36$

12 답 ①

(i) 현수막 B를 2곳에 설치하는 경우

현수막 A, B, B, C, C를 일렬로 나열하는 경우의 수와 같으므로

$\frac{5!}{2!2!}=30$

(ii) 현수막 B를 3곳에 설치하는 경우

현수막 A, B, B, B, C를 일렬로 나열하는 경우의 수와 같으므로

$\frac{5!}{3!}=20$

(iii) 현수막 B를 4곳에 설치하는 경우

현수막 A, B, B, B, B를 일렬로 나열하는 경우의 수와 같으므로

$\frac{5!}{4!}=5$

(i), (ii), (iii)에서 구하는 경우의 수는

$30+20+5=55$

02 중복조합과 이항정리

개념 Check 24~28쪽

1 35　　2 6
3 (1) 128 (2) 0 (3) 512　　4 35

1 답 35

${}_{5}H_{3}={}_{7}C_{3}=35$

2 답 6

다항식 $(1+x)^4$의 전개식의 일반항은

${}_{4}C_{r}1^{4-r}x^{r}={}_{4}C_{r}x^{r}$

x^2항은 $x^r=x^2$일 때이므로

$r=2$

따라서 x^2의 계수는

${}_{4}C_{2}=6$

3 답 (1) 128 (2) 0 (3) 512

(1) ${}_{7}C_{0}+{}_{7}C_{1}+{}_{7}C_{2}+\cdots+{}_{7}C_{7}=2^7=128$

(2) ${}_{14}C_{0}-{}_{14}C_{1}+{}_{14}C_{2}-{}_{14}C_{3}+\cdots-{}_{14}C_{13}+{}_{14}C_{14}=0$

(3) ${}_{10}C_{1}+{}_{10}C_{3}+{}_{10}C_{5}+{}_{10}C_{7}+{}_{10}C_{9}=2^{10-1}=2^9=512$

4 답 35

$$\begin{aligned}{}_{2}C_{0}+{}_{3}C_{1}+{}_{4}C_{2}+{}_{5}C_{3}+{}_{6}C_{4}&={}_{3}C_{0}+{}_{3}C_{1}+{}_{4}C_{2}+{}_{5}C_{3}+{}_{6}C_{4}\\&={}_{4}C_{1}+{}_{4}C_{2}+{}_{5}C_{3}+{}_{6}C_{4}\\&={}_{5}C_{2}+{}_{5}C_{3}+{}_{6}C_{4}\\&={}_{6}C_{3}+{}_{6}C_{4}\\&={}_{7}C_{4}={}_{7}C_{3}\\&=35\end{aligned}$$

필수 예제 29~36쪽

1 ⑤	1-1 ③	2 ①	2-1 ③
3 ④	3-1 ②	4 ③	4-1 ⑤
5 ②	5-1 ③	6 ①	6-1 ①
7 ③	7-1 16	8 ③	8-1 ④

1 답 ⑤

같은 종류의 주스 4병을 3명에게 남김없이 나누어 주는 경우의 수는

${}_{3}H_{4}={}_{6}C_{4}={}_{6}C_{2}=15$

같은 종류의 생수 2병을 3명에게 남김없이 나누어 주는 경우의 수는

${}_{3}H_{2}={}_{4}C_{2}=6$

우유 1병을 3명에게 나누어 주는 경우의 수는

${}_{3}H_{1}={}_{3}C_{1}=3$

따라서 구하는 경우의 수는

$15\times6\times3=270$

1-1 답 ③

홀수가 적혀 있는 카드가 3장, 짝수가 적혀 있는 카드가 2장 있으므로

(i) 짝수가 적혀 있는 카드를 0장 선택하는 경우의 수

짝수가 적혀 있는 카드를 0장, 홀수가 적혀 있는 카드를 6장 선택하면 되므로

$$\begin{aligned}{}_{2}H_{0}\times{}_{3}H_{6}&={}_{1}C_{0}\times{}_{8}C_{6}\\&={}_{1}C_{0}\times{}_{8}C_{2}\\&=1\times28=28\end{aligned}$$

(ii) 짝수가 적혀 있는 카드를 1장 선택하는 경우의 수

짝수가 적혀 있는 카드를 1장, 홀수가 적혀 있는 카드를 5장 선택하면 되므로

$$\begin{aligned}{}_{2}H_{1}\times{}_{3}H_{5}&={}_{2}C_{1}\times{}_{7}C_{5}\\&={}_{2}C_{1}\times{}_{7}C_{2}\\&=2\times21=42\end{aligned}$$

(i), (ii)에서 구하는 경우의 수는

$28+42=70$

2 답 ①

(i) $d=0$일 때

$a+b+c+3d=8$에서

$a+b+c=8$

위의 방정식을 만족시키는 음이 아닌 정수 a, b, c, d의 모든 순서쌍 (a, b, c, d)의 개수는

${}_{3}H_{8}={}_{10}C_{8}={}_{10}C_{2}=45$

(ii) $d=1$일 때

$a+b+c+3d=8$에서

$a+b+c=5$

위의 방정식을 만족시키는 음이 아닌 정수 a, b, c, d의 모든 순서쌍 (a, b, c, d)의 개수는

${}_{3}H_{5}={}_{7}C_{5}={}_{7}C_{2}=21$

(iii) $d=2$일 때

$a+b+c+3d=8$에서

$a+b+c=2$

위의 방정식을 만족시키는 음이 아닌 정수 a, b, c, d의 모든 순서쌍 (a, b, c, d)의 개수는

${}_{3}H_{2}={}_{4}C_{2}=6$

(i), (ii), (iii)에서 구하는 순서쌍 (a, b, c, d)의 개수는

$45+21+6=72$

2-1 답 ③

음이 아닌 세 정수 x', y', z'에 대하여

$x=x'-1,\ y=y'-1,\ z=z'-1$이라 하면

$x+y+z=4$에서
$(x'-1)+(y'-1)+(z'-1)=4$
$\therefore x'+y'+z'=7$
따라서 구하는 순서쌍 (x, y, z)의 개수는 위의 방정식을 만족시키는 음이 아닌 세 정수 x', y', z'의 순서쌍 (x', y', z')의 개수와 같으므로
${}_3H_7={}_9C_7={}_9C_2=36$

3 답 ④

$3\le a\le b\le 8$을 만족시키는 두 자연수 a, b의 순서쌍 (a, b)의 개수는
${}_6H_2={}_7C_2=21$
$8\le c\le d\le 11$을 만족시키는 두 자연수 c, d의 순서쌍 (c, d)의 개수는
${}_4H_2={}_5C_2=10$
따라서 구하는 순서쌍 (a, b, c, d)의 개수는
$21\times 10=210$

3-1 답 ②

조건 (가)에 의하여 a, b, c는 모두 홀수이어야 하므로
$10\le a\le b\le c\le 30$, 즉 $11\le a\le b\le c\le 29$를 만족시키는 세 홀수 a, b, c의 모든 순서쌍 (a, b, c)의 개수는
${}_{10}H_3={}_{12}C_3=220$

4 답 ③

정의역의 원소 1, 2는 공역의 원소 1, 2, 3, 4 중에서 중복을 허락하여 2개를 선택해 크기가 크지 않은 수부터 대응시키면 되므로 이 경우의 수는
${}_4H_2={}_5C_2=10$
정의역의 원소 4, 5, 6은 공역의 원소 4, 5, 6 중에서 중복을 허락하여 3개를 선택해 크기가 크지 않은 수부터 대응시키면 되므로 이 경우의 수는
${}_3H_3={}_5C_3={}_5C_2=10$
따라서 구하는 함수 f의 개수는
$10\times 10=100$

4-1 답 ⑤

정의역의 원소 1, 3, 5는 공역의 원소 1, 2, 3, 4 중에서 중복을 허락하여 3개를 선택해 크기가 작지 않은 수부터 대응시키면 되므로 이 경우의 수는
${}_4H_3={}_6C_3=20$
정의역의 원소 2, 4는 공역의 원소 1, 2, 3, 4 중에서 2개를 선택해 크기가 작은 수부터 대응시키면 되므로 이 경우의 수는
${}_4C_2=6$
따라서 구하는 함수 f의 개수는
$20\times 6=120$

5 답 ②

다항식 $(3x+2)^5$의 전개식의 일반항은
${}_5C_r(3x)^{5-r}2^r={}_5C_r3^{5-r}2^rx^{5-r}$
x^2의 계수는 $5-r=2$, 즉 $r=3$일 때이므로
${}_5C_3 3^{5-3}2^3=10\times 9\times 8=720$

5-1 답 ③

$\left(3x^2-\frac{1}{3x}\right)^7$의 전개식의 일반항은
${}_7C_r(3x^2)^{7-r}\left(-\frac{1}{3x}\right)^r={}_7C_r(-1)^r3^{7-2r}x^{14-3r}$
$\frac{1}{x}$의 계수는 $14-3r=-1$, 즉 $r=5$일 때이므로
${}_7C_5(-1)^5 3^{7-10}=21\times(-1)\times\frac{1}{27}=-\frac{7}{9}$

6 답 ①

다항식 $(2x+1)^3$의 전개식의 일반항은
${}_3C_r(2x)^{3-r}1^r={}_3C_r2^{3-r}x^{3-r}$
다항식 $(x+1)^4$의 전개식의 일반항은
${}_4C_sx^{4-s}1^s={}_4C_sx^{4-s}$
다항식 $(2x+1)^3(x+1)^4$의 전개식에서 x^2의 계수는
(i) 다항식 $(2x+1)^3$의 전개식에서 상수항과 다항식 $(x+1)^4$의 전개식에서 x^2항이 곱해지는 경우
${}_3C_3 2^{3-3}\times{}_4C_2=(1\times 1)\times 6=6$
(ii) 다항식 $(2x+1)^3$의 전개식에서 x항과 다항식 $(x+1)^4$의 전개식에서 x항이 곱해지는 경우
${}_3C_2 2^{3-2}\times{}_4C_3=(3\times 2)\times 4=24$
(iii) 다항식 $(2x+1)^3$의 전개식에서 x^2항과 다항식 $(x+1)^4$의 전개식에서 상수항이 곱해지는 경우
${}_3C_1 2^{3-1}\times{}_4C_4=(3\times 4)\times 1=12$
(i), (ii), (iii)에서
$6+24+12=42$

6-1 답 ①

다항식 $(x-2)^5$의 전개식의 일반항은
${}_5C_rx^{5-r}(-2)^r={}_5C_r(-2)^rx^{5-r}$
다항식 $(x+a)^4$의 전개식의 일반항은
${}_4C_sx^{4-s}a^s={}_4C_sa^sx^{4-s}$
다항식 $(x-2)^5(x+a)^4$의 전개식에서 x의 계수는
(i) 다항식 $(x-2)^5$의 전개식에서 상수항과 다항식 $(x+a)^4$의 전개식에서 x항이 곱해지는 경우
${}_5C_5(-2)^5\times{}_4C_3a^3=\{1\times(-32)\}\times(4\times a^3)=-128a^3$
(ii) 다항식 $(x-2)^5$의 전개식에서 x항과 다항식 $(x+a)^4$의 전개식에서 상수항이 곱해지는 경우
${}_5C_4(-2)^4\times{}_4C_4a^4=(5\times 16)\times(1\times a^4)=80a^4$

(i), (ii)에서 $-128a^3+80a^4$

다항식 $(x-2)^5(x+a)^4$의 전개식에서 상수항은

다항식 $(x-2)^5$의 전개식에서 상수항과 다항식 $(x+a)^4$의 전개식에서 상수항이 곱해지는 경우이므로

${}_5C_5(-2)^5\times{}_4C_4a^4=\{1\times(-32)\}\times(1\times a^4)=-32a^4$

이때 x의 계수와 상수항이 같으므로

$-128a^3+80a^4=-32a^4$

$112a^4=128a^3$

$\therefore a=\frac{8}{7}$ ($\because a\neq0$)

7 답 ③

${}_5C_0+2{}_5C_1+4{}_5C_2+\cdots+32{}_5C_5$

$={}_5C_0 1^5 2^0+{}_5C_1 1^4 2^1+{}_5C_2 1^3 2^2+\cdots+{}_5C_5 1^0 2^5$

$=(1+2)^5=243$

7-1 답 16

$3^8{}_8C_0+3^7{}_8C_1+3^6{}_8C_2+\cdots+3{}_8C_7=2^k-1$에서

$3^8{}_8C_0+3^7{}_8C_1+3^6{}_8C_2+\cdots+3{}_8C_7+1=2^k$

$2^k=3^8{}_8C_0+3^7{}_8C_1+3^6{}_8C_2+\cdots+3{}_8C_7+{}_8C_8$

$=3^8{}_8C_8+3^7{}_8C_7+3^6{}_8C_6+\cdots+3{}_8C_1+{}_8C_0$ ($\because {}_nC_r={}_nC_{n-r}$)

$={}_8C_0+3{}_8C_1+3^2{}_8C_2+\cdots+3^8{}_8C_8$

$={}_8C_0 1^8 3^0+{}_8C_1 1^7 3^1+{}_8C_2 1^6 3^2+\cdots+{}_8C_8 1^0 3^8$

$=(1+3)^8$

$=4^8=2^{16}$

$\therefore k=16$

다른 풀이

$3^8{}_8C_0+3^7{}_8C_1+3^6{}_8C_2+\cdots+{}_8C_8$

$={}_8C_0 3^8 1^0+{}_8C_1 3^7 1^1+{}_8C_2 3^6 1^2+\cdots+{}_8C_8 3^0 1^8$

$=(3+1)^8$

$=4^8=2^{16}$

8 답 ③

${}_nC_0+{}_nC_1+{}_nC_2+{}_nC_3+\cdots+{}_nC_n=2^n$이므로

${}_nC_1+{}_nC_2+{}_nC_3+\cdots+{}_nC_n=2^n-{}_nC_0=2^n-1$

$200<{}_nC_1+{}_nC_2+{}_nC_3+\cdots+{}_nC_n<300$에서

$200<2^n-1<300$

$\therefore 201<2^n<301$

이때 $2^7=128$, $2^8=256$, $2^9=512$이므로

$n=8$

8-1 답 ④

(i) 원소의 개수가 1인 부분집합의 개수는 ${}_{10}C_1$

(ii) 원소의 개수가 3인 부분집합의 개수는 ${}_{10}C_3$

(iii) 원소의 개수가 5인 부분집합의 개수는 ${}_{10}C_5$

(iv) 원소의 개수가 7인 부분집합의 개수는 ${}_{10}C_7$

(v) 원소의 개수가 9인 부분집합의 개수는 ${}_{10}C_9$

(i)~(v)에서 구하는 집합의 개수는

${}_{10}C_1+{}_{10}C_3+{}_{10}C_5+{}_{10}C_7+{}_{10}C_9=2^{10-1}=2^9=512$

단원 마무리

37~39쪽

1 ①	2 ①	3 ④	4 ⑤
5 ②	6 525	7 ③	8 ⑤
9 ⑤	10 511	11 ③	12 ①

1 답 ①

(i) 사탕을 받지 못하는 학생이 없는 경우

5명의 학생 모두 사탕을 받는 경우이다.

이 경우는 먼저 5명의 학생에게 사탕 1개씩 나누어 주고 남은 사탕 3개를 5명의 학생에게 나누어 주면 되므로 이 경우의 수는

${}_5H_3={}_7C_3=35$

(ii) 사탕을 받지 못하는 학생이 1명인 경우

5명의 학생 중 사탕을 받지 못하는 1명의 학생을 선택하는 경우의 수는

${}_5C_1=5$

사탕을 받지 못하는 학생을 제외한 나머지 4명의 학생에게 사탕 8개를 사탕을 받지 못하는 학생이 없도록 남김없이 나누어 주는 경우는 먼저 4명의 학생에게 사탕 1개씩 나누어 주고 남은 사탕 4개를 4명의 학생에게 나누어 주면 되므로 이 경우의 수는

${}_4H_4={}_7C_4={}_7C_3=35$

즉, 이 경우의 수는

$5\times35=175$

(i), (ii)에서 구하는 경우의 수는

$35+175=210$

2 답 ①

(i) 흰 공 2개를 한 주머니에 모두 넣는 경우

흰 공을 넣을 주머니 1개를 선택하는 경우의 수는

${}_4C_1=4$

흰 공을 넣은 주머니 1개를 제외한 나머지 3개의 주머니에 검은 공을 한 개씩 넣고, 남은 검은 공 2개를 서로 다른 4개의 주머니에 넣는 경우의 수는

${}_4H_2={}_5C_2=10$

즉, 이 경우의 수는

$4\times10=40$

(ii) 흰 공 2개를 두 주머니에 하나씩 넣는 경우

흰 공을 넣을 주머니 2개를 선택하는 경우의 수는

${}_4C_2=6$

흰 공을 넣은 주머니 2개를 제외한 나머지 2개의 주머니에 검은 공을 한 개씩 넣고, 남은 검은 공 3개를 서로 다른 4개의 주머니에 넣는 경우의 수는

${}_4H_3={}_6C_3=20$

즉, 이 경우의 수는

$6\times20=120$

(i), (ii)에서 구하는 경우의 수는

$40+120=160$

3 답 ④

a, b, c, d, e 중 홀수 3개를 신댁하는 경우의 수는

${}_5C_3={}_5C_2=10$

이때 a, b, c를 홀수, d, e를 짝수라 하자.

음이 아닌 정수 a', b', c', d', e'에 대하여

$a=2a'+1$, $b=2b'+1$, $c=2c'+1$, $d=2d'+2$, $e=2e'+2$

라 하면

$a+b+c+d+e=13$에서

$(2a'+1)+(2b'+1)+(2c'+1)+(2d'+2)+(2e'+2)=13$

$2a'+2b'+2c'+2d'+2e'=6$

$\therefore a'+b'+c'+d'+e'=3$

즉, a, b, c가 홀수, d, e가 짝수일 때, 조건 (가)를 만족시키는 순서쌍 (a, b, c, d, e)의 개수는 위의 방정식을 만족시키는 음이 아닌 정수 a', b', c', d', e'의 순서쌍 (a', b', c', d', e')의 개수와 같으므로

${}_5H_3={}_7C_3=35$

따라서 구하는 순서쌍 (a, b, c, d, e)의 개수는

$10\times35=350$

4 답 ⑤

$3\le a\le b\le c\le8$을 만족시키는 순서쌍 (a, b, c)의 개수는

${}_6H_3={}_8C_3=56$

$1\le b\le a\le c<10$, 즉 $1\le b\le a\le c\le9$를 만족시키는 순서쌍 (a, b, c)의 개수는

${}_9H_3={}_{11}C_3=165$

$3\le a\le b\le c\le8$, $1\le b\le a\le c<10$을 동시에 만족시키는, 즉 $3\le a=b\le c\le8$을 만족시키는 순서쌍 (a, b, c)의 개수는

${}_6H_2={}_7C_2=21$

따라서 구하는 순서쌍 (a, b, c)의 개수는

$56+165-21=200$

5 답 ②

구하는 함수의 개수는 조건 (가)를 만족시키는 함수의 개수에서 조건 (가)를 만족시키면서 조건 (나)를 만족시키지 않는 함수의 개수를 뺀 것과 같다.

조건 (가)를 만족시키는 함수의 개수는

${}_4H_4={}_7C_4={}_7C_3=35$

조건 (가)를 만족시키면서 조건 (나)를 만족시키지 않는 함수의 개수는

(i) $f(3)=3$, $f(4)=4$일 때

$1\le f(1)\le f(2)\le3$이므로 $f(1)$, $f(2)$의 값을 정하는 경우의 수는

${}_3H_2={}_4C_2=6$

(ii) $f(3)=4$, $f(4)=4$일 때

$1\le f(1)\le f(2)\le4$이므로 $f(1)$, $f(2)$의 값을 정하는 경우의 수는

${}_4H_2={}_5C_2=10$

(i), (ii)에서 $6+10=16$

따라서 구하는 함수 f의 개수는

$35-16=19$

6 답 525

치역의 원소 3개를 선택하는 경우의 수는

${}_7C_3=35$

이 치역의 원소 3개에 대응되는 정의역의 원소의 개수를 각각 a, b, c $(a\ge1,\ b\ge1,\ c\ge1)$이라 하면

조건 (가)에 의하여

$a+b+c=7$

이때 음이 아닌 정수 a', b', c'에 대하여

$a=a'+1$, $b=b'+1$, $c=c'+1$이라 하면

$(a'+1)+(b'+1)+(c'+1)=7$

$\therefore a'+b'+c'=4$

즉, 조건 (가)를 만족시키는 함수 f의 개수는 위의 방정식을 만족시키는 음이 아닌 정수 a', b', c'의 순서쌍 (a', b', c')의 개수와 같으므로

${}_3H_4={}_6C_4={}_6C_2=15$

따라서 구하는 함수 f의 개수는

$35\times15=525$

7 답 ③

다항식 $(x^2+kx)^7$의 전개식의 일반항은

${}_7C_r(x^2)^{7-r}(kx)^r={}_7C_rk^rx^{14-r}$

x^8의 계수는 $14-r=8$, 즉 $r=6$일 때이므로

${}_7C_6k^6={}_7C_1k^6=7k^6$

x^9의 계수는 $14-r=9$, 즉 $r=5$일 때이므로

${}_7C_5k^5={}_7C_2k^5=21k^5$

이때 x^8의 계수와 x^9의 계수가 같으므로

$7k^6=21k^5 \qquad \therefore k=3\ (\because k\neq0)$

8 답 ⑤

$(3x-2)^2(2x+y)^5$

$=(9x^2-12x+4)(2x+y)^5$

$=9x^2(2x+y)^5-12x(2x+y)^5+4(2x+y)^5$

즉, 다항식 $(3x-2)^2(2x+y)^5$의 전개식에서 x^5y^2항은 $9x^2$과 다항식 $(2x+y)^5$의 전개식에서 x^3y^2항이 곱해지는 경우에 나타난다.
이때 다항식 $(2x+y)^5$의 전개식의 일반항은
${}_5C_r(2x)^{5-r}y^r={}_5C_r2^{5-r}x^{5-r}y^r$
따라서 구하는 x^5y^2의 계수는
$9\times{}_5C_2 2^{5-2}=9\times(10\times8)=720$

9 답 ⑤

$3^{10}{}_{10}C_0+2\times3^9{}_{10}C_1+2^2\times3^8{}_{10}C_2+\cdots+2^{10}{}_{10}C_{10}$
$={}_{10}C_0 2^0 3^{10}+{}_{10}C_1 2^1 3^9+{}_{10}C_2 2^2 3^8+\cdots+{}_{10}C_{10}2^{10}3^0$
$=(2+3)^{10}=5^{10}$
따라서 $k=5$, $n=10$이므로
$k+n=5+10=15$

10 답 511

집합 B의 원소 1개를 선택하는 경우의 수는
${}_{10}C_1=10$
조건 (가)에 의하여 두 집합 A, B가 서로소이므로 집합 A의 원소를
(i) 1개 선택하는 경우의 수는 ${}_9C_1$
(ii) 2개 선택하는 경우의 수는 ${}_9C_2$
(iii) 3개 선택하는 경우의 수는 ${}_9C_3$
⋮
(ix) 9개 선택하는 경우의 수는 ${}_9C_9$
(i)~(ix)에서 집합 A의 원소를 선택하는 경우의 수는
${}_9C_1+{}_9C_2+{}_9C_3+\cdots+{}_9C_9$
$=({}_9C_0+{}_9C_1+{}_9C_2+{}_9C_3+\cdots+{}_9C_9)-{}_9C_0$
$=2^9-1=511$
즉, 두 집합 A, B의 순서쌍 (A, B)의 개수는
$10\times511=5110$
따라서 $k=5110$이므로
$\frac{k}{10}=511$

11 답 ③

구하는 경우의 수는 같은 종류의 책 8권을 3개의 칸에 남김없이 나누어 꽂는 경우의 수에서 첫 번째 칸 또는 두 번째 칸에 6권 이상의 책을 꽂는 경우의 수를 빼면 된다.
같은 종류의 책 8권을 3개의 칸에 남김없이 나누어 꽂는 경우의 수는
${}_3H_8={}_{10}C_8={}_{10}C_2=45$
첫 번째 칸에 6권 이상의 책을 꽂는 경우의 수는 먼저 첫 번째 칸에 6권의 책을 꽂고, 남은 2권을 3개의 칸에 나누어 꽂으면 되므로
${}_3H_2={}_4C_2=6$
같은 방법으로 두 번째 칸에 6권 이상의 책을 꽂는 경우의 수는
6
즉, 첫 번째 칸 또는 두 번째 칸에 6권 이상의 책을 꽂는 경우의 수는
$6+6=12$
따라서 구하는 경우의 수는
$45-12=33$

다른 풀이
첫 번째 칸, 두 번째 칸, 세 번째 칸에 꽂는 책의 권수를 각각 x, y, z라 하면 구하는 경우의 수는 방정식
$x+y+z=8$
(x, y는 5 이하의 음이 아닌 정수, z는 음이 아닌 정수)
를 만족시키는 순서쌍 (x, y, z)의 개수와 같다.
방정식 $x+y+z=8$을 만족시키는 음이 아닌 정수 x, y, z의 순서쌍 (x, y, z)의 개수는
${}_3H_8={}_{10}C_8={}_{10}C_2=45$
한편, 첫 번째 칸에 6권 이상의 책을 꽂는 경우의 수는
$x+y+z=8$ (x는 6 이상의 정수, y, z는 음이 아닌 정수) …… ㉠
를 만족시키는 순서쌍 (x, y, z)의 개수와 같다.
이때 음이 아닌 정수 x'에 대하여 $x=x'+6$이라 하면 ㉠에서
$(x'+6)+y+z=8$
$\therefore x'+y+z=2$ (x', y, z는 음이 아닌 정수) …… ㉡
방정식 ㉠을 만족시키는 순서쌍 (x, y, z)의 개수는 방정식 ㉡을 만족시키는 순서쌍 (x', y, z)의 개수와 같으므로
${}_3H_2={}_4C_2=6$
즉, 첫 번째 칸에 6권 이상의 책을 꽂는 경우의 수는
6
같은 방법으로 두 번째 칸에 6권 이상의 책을 꽂는 경우의 수는
6
따라서 구하는 경우의 수는
$45-6-6=33$

12 답 ①

조건 (나)에 의하여
$a^2-b^2=\pm5$
$(a+b)(a-b)=\pm5$
이때 $a+b\geq2$이므로
$a+b=5$, $a-b=-1$에서 $a=2$, $b=3$
$a+b=5$, $a-b=1$에서 $a=3$, $b=2$
(i) $a=2$, $b=3$일 때
$a+b+c+d+e=12$에서
$c+d+e=7$
이때 음이 아닌 정수 c', d', e'에 대하여
$c=c'+1$, $d=d'+1$, $e=e'+1$이라 하면

$(c'+1)+(d'+1)+(e'+1)=7$

$\therefore c'+d'+e'=4$

즉, 순서쌍 (a, b, c, d, e)의 개수는 위의 방정식을 만족시키는 음이 아닌 정수 c', d', e'의 순서쌍 (c', d', e')의 개수와 같으므로

${}_3H_4={}_6C_4={}_6C_2=15$

(ii) $a=3$, $b=2$일 때

$a+b+c+d+e=12$에서

$c+d+e=7$

즉, 순서쌍 (a, b, c, d, e)의 개수는 (i)과 같은 방법으로 15이다.

(i), (ii)에서 구하는 순서쌍 (a, b, c, d, e)의 개수는

$15+15=30$

Ⅱ. 확률

01 확률의 뜻과 정의

개념 Check 43~46쪽

1 (1) $\{1, 2, 3, 4\}$ (2) $\{3, 4\}$ (3) $\{1, 5\}$ (4) A와 C

2 $\frac{3}{10}$

3 (1) $\frac{7}{10}$ (2) $\frac{3}{10}$

4 $\frac{7}{8}$

1 답 (1) $\{1, 2, 3, 4\}$ (2) $\{3, 4\}$ (3) $\{1, 5\}$ (4) A와 C

(1) $A\cup B=\{1, 2, 3, 4\}$

(2) $B\cap C=\{3, 4\}$

(3) $B^C=\{1, 5\}$

(4) $A\cap B=\{2\}$, $A\cap C=\varnothing$, $B\cap C=\{3, 4\}$이므로 A와 C가 서로 배반사건이다.

2 답 $\frac{3}{10}$

3의 배수가 적혀 있는 공이 나오는 사건을 A라 하면

$A=\{3, 6, 9\}$ $\therefore n(A)=3$

따라서 구하는 확률은 $\frac{3}{10}$이다.

3 답 (1) $\frac{7}{10}$ (2) $\frac{3}{10}$

(1) 2의 배수가 적혀 있는 카드가 나오는 사건을 A, 3의 배수가 적혀 있는 카드가 나오는 사건을 B라 하면

$A=\{2, 4, 6, 8, 10\}$, $B=\{3, 6, 9\}$, $A\cap B=\{6\}$

$\therefore P(A)=\frac{5}{10}=\frac{1}{2}$, $P(B)=\frac{3}{10}$, $P(A\cap B)=\frac{1}{10}$

따라서 구하는 확률은

$P(A)+P(B)-P(A\cap B)=\frac{1}{2}+\frac{3}{10}-\frac{1}{10}=\frac{7}{10}$

(2) 4의 배수가 적혀 있는 카드가 나오는 사건을 A, 6의 배수가 적혀 있는 카드가 나오는 사건을 B라 하면

$A=\{4, 8\}$, $B=\{6\}$, $A\cap B=\varnothing$

$\therefore P(A)=\frac{2}{10}=\frac{1}{5}$, $P(B)=\frac{1}{10}$

이때 두 사건 A, B는 서로 배반사건이므로 구하는 확률은

$P(A)+P(B)=\frac{1}{5}+\frac{1}{10}=\frac{3}{10}$

4 답 $\frac{7}{8}$

서로 다른 세 개의 동전을 동시에 던질 때, 앞면이 적어도 한 개 나오는 사건을 A라 하면 A^C은 앞면이 한 개도 나오지 않는 사건, 즉 모두 뒷면이 나오는 사건이다.

$\therefore P(A^C)=\frac{1}{2}\times\frac{1}{2}\times\frac{1}{2}=\frac{1}{8}$

따라서 구하는 확률은

$P(A)=1-P(A^C)=1-\frac{1}{8}=\frac{7}{8}$

필수 예제 47~53쪽

1 ④	1-1 ②	2 ②	2-1 ③
3 21	3-1 ②	4 ④	4-1 ③
5 ①	5-1 ③	6 ③	6-1 6
7 ①	7-1 ⑤		

1 답 ④

임의로 선택한 두 수 a, b를 순서쌍 (a, b)로 나타내면 모든 순서쌍 (a, b)의 개수는

$5\times5=25$

$|a-b|\geq6$을 만족시키는 순서쌍 (a, b)의 개수는

$(1, 8)$, $(1, 10)$, $(3, 10)$, $(9, 2)$의 4

따라서 구하는 확률은 $\frac{4}{25}$이다.

1-1 답 ②

두 주머니 A, B에서 임의로 꺼낸 카드에 적혀 있는 수를 각각 a, b라 하고 순서쌍 (a, b)로 나타내면 모든 순서쌍 (a, b)의 개수는

$4\times5=20$

$a+b=6$을 만족시키는 순서쌍 (a, b)의 개수는

$(1, 5)$, $(2, 4)$, $(3, 3)$, $(4, 2)$의 4

따라서 구하는 확률은

$\frac{4}{20}=\frac{1}{5}$

2 답 ②

6장의 카드를 일렬로 나열하는 경우의 수는

$\frac{6!}{2!2!2!}=90$

같은 문자끼리 서로 이웃하도록 일렬로 나열하는 경우는 같은 문자 A, B, C가 적혀 있는 카드 두 장을 각각 한 묶음으로 생각하여 세 묶음의 카드를 일렬로 나열하는 경우와 같으므로 이 경우의 수는

$3!=6$

따라서 구하는 확률은

$\frac{6}{90}=\frac{1}{15}$

2-1 답 ③

숫자 1, 2, 3, 4, 5 중에서 중복을 허락하여 4개를 택해 일렬로 나열하여 만들 수 있는 모든 네 자리의 자연수의 개수는

${}_5\Pi_4=5^4=625$

3500보다 큰 네 자리의 자연수의 개수는

(i) 35□□ 꼴의 네 자리의 자연수의 개수

십의 자리 수와 일의 자리 수를 택하는 경우의 수와 같으므로

${}_5\Pi_2=5^2=25$

(ii) 4□□□ 또는 5□□□ 꼴의 네 자리의 자연수의 개수

천의 자리의 수를 제외한 나머지 세 자리의 수를 택하는 경우의 수는

${}_5\Pi_3=5^3=125$

즉, 이 경우의 수는

$2\times125=250$

(i), (ii)에서 $25+250=275$

따라서 구하는 확률은

$\frac{275}{625}=\frac{11}{25}$

3 답 21

X에서 Y로의 모든 함수 f의 개수는

${}_4\Pi_3=4^3=64$

$f(1)\leq f(3)\leq f(5)$를 만족시키는 함수 f의 개수는

${}_4H_3={}_6C_3=20$

즉, 함수 f가 $f(1)\leq f(3)\leq f(5)$를 만족시킬 확률은

$\frac{20}{64}=\frac{5}{16}$

따라서 $p=16$, $q=5$이므로

$p+q=16+5=21$

3-1 답 ②

$x+y+z=9$ …… ㉠

방정식 ㉠을 만족시키는 음이 아닌 정수 x, y, z의 모든 순서쌍 (x, y, z)의 개수는

${}_3H_9={}_{11}C_9={}_{11}C_2=55$

$x\times y\times z=2k-1$ (k는 자연수)를 만족시키는 순서쌍 (x, y, z)의 개수는 x, y, z가 모두 홀수인 순서쌍 (x, y, z)의 개수와 같다.

이때 음이 아닌 정수 x', y', z'에 대하여

$x=2x'+1$, $y=2y'+1$, $z=2z'+1$이라 하면 방정식 ㉠에서

$(2x'+1)+(2y'+1)+(2z'+1)=9$

$2x'+2y'+2z'=6$

$\therefore x'+y'+z'=3$

즉, 위의 방정식을 만족시키는 음이 아닌 정수 x', y', z'의 모든 순서쌍 (x', y', z')의 개수는

${}_3H_3={}_5C_3={}_5C_2=10$

따라서 구하는 확률은

$\frac{10}{55}=\frac{2}{11}$

4 답 ④

$\mathrm{P}(B)=1-\mathrm{P}(B^C)$

$=1-\frac{7}{18}=\frac{11}{18}$

$\therefore \mathrm{P}(A\cup B)=\mathrm{P}(A\cap B^C)+\mathrm{P}(B)$

$=\frac{1}{9}+\frac{11}{18}=\frac{13}{18}$

4-1 답 ③

$\mathrm{P}(B)=k\ (k\geq 0)$이라 하면

$\mathrm{P}(A)-\mathrm{P}(B)=\frac{1}{3}$에서

$\mathrm{P}(A)=\frac{1}{3}+k$ ...... ㉠

$\mathrm{P}(A)\mathrm{P}(B)=\frac{1}{12}$에서

$\left(\frac{1}{3}+k\right)\times k=\frac{1}{12}$

$k^2+\frac{1}{3}k-\frac{1}{12}=0$, $12k^2+4k-1=0$

$(2k+1)(6k-1)=0$ $\therefore k=\frac{1}{6}$ ($\because k\geq 0$)

$\therefore \mathrm{P}(B)=\frac{1}{6}$, $\mathrm{P}(A)=\frac{1}{3}+\frac{1}{6}=\frac{1}{2}$ ($\because$ ㉠)

이때 두 사건 A와 B는 서로 배반사건이므로

$\mathrm{P}(A\cup B)=\mathrm{P}(A)+\mathrm{P}(B)$

$=\frac{1}{2}+\frac{1}{6}=\frac{2}{3}$

5 답 ①

a, b를 순서쌍 (a, b)로 나타내면 모든 순서쌍 (a, b)의 개수는

$6\times 6=36$

$|a-b|=1$인 사건을 A, $a+b=9$인 사건을 B라 하자.

(i) 사건 A가 일어나는 경우

$|a-b|=1$인 경우의 수는

(1, 2), (2, 1), (2, 3), (3, 2), (3, 4), (4, 3),

(4, 5), (5, 4), (5, 6), (6, 5)

의 10

$\therefore \mathrm{P}(A)=\frac{10}{36}=\frac{5}{18}$

(ii) 사건 B가 일어나는 경우

$a+b=9$인 경우의 수는

(3, 6), (4, 5), (5, 4), (6, 3)의 4

$\therefore \mathrm{P}(B)=\frac{4}{36}=\frac{1}{9}$

(iii) 두 사건 A, B가 동시에 일어나는 경우

$|a-b|=1$, $a+b=9$인 경우의 수는

(4, 5), (5, 4)의 2

$\therefore \mathrm{P}(A\cap B)=\frac{2}{36}=\frac{1}{18}$

(i), (ii), (iii)에서 구하는 확률은

$\mathrm{P}(A\cup B)=\mathrm{P}(A)+\mathrm{P}(B)-\mathrm{P}(A\cap B)$

$=\frac{5}{18}+\frac{1}{9}-\frac{1}{18}$

$=\frac{1}{3}$

5-1 답 ③

6개의 공 중에서 3개의 공을 동시에 꺼내는 경우의 수는

${}_6C_3=20$

(i) 사건 A가 일어나는 경우

흰 공 2개 중에서 1개, 검은 공 4개 중에서 2개를 꺼내는 경우이므로 이 경우의 수는

${}_2C_1\times{}_4C_2=2\times 6=12$

$\therefore \mathrm{P}(A)=\frac{12}{20}=\frac{3}{5}$

(ii) 사건 B가 일어나는 경우

2가 적혀 있는 4개의 공 중에서 3개의 공을 꺼내는 경우이므로 이 경우의 수는

${}_4C_3={}_4C_1=4$

$\therefore \mathrm{P}(B)=\frac{4}{20}=\frac{1}{5}$

(iii) 두 사건 A, B가 동시에 일어나는 경우

2가 적혀 있는 흰 공 1개, 2가 적혀 있는 검은 공 3개 중에서 2개를 꺼내는 경우이므로 이 경우의 수는

${}_1C_1\times{}_3C_2={}_1C_1\times{}_3C_1=1\times 3=3$

$\therefore \mathrm{P}(A\cap B)=\frac{3}{20}$

(i), (ii), (iii)에서

$\mathrm{P}(A\cup B)=\mathrm{P}(A)+\mathrm{P}(B)-\mathrm{P}(A\cap B)$

$=\frac{3}{5}+\frac{1}{5}-\frac{3}{20}$

$=\frac{13}{20}$

6 답 ③

1부터 9까지의 자연수 중에서 서로 다른 3개의 수를 선택하는 경우의 수는

${}_9C_3=84$

선택한 3개의 수가 모두 홀수인 사건을 A, 모두 짝수인 사건을 B라 하자.

(i) 사건 A가 일어나는 경우

1, 3, 5, 7, 9 중에서 서로 다른 3개의 수를 선택하는 경우이므로 이 경우의 수는

${}_5C_3={}_5C_2=10$

$\therefore \mathrm{P}(A)=\frac{10}{84}=\frac{5}{42}$

(ii) 사건 B가 일어나는 경우

2, 4, 6, 8 중에서 서로 다른 3개의 수를 선택하는 경우이므로 이 경우의 수는

${}_4C_3={}_4C_1=4$

$\therefore P(B)=\frac{4}{84}=\frac{1}{21}$

이때 두 사건 A, B는 서로 배반사건이므로 구하는 확률은 (i), (ii)에서

$P(A\cup B)=P(A)+P(B)$

$=\frac{5}{42}+\frac{1}{21}=\frac{1}{6}$

6-1 답 6

6개의 공 중에서 3개의 공을 동시에 꺼내는 경우의 수는

${}_6C_3=20$

(i) 사건 A가 일어나는 경우

이 경우의 수는

(1, 2, 6), (1, 3, 5), (2, 3, 4)의 3

$\therefore P(A)=\frac{3}{20}$

(ii) 사건 B가 일어나는 경우

검은 공 3개 중에서 3개를 꺼내는 경우이므로 이 경우의 수는

${}_3C_3=1$

$\therefore P(B)=\frac{1}{20}$

이때 두 사건 A, B는 서로 배반사건이므로 조건을 만족시킬 확률은 (i), (ii)에서

$P(A\cup B)=P(A)+P(B)$

$=\frac{3}{20}+\frac{1}{20}=\frac{1}{5}$

따라서 $p=5$, $q=1$이므로

$p+q=5+1=6$

7 답 ①

X에서 Y로의 모든 함수 f의 개수는

${}_4\Pi_3=4^3=64$

선택한 함수가 $f(2)\ge f(3)$이거나 $f(1)\ne f(3)$을 만족시키는 사건을 A라 하면 A^C은 $f(2)<f(3)$이고 $f(1)=f(3)$을 만족시키는 사건이다.

사건 A^C이 일어나는 경우는 선택한 함수가 $f(2)<f(3)=f(1)$을 만족시키는 경우이므로 이 함수의 개수는

${}_4C_2=6$

$\therefore P(A^C)=\frac{6}{64}=\frac{3}{32}$

따라서 구하는 확률은

$P(A)=1-P(A^C)$

$=1-\frac{3}{32}=\frac{29}{32}$

7-1 답 ⑤

6장의 카드를 모두 한 번씩 사용하여 일렬로 나열하는 모든 경우의 수는

$6!=720$

6장의 카드를 모두 한 번씩 사용하여 일렬로 나열할 때, 양 끝에 놓인 카드에 적힌 두 수의 합이 10 이하인 사건을 A라 하면 A^C은 양 끝에 놓인 카드에 적힌 두 수의 합이 11 이상인 사건이다.

양 끝에 놓인 카드에 적힌 두 수를 왼쪽부터 차례대로 a, b라 하고, 순서쌍 (a, b)로 나타내면 두 수의 합이 11 이상인 경우의 수는

(5, 6), (6, 5)의 2

양 끝의 두 자리를 제외한 나머지 네 자리에 1, 2, 3, 4가 적힌 카드를 놓는 경우의 수는

$4!=24$

즉, 양 끝에 놓인 카드에 적힌 두 수의 합이 11 이상이 되도록 나열하는 경우의 수는

$2\times24=48$

$\therefore P(A^C)=\frac{48}{720}=\frac{1}{15}$

따라서 구하는 확률은

$P(A)=1-P(A^C)$

$=1-\frac{1}{15}=\frac{14}{15}$

단원 마무리

54~57쪽

1 19	2 ①	3 ④	4 ③
5 218	6 ④	7 41	8 ②
9 ⑤	10 ⑤	11 ③	12 ③

1 답 19

a_1, a_2를 순서쌍 (a_1, a_2)로 나타내면 모든 순서쌍 (a_1, a_2)의 개수는

${}_6C_2=15$

$a_1+a_2\le6$을 만족시키는 순서쌍 (a_1, a_2)는

(1, 2), (1, 3), (1, 4), (1, 5), (2, 3), (2, 4)

이 중에서 $a_1\times a_2$의 값이 짝수인 순서쌍 (a_1, a_2)의 개수는

(1, 2), (1, 4), (2, 3), (2, 4)의 4

즉, 조건을 만족시킬 확률은

$\frac{4}{15}$

따라서 $p=15$, $q=4$이므로

$p+q=15+4=19$

2 답 ①

x, y, z를 순서쌍 (x, y, z)로 나타내면 모든 순서쌍 (x, y, z)의 개수는

$6\times6\times6=216$

$|x-y|+z=9$를 만족시키는 순서쌍 (x, y, z)의 개수는

(i) $z=6$인 경우

$|x-y|+z=9$에서 $|x-y|=3$이므로 이 방정식을 만족시키는 순서쌍 (x, y)의 개수는

$(1, 4)$, $(2, 5)$, $(3, 6)$, $(4, 1)$, $(5, 2)$, $(6, 3)$의 6

(ii) $z=5$인 경우

$|x-y|+z=9$에서 $|x-y|=4$이므로 이 방정식을 만족시키는 순서쌍 (x, y)의 개수는

$(1, 5)$, $(2, 6)$, $(5, 1)$, $(6, 2)$의 4

(iii) $z=4$인 경우

$|x-y|+z=9$에서 $|x-y|=5$이므로 이 방정식을 만족시키는 순서쌍 (x, y)의 개수는

$(1, 6)$, $(6, 1)$의 2

(i), (ii), (iii)에서 $6+4+2=12$

따라서 구하는 확률은

$\frac{12}{216}=\frac{1}{18}$

3 답 ④

6개의 공을 일렬로 나열하는 경우의 수는

$6!=720$

이때 같은 숫자가 적혀 있는 공은 서로 이웃하게 나열하는 경우의 수를 구해 보자.

3이 적혀 있는 흰 공과 검은 공을 한 개의 공으로 생각하여 5개의 공을 일렬로 나열하는 경우의 수는

$5!=120$

이고, 이 두 공의 자리를 서로 바꾸는 경우의 수는

$2!=2$

$\therefore 120\times2=240$

따라서 구하는 확률은

$\frac{240}{720}=\frac{1}{3}$

4 답 ③

X에서 X로의 모든 함수 f의 개수는

${}_4\Pi_4=4^4=256$

이때 $12=1\times3\times4=2\times2\times3$이므로 두 조건 (가), (나)를 만족시키는 함수 f의 개수는

(i) $\{f(1), f(2), f(3)\}=\{1, 3, 4\}$인 경우

조건 (나)에 의하여 $f(4)=2$이므로 가능한 함수 f의 개수는

$3!\times1=6\times1=6$

(ii) $\{f(1), f(2), f(3)\}=\{2, 3\}$인 경우

조건 (나)에 의하여 $f(4)=1$ 또는 $f(4)=4$이므로 가능한 함수 f의 개수는

$2\times\frac{3!}{2!}=2\times3=6$

(i), (ii)에서 $6+6=12$

따라서 구하는 확률은

$\frac{12}{256}=\frac{3}{64}$

5 답 218

1부터 9까지의 자연수 중에서 중복을 허락하여 4개를 선택할 때, 모든 순서쌍 (a, b, c, d)의 개수는

${}_9H_4={}_{12}C_4=495$

이때 $4\le b\le5$인 경우의 수는

(i) $b=4$인 경우

$1\le a\le4\le c\le d\le9$를 만족시키는 순서쌍 (a, c, d)의 개수는

${}_4C_1\times{}_6H_2={}_4C_1\times{}_7C_2=4\times21=84$

(ii) $b=5$인 경우

$1\le a\le5\le c\le d\le9$를 만족시키는 순서쌍 (a, c, d)의 개수는

${}_5C_1\times{}_5H_2={}_5C_1\times{}_6C_2=5\times15=75$

(i), (ii)에서 $84+75=159$

즉, 조건을 만족시킬 확률은

$\frac{159}{495}=\frac{53}{165}$

따라서 $p=165$, $q=53$이므로

$p+q=165+53=218$

6 답 ④

세 수 a, b, c를 순서쌍 (a, b, c)로 나타내면 모든 순서쌍 (a, b, c)의 개수는

$6\times6\times6=216$

(i) 사건 A가 일어나는 경우

$12=1\times2\times6=1\times3\times4=2\times2\times3$

이므로 이를 만족시키는 순서쌍 (a, b, c)의 개수는

$3!+3!+\frac{3!}{2!}=6+6+3=15$

$\therefore P(A)=\frac{15}{216}=\frac{5}{72}$

(ii) 사건 B가 일어나는 경우

$7=1+1+5=1+2+4=1+3+3=2+2+3$

이므로 이를 만족시키는 순서쌍 (a, b, c)의 개수는

$\frac{3!}{2!}+3!+\frac{3!}{2!}+\frac{3!}{2!}=3+6+3+3=15$

$\therefore P(B)=\frac{15}{216}=\frac{5}{72}$

(iii) 두 사건 A, B가 동시에 일어나는 경우

$12=2\times2\times3$, $7=2+2+3$

이므로 이를 만족시키는 순서쌍 (a, b, c)의 개수는

$\frac{3!}{2!}=3$

$\therefore \mathrm{P}(A\cap B)=\frac{3}{216}=\frac{1}{72}$

(i), (ii), (iii)에서

$\mathrm{P}(A\cup B)=\mathrm{P}(A)+\mathrm{P}(B)-\mathrm{P}(A\cap B)$

$=\frac{5}{72}+\frac{5}{72}-\frac{1}{72}=\frac{1}{8}$

7 답 41

X에서 Y로의 모든 함수 f의 개수는

${}_5\Pi_3=5^3=125$

함수 f의 치역의 원소의 최솟값이 2인 사건을 A, 최댓값이 5인 사건을 B라 하자.

(i) 사건 A가 일어나는 경우

이 경우의 수는 치역의 원소 2, 3, 4, 5 중에서 중복을 허락하여 3개를 선택하는 중복순열의 수에서 치역의 원소 3, 4, 5 중에서 중복을 허락하여 3개를 선택하는 중복순열의 수를 뺀 것과 같으므로

${}_4\Pi_3-{}_3\Pi_3=4^3-3^3=37$

$\therefore \mathrm{P}(A)=\frac{37}{125}$

(ii) 사건 B가 일어나는 경우

이 경우의 수는 치역의 원소 1, 2, 3, 4, 5 중에서 중복을 허락하여 3개 선택하는 중복순열의 수에서 치역의 원소 1, 2, 3, 4 중에서 중복을 허락하여 3개를 선택하는 중복순열의 수를 뺀 것과 같으므로

${}_5\Pi_3-{}_4\Pi_3=5^3-4^3=61$

$\therefore \mathrm{P}(B)=\frac{61}{125}$

(iii) 두 사건 A, B가 동시에 일어나는 경우

치역의 원소 2, 2, 5 또는 2, 3, 5 또는 2, 4, 5 또는 2, 5, 5를 일렬로 나열한 후 정의역의 원소 1, 2, 3에 차례대로 대입하면 되므로 이 경우의 수는

$\frac{3!}{2!}+3!+3!+\frac{3!}{2!}=3+6+6+3=18$

$\therefore \mathrm{P}(A\cap B)=\frac{18}{125}$

(i), (ii), (iii)에서 구하는 확률은

$\mathrm{P}(A\cup B)=\mathrm{P}(A)+\mathrm{P}(B)-\mathrm{P}(A\cap B)$

$=\frac{37}{125}+\frac{61}{125}-\frac{18}{125}=\frac{16}{25}$

따라서 $p=25$, $q=16$이므로

$p+q=25+16=41$

8 답 ②

10장의 카드가 들어 있는 상자에서 임의로 3장의 카드를 꺼내는 경우의 수는

${}_{10}\mathrm{C}_3=120$

꺼낸 세 장에 적혀 있는 수의 합이 0이려면 0, 0, 0 또는 1, 0, −1이 하나씩 적혀 있는 카드를 꺼내야 한다.

0, 0, 0이 하나씩 적혀 있는 카드를 꺼내는 사건을 A라 하고, 1, 0, −1이 적혀 있는 카드를 꺼내는 사건을 B라 하자.

(i) 사건 A가 일어나는 경우

0이 적혀 있는 카드 4장 중에서 3장을 꺼내는 경우이므로 이 경우의 수는

${}_4\mathrm{C}_3={}_4\mathrm{C}_1=4$

$\therefore \mathrm{P}(A)=\frac{4}{120}=\frac{1}{30}$

(ii) 사건 B가 일어나는 경우

1이 적혀 있는 카드 3장, 0이 적혀 있는 카드 4장, −1이 적혀 있는 카드 3장 중에서 각각 1장씩 꺼내는 경우이므로 이 경우의 수는

${}_3\mathrm{C}_1\times{}_4\mathrm{C}_1\times{}_3\mathrm{C}_1=3\times4\times3=36$

$\therefore \mathrm{P}(B)=\frac{36}{120}=\frac{3}{10}$

이때 두 사건 A, B는 서로 배반사건이므로 구하는 확률은 (i), (ii)에서

$\mathrm{P}(A\cup B)=\mathrm{P}(A)+\mathrm{P}(B)$

$=\frac{1}{30}+\frac{3}{10}=\frac{1}{3}$

9 답 ⑤

9개의 공 중에서 임의로 4개의 공을 동시에 꺼내는 경우의 수는

${}_9\mathrm{C}_4=126$

꺼낸 4개의 공 중에서 흰 공과 검은 공이 모두 포함되어 있는 사건을 A라 하면 A^C은 모두 같은 색의 공만 꺼내는 사건이다.

사건 A^C이 일어나는 경우는 흰 공만 4개 또는 검은 공만 4개를 꺼내는 경우이므로 이 경우의 수는

${}_4\mathrm{C}_4+{}_5\mathrm{C}_4={}_4\mathrm{C}_0+{}_5\mathrm{C}_1=1+5=6$

$\therefore \mathrm{P}(A^C)=\frac{6}{126}=\frac{1}{21}$

따라서 구하는 확률은

$\mathrm{P}(A)=1-\mathrm{P}(A^C)=1-\frac{1}{21}=\frac{20}{21}$

10 답 ⑤

7장의 카드 중에서 임의로 2장의 카드를 동시에 꺼내는 경우의 수는

${}_7\mathrm{C}_2=21$

꺼낸 카드에 적혀 있는 두 자연수 중에서 가장 큰 수가 5 이상인 사건을 A라 하면 A^C은 두 자연수 중에서 가장 큰 수가 5 미만인 사건이다.

사건 A^C이 일어나는 경우는 1, 2, 3, 4가 하나씩 적혀 있는 4장의 카드 중에서 2장의 카드를 동시에 꺼내는 경우이므로 이 경우의 수는

${}_4C_2=6$

$\therefore P(A^C)=\frac{6}{21}=\frac{2}{7}$

따라서 구하는 확률은

$P(A)=1-P(A^C)=1-\frac{2}{7}=\frac{5}{7}$

11 답 ③

두 사건 A, B^C이 서로 배반사건이므로

$A\subset B$

$\therefore P(A\cap B)=P(A)=\frac{1}{5}$

$P(A)+P(B)=\frac{7}{10}$에서

$\frac{1}{5}+P(B)=\frac{7}{10}$

$\therefore P(B)=\frac{7}{10}-\frac{1}{5}=\frac{1}{2}$

$\therefore P(A^C\cap B)=P(B)-P(A)=\frac{1}{2}-\frac{1}{5}=\frac{3}{10}$

12 답 ③

8개의 공 중에서 임의로 4개의 공을 동시에 꺼내는 경우의 수는

${}_8C_4=70$

꺼낸 공 중에서 검은 공이 2개 이상인 사건을 A라 하면 A^C은 검은 공이 2개 미만인 사건이다.

사건 A^C이 일어나는 경우의 수는

(i) 꺼낸 공 중에서 검은 공이 없는 경우의 수

흰 공 4개 중에서 4개를 꺼내는 경우이므로

${}_4C_4=1$

(ii) 꺼낸 공 중에서 검은 공이 1개인 경우의 수

흰 공 3개와 검은 공 1개를 꺼내는 경우이므로

${}_4C_3\times{}_4C_1=4\times4=16$

(i), (ii)에서 $1+16=17$

$\therefore P(A^C)=\frac{17}{70}$

따라서 구하는 확률은

$P(A)=1-P(A^C)=1-\frac{17}{70}=\frac{53}{70}$

02 조건부확률

개념 Check 58~61쪽

1 $\frac{3}{5}$　2 $\frac{4}{15}$　3 (1) $\frac{105}{512}$ (2) $\frac{15}{128}$

1 답 $\frac{3}{5}$

1부터 10까지의 자연수 중에서

홀수는 1, 3, 5, 7, 9, 소수는 2, 3, 5, 7

사건 A가 일어날 확률은

$P(A)=\frac{5}{10}=\frac{1}{2}$

두 사건 A, B가 동시에 일어날 확률은

$P(A\cap B)=\frac{3}{10}$

$$\therefore P(B|A)=\frac{P(A\cap B)}{P(A)}=\frac{\frac{3}{10}}{\frac{1}{2}}=\frac{3}{5}$$

다른 풀이

$A=\{1, 3, 5, 7, 9\}$이므로

$n(A)=5$

$A\cap B=\{3, 5, 7\}$이므로

$n(A\cap B)=3$

$\therefore P(B|A)=\frac{n(A\cap B)}{n(A)}=\frac{3}{5}$

2 답 $\frac{4}{15}$

흰 공이 4개, 검은 공이 2개 들어 있는 주머니에서 임의로 공을 한 개씩 두 번 꺼낼 때, 첫 번째에 흰 공이 나오는 사건을 A, 두 번째에 검은 공이 나오는 사건을 B라 하면

$P(A)=\frac{4}{6}=\frac{2}{3}$, $P(B|A)=\frac{2}{5}$

따라서 구하는 확률은

$$P(A\cap B)=P(A)P(B|A)=\frac{2}{3}\times\frac{2}{5}=\frac{4}{15}$$

3 답 (1) $\frac{105}{512}$ (2) $\frac{15}{128}$

동전을 한 번 던질 때 앞면이 나올 확률은 $\frac{1}{2}$, 앞면이 나오지 않을 확률, 즉 뒷면이 나올 확률은 $\frac{1}{2}$이므로

(1) ${}_{10}C_4\left(\frac{1}{2}\right)^4\left(\frac{1}{2}\right)^{10-4}=210\times\left(\frac{1}{2}\right)^{10}=\frac{105}{512}$

(2) ${}_{10}C_7\left(\frac{1}{2}\right)^7\left(\frac{1}{2}\right)^{10-7}=120\times\left(\frac{1}{2}\right)^{10}=\frac{15}{128}$

필수 예제 62~68쪽

1 ①	1-1 ④	2 ⑤	2-1 ③
3 ④	3-1 ②	4 ②	4-1 ④
5 ③	5-1 ⑤	6 ④	6-1 ①
7 ①	7-1 ④		

1 답 ①

$P(B|A)=\frac{1}{2}$에서

$\frac{P(A\cap B)}{P(A)}=\frac{1}{2}$

$\therefore P(A)=2P(A\cap B)$

$P(A|B)=\frac{1}{3}$에서

$\frac{P(A\cap B)}{P(B)}=\frac{1}{3}$

$\therefore P(B)=3P(A\cap B)$

이때 $P(A\cup B)=P(A)+P(B)-P(A\cap B)$에서

$\frac{2}{5}=2P(A\cap B)+3P(A\cap B)-P(A\cap B)$

$\frac{2}{5}=4P(A\cap B)$

$\therefore P(A\cap B)=\frac{1}{10}$

1-1 답 ④

$P(A|B)=3P(B|A)$에서

$\frac{P(A\cap B)}{P(B)}=\frac{3P(A\cap B)}{P(A)}$

$\therefore P(B)=\frac{1}{3}P(A)$

이때 $P(A\cup B)=P(A)+P(B)-P(A\cap B)$에서

$\frac{1}{3}=P(A)+\frac{1}{3}P(A)-\frac{1}{15}$

$\frac{4}{3}P(A)=\frac{2}{5}\qquad \therefore P(A)=\frac{3}{10}$

2 답 ⑤

이 조사에 참여한 학생 300명 중에서 임의로 선택한 한 명이 수학여행 코스 B를 선택한 학생인 사건을 X, 남학생인 사건을 Y라 하면 구하는 확률은 $P(Y|X)$이다.

수학여행 코스 B를 선택한 학생은 120명이므로

$n(X)=120$

수학여행 코스 B를 선택한 남학생은 75명이므로

$n(X\cap Y)=75$

따라서 구하는 확률은

$P(Y|X)=\frac{n(X\cap Y)}{n(X)}=\frac{75}{120}=\frac{5}{8}$

다른 풀이

$P(X)=\frac{120}{300}$, $P(X\cap Y)=\frac{75}{300}$

$\therefore P(Y|X)=\frac{P(X\cap Y)}{P(X)}=\frac{\frac{75}{300}}{\frac{120}{300}}=\frac{5}{8}$

2-1 답 ③

이 배드민턴 동아리 학생 36명 중에서 임의로 택한 한 명의 학생이 2학년인 사건을 X, 복식을 선택한 학생인 사건을 Y라 하면 구하는 확률은 $P(Y|X)$이다.

2학년 학생은 21명이므로

$n(X)=21$

복식을 선택한 2학년 학생은 15명이므로

$n(X\cap Y)=15$

따라서 구하는 확률은

$P(Y|X)=\frac{n(X\cap Y)}{n(X)}=\frac{15}{21}=\frac{5}{7}$

다른 풀이

$P(X)=\frac{21}{36}$, $P(X\cap Y)=\frac{15}{36}$

$\therefore P(Y|X)=\frac{P(X\cap Y)}{P(X)}=\frac{\frac{15}{36}}{\frac{21}{36}}=\frac{5}{7}$

3 답 ④

서로 다른 두 주사위를 동시에 던져서 나온 두 눈의 수의 합이 홀수인 사건을 X, 두 눈의 수가 모두 소수인 사건을 Y라 하면 구하는 확률은 $P(Y|X)$이다.

두 눈의 수의 합이 홀수인 경우는

(홀수)+(짝수) 또는 (짝수)+(홀수)

인 경우이므로 이 경우의 수는

$3\times3+3\times3=18$

$\therefore n(X)=18$

두 눈의 수의 합이 홀수이고, 두 눈의 수가 모두 소수인 경우의 수는

(2, 3), (2, 5), (3, 2), (5, 2)의 4

$\therefore n(X\cap Y)=4$

따라서 구하는 확률은

$P(Y|X)=\frac{n(X\cap Y)}{n(X)}=\frac{4}{18}=\frac{2}{9}$

3-1 답 ②

이 학교는 여학생이 40명, 남학생이 60명이므로 전체 학생 수는 100명이다.

학생의 70 %가 축구를 선택하였고 나머지 30 %는 야구를 선택하였으므로 축구를 선택한 학생은 70명, 야구를 선택한 학생은 30명이다.
또한, 축구를 선택한 남학생의 수는

$100\times\frac{2}{5}=40$

즉, 주어진 조건을 표로 나타내면 다음과 같다.

(단위: 명)

	축구	야구	합계
여학생	30	10	40
남학생	40	20	60
합계	70	30	100

이 학교의 학생 중에서 임의로 뽑은 1명이 야구를 선택한 학생인 사건을 X, 여학생인 사건을 Y라 하면 구하는 확률은 $\mathrm{P}(Y|X)$이다.
야구를 선택한 학생은 30명이므로

$n(X)=30$

야구를 선택한 여학생은 10명이므로

$n(X\cap Y)=10$

따라서 구하는 확률은

$\mathrm{P}(Y|X)=\frac{n(X\cap Y)}{n(X)}=\frac{10}{30}=\frac{1}{3}$

4 답 ②

이 주머니에서 A, B 두 사람이 차례대로 공을 임의로 1개씩 꺼낼 때, A가 흰 공을 꺼내는 사건을 X, B가 검은 공을 꺼내는 사건을 Y라 하면 구하는 확률을 $\mathrm{P}(X\cap Y)$이다.
A가 흰 공을 꺼낼 확률은

$\mathrm{P}(X)=\frac{3}{7}$

A가 흰 공을 꺼냈을 때 B가 검은 공을 꺼낼 확률은

$\mathrm{P}(Y|X)=\frac{4}{6}=\frac{2}{3}$

따라서 구하는 확률은

$\mathrm{P}(X\cap Y)=\mathrm{P}(X)\mathrm{P}(Y|X)=\frac{3}{7}\times\frac{2}{3}=\frac{2}{7}$

4-1 답 ④

주머니 A에서 임의로 꺼낸 1개의 공이 흰 공인 사건을 X, 주머니 B에서 임의로 꺼낸 3개의 공 중에서 적어도 한 개가 흰 공인 사건을 Y라 하면 구하는 확률은 $\mathrm{P}(Y)$이다.

(i) 주머니 A에서 임의로 꺼낸 공이 흰 공인 경우
주머니 A에서 임의로 꺼낸 공이 흰 공일 확률은

$\mathrm{P}(X)=\frac{1}{3}$

주머니 A에서 흰 공을 꺼냈을 때, 주머니 B에서 임의로 꺼낸 3개의 공 중에서 적어도 한 개가 흰 공일 확률은

$\mathrm{P}(Y|X)=1-\frac{{}_3\mathrm{C}_3}{{}_7\mathrm{C}_3}=1-\frac{1}{35}=\frac{34}{35}$

$\therefore \mathrm{P}(X\cap Y)=\mathrm{P}(X)\mathrm{P}(Y|X)=\frac{1}{3}\times\frac{34}{35}=\frac{34}{105}$

(ii) 주머니 A에서 임의로 꺼낸 공이 검은 공인 경우
주머니 A에서 임의로 꺼낸 공이 검은 공일 확률은

$\mathrm{P}(X^C)=1-\frac{1}{3}=\frac{2}{3}$

주머니 A에서 검은 공을 꺼냈을 때, 주머니 B에서 임의로 꺼낸 3개의 공 중에서 적어도 한 개가 흰 공일 확률은

$\mathrm{P}(Y|X^C)=1-\frac{{}_4\mathrm{C}_3}{{}_7\mathrm{C}_3}=1-\frac{4}{35}=\frac{31}{35}$

$\therefore \mathrm{P}(X^C\cap Y)=\mathrm{P}(X^C)\mathrm{P}(Y|X^C)=\frac{2}{3}\times\frac{31}{35}=\frac{62}{105}$

(i), (ii)에서 구하는 확률은

$\mathrm{P}(Y)=\mathrm{P}(X\cap Y)+\mathrm{P}(X^C\cap Y)$

$=\frac{34}{105}+\frac{62}{105}=\frac{32}{35}$

5 답 ③

두 사건 A와 B가 서로 독립이므로

$\mathrm{P}(A\cup B)=\mathrm{P}(A)+\mathrm{P}(B)-\mathrm{P}(A\cap B)$

$=\mathrm{P}(A)+\mathrm{P}(B)-\mathrm{P}(A)\mathrm{P}(B)$

$=\mathrm{P}(A)+2\mathrm{P}(A)-\mathrm{P}(A)\{2\mathrm{P}(A)\}$

이때 $\mathrm{P}(A)=p\ (0\le p\le 1)$이라 하면

$\frac{7}{9}=p+2p-2p^2,\ 18p^2-27p+7=0$

$(3p-1)(6p-7)=0 \qquad \therefore p=\frac{1}{3}\ (\because 0\le p\le 1)$

$\therefore \mathrm{P}(A)=\frac{1}{3}$

5-1 답 ⑤

두 사건 A와 B가 서로 독립이므로 두 사건 A^C과 B도 서로 독립이다.

$\mathrm{P}(A^C)=1-\mathrm{P}(A)=1-\frac{1}{4}=\frac{3}{4}$,

$\mathrm{P}(B)=1-\mathrm{P}(B^C)=1-\frac{1}{4}=\frac{3}{4}$

이므로

$\mathrm{P}(A^C\cup B)=\mathrm{P}(A^C)+\mathrm{P}(B)-\mathrm{P}(A^C\cap B)$

$=\mathrm{P}(A^C)+\mathrm{P}(B)-\mathrm{P}(A^C)\mathrm{P}(B)$

$=\frac{3}{4}+\frac{3}{4}-\frac{3}{4}\times\frac{3}{4}=\frac{15}{16}$

6 답 ④

(i) 주머니 A에서 흰 공 1개, 검은 공 1개를 꺼내고, 주머니 B에서 검은 공 2개를 꺼낼 확률

$\frac{{}_2\mathrm{C}_1\times{}_3\mathrm{C}_1}{{}_5\mathrm{C}_2}\times\frac{{}_3\mathrm{C}_2}{{}_4\mathrm{C}_2}=\frac{2\times3}{10}\times\frac{3}{6}=\frac{3}{10}$

(ⅱ) 주머니 A에서 검은 공 2개를 꺼내고, 주머니 B에서 흰 공 1개, 검은 공 1개를 꺼낼 확률

$$\frac{{}_3C_2}{{}_5C_2}\times\frac{{}_1C_1\times{}_3C_1}{{}_4C_2}=\frac{3}{10}\times\frac{1\times3}{6}=\frac{3}{20}$$

(ⅰ), (ⅱ)에서 구하는 확률은

$$\frac{3}{10}+\frac{3}{20}=\frac{9}{20}$$

6-1 답 ①

(ⅰ) $a=1$인 경우

$a=1$이고, $b=1$이어야 하므로 이 경우의 확률은

$$\frac{{}_3C_1}{{}_3\Pi_3}\times\frac{1}{6}=\frac{3}{3^3}\times\frac{1}{6}=\frac{1}{54}$$

(ⅱ) $a=2$인 경우

$a=2$이고, $b=1$ 또는 $b=2$이어야 하므로 이 경우의 확률은

$$\frac{{}_3C_2\times\frac{3!}{2!}\times2}{{}_3\Pi_3}\times\frac{2}{6}=\frac{3\times3\times2}{3^3}\times\frac{1}{3}=\frac{2}{9}$$

(ⅲ) $a=3$인 경우

$a=3$이고, $b=1$ 또는 $b=3$이어야 하므로 이 경우의 확률은

$$\frac{3!}{{}_3\Pi_3}\times\frac{2}{6}=\frac{6}{3^3}\times\frac{1}{3}=\frac{2}{27}$$

(ⅰ), (ⅱ), (ⅲ)에서 구하는 확률은

$$\frac{1}{54}+\frac{2}{9}+\frac{2}{27}=\frac{17}{54}$$

7 답 ①

한 개의 주사위를 5번 던져 나오는 모든 눈의 수의 곱이 $81=3^4$의 배수이려면 3의 배수인 눈이 4번 또는 5번 나와야 한다.

주사위를 한 번 던져 3의 배수의 눈이 나올 확률은

$$\frac{2}{6}=\frac{1}{3}$$

(ⅰ) 3의 배수인 눈이 4번 나올 확률

$${}_5C_4\left(\frac{1}{3}\right)^4\left(\frac{2}{3}\right)^{5-4}=5\times\frac{1}{81}\times\frac{2}{3}=\frac{10}{243}$$

(ⅱ) 3의 배수인 눈이 5번 나올 확률

$${}_5C_5\left(\frac{1}{3}\right)^5\left(\frac{2}{3}\right)^{5-5}=1\times\frac{1}{243}\times1=\frac{1}{243}$$

(ⅰ), (ⅱ)에서 구하는 확률은

$$\frac{10}{243}+\frac{1}{243}=\frac{11}{243}$$

7-1 답 ④

주어진 시행을 4번 반복할 때, 4번째 시행 후 점 P의 좌표가 2 이상인 사건을 A라 하면 A^C은 점 P의 좌표가 2 미만, 즉 0 또는 1인 사건이다.

주사위를 한 번 던져 나오는 눈의 수가 6의 약수일 확률은

$$\frac{4}{6}=\frac{2}{3}$$

(ⅰ) 점 P의 좌표가 0일 확률

6의 약수의 눈이 0번 나올 확률이므로

$${}_4C_0\left(\frac{2}{3}\right)^0\left(\frac{1}{3}\right)^{4-0}=1\times1\times\frac{1}{81}=\frac{1}{81}$$

(ⅱ) 점 P의 좌표가 1일 확률

6의 약수의 눈이 1번 나올 확률이므로

$${}_4C_1\left(\frac{2}{3}\right)^1\left(\frac{1}{3}\right)^{4-1}=4\times\frac{2}{3}\times\frac{1}{27}=\frac{8}{81}$$

(ⅰ), (ⅱ)에서 점 P의 좌표가 2 미만일 확률은

$$P(A^C)=\frac{1}{81}+\frac{8}{81}=\frac{1}{9}$$

따라서 구하는 확률은

$$P(A)=1-P(A^C)=1-\frac{1}{9}=\frac{8}{9}$$

단원 마무리

69~71쪽

1 ③	2 100	3 ③	4 ④
5 ②	6 ④	7 ②	8 30
9 ①	10 ③	11 ③	12 ①

1 답 ③

$P(B|A)=\dfrac{P(A\cap B)}{P(A)}$에서

$$P(A\cap B)=P(A)P(B|A)=\frac{1}{3}\times\frac{1}{4}=\frac{1}{12}$$

$$\therefore P(A\cap B^C)=P(A)-P(A\cap B)=\frac{1}{3}-\frac{1}{12}=\frac{1}{4}$$

2 답 100

180명 중에서 임의로 선택한 1명이 확률과 통계를 선택한 학생인 사건을 X, 여학생인 사건을 Y라 하면 $P(Y|X)=\frac{1}{2}$이다.

이 조사에 참여한 학생 180명 중에서 남학생의 수를 a라 하면 여학생의 수는 $180-a$이다.

이때

$$P(Y|X)=\frac{n(X\cap Y)}{n(X)}=\frac{\frac{1}{2}(180-a)}{\frac{2}{5}a+\frac{1}{2}(180-a)}=\frac{1}{2}$$

에서 $1800-10a=4a+5(180-a)$

$1800-10a=-a+900$

$9a=900 \quad \therefore a=100$

따라서 이 고등학교의 남학생의 수는 100이다.

3 답 ③

꺼낸 2개의 공이 흰 공 1개, 검은 공 1개인 사건을 X, 꺼낸 두 공에 적혀 있는 수의 합이 홀수인 사건을 Y라 하면 구하는 확률은 $\mathrm{P}(Y|X)$이다.

$$\mathrm{P}(X)=\frac{{}_3\mathrm{C}_1\times{}_5\mathrm{C}_1}{{}_8\mathrm{C}_2}=\frac{3\times5}{28}=\frac{15}{28}$$

한편, 꺼낸 2개의 공이 흰 공 1개, 검은 공 1개이고 두 공에 적혀 있는 수의 합이 홀수일 확률은 흰 공, 검은 공에 적혀 있는 수가 각각 홀수, 짝수 또는 짝수, 홀수일 확률이므로

$$\mathrm{P}(X\cap Y)=\frac{{}_2\mathrm{C}_1\times{}_3\mathrm{C}_1+{}_1\mathrm{C}_1\times{}_2\mathrm{C}_1}{{}_8\mathrm{C}_2}=\frac{2\times3+1\times2}{28}=\frac{2}{7}$$

따라서 구하는 확률은

$$\mathrm{P}(Y|X)=\frac{\mathrm{P}(X\cap Y)}{\mathrm{P}(X)}=\frac{\frac{2}{7}}{\frac{15}{28}}=\frac{8}{15}$$

4 답 ④

공집합이 아닌 모든 부분집합 중에서 임의로 선택한 한 집합의 원소의 최댓값이 4인 사건을 X, 최솟값이 2인 사건을 Y라 하면 구하는 확률은 $\mathrm{P}(Y|X)$이다.

집합 $\{1, 2, 3, 4, 5\}$의 공집합이 아닌 모든 부분집합의 개수는

$2^5-1=31$

집합 $\{1, 2, 3, 4, 5\}$의 부분집합 중 원소의 최댓값이 4인 부분집합의 개수는 원소 4는 포함하고 원소 5는 포함하지 않는 부분집합의 개수와 같으므로

$2^{5-1-1}=8$

$\therefore \mathrm{P}(X)=\frac{8}{31}$

집합 $\{1, 2, 3, 4, 5\}$의 부분집합 중 원소의 최댓값이 4, 최솟값이 2인 부분집합의 개수는 원소 2, 4는 포함하고 원소 1, 5는 포함하지 않는 부분집합의 개수와 같으므로

$2^{5-2-2}=2$

$\therefore \mathrm{P}(X\cap Y)=\frac{2}{31}$

따라서 구하는 확률은

$$\mathrm{P}(Y|X)=\frac{\mathrm{P}(Y\cap X)}{\mathrm{P}(X)}=\frac{\frac{2}{31}}{\frac{8}{31}}=\frac{1}{4}$$

5 답 ②

주머니에서 꺼낸 카드에 적혀 있는 수가 3인 사건을 X, 상자에서 꺼낸 공 중에서 검은 공의 개수가 1인 사건을 Y라 하면 구하는 확률은 $\mathrm{P}(Y)$이다.

(ⅰ) 주머니에서 꺼낸 카드에 적혀 있는 수가 3인 경우

주머니에서 3이 적혀 있는 카드를 꺼낼 확률은

$\mathrm{P}(X)=\frac{3}{4}$

주머니에서 3이 적혀 있는 카드를 꺼냈을 때, 카드에 적혀 있는 수만큼의 공을 상자에서 임의로 꺼낸 공 중 검은 공의 개수가 1일 확률은

$$\mathrm{P}(Y|X)=\frac{{}_4\mathrm{C}_2\times{}_2\mathrm{C}_1}{{}_6\mathrm{C}_3}=\frac{6\times2}{20}=\frac{3}{5}$$

$$\therefore \mathrm{P}(X\cap Y)=\mathrm{P}(X)\mathrm{P}(Y|X)=\frac{3}{4}\times\frac{3}{5}=\frac{9}{20}$$

(ⅱ) 주머니에서 꺼낸 카드에 적혀 있는 수가 4인 경우

주머니에서 4가 적혀 있는 카드를 꺼낼 확률은

$\mathrm{P}(X^C)=\frac{1}{4}$

주머니에서 4가 적혀 있는 카드를 꺼냈을 때, 카드에 적혀 있는 수만큼의 공을 상자에서 임의로 꺼낸 공 중 검은 공의 개수가 1일 확률은

$$\mathrm{P}(Y|X^C)=\frac{{}_4\mathrm{C}_3\times{}_2\mathrm{C}_1}{{}_6\mathrm{C}_4}=\frac{4\times2}{15}=\frac{8}{15}$$

$$\therefore \mathrm{P}(X^C\cap Y)=\mathrm{P}(X^C)\mathrm{P}(Y|X^C)=\frac{1}{4}\times\frac{8}{15}=\frac{2}{15}$$

(ⅰ), (ⅱ)에서 구하는 확률은

$$\mathrm{P}(Y)=\mathrm{P}(X\cap Y)+\mathrm{P}(X^C\cap Y)=\frac{9}{20}+\frac{2}{15}=\frac{7}{12}$$

6 답 ④

두 사건 A와 B^C이 서로 독립이므로 두 사건 A와 B도 서로 독립이다.

$\mathrm{P}(A|B)=\mathrm{P}(B|A)$에서

$\frac{\mathrm{P}(A\cap B)}{\mathrm{P}(B)}=\frac{\mathrm{P}(A\cap B)}{\mathrm{P}(A)}$

$\therefore \mathrm{P}(A)=\mathrm{P}(B)$

$\mathrm{P}(A)=\mathrm{P}(B)=p\ (0<p\le1)$이라 하면

$\mathrm{P}(A\cup B)=6\mathrm{P}(A\cap B)$에서

$\mathrm{P}(A)+\mathrm{P}(B)-\mathrm{P}(A\cap B)=6\mathrm{P}(A\cap B)$

$7\mathrm{P}(A\cap B)-\mathrm{P}(A)-\mathrm{P}(B)=0$

$7\{\mathrm{P}(A)\mathrm{P}(B)\}-\mathrm{P}(A)-\mathrm{P}(B)=0$

$7(p\times p)-p-p=0,\ 7p^2-2p=0$

$p(7p-2)=0 \qquad \therefore p=\frac{2}{7}\ (\because 0<p\le1)$

$\therefore \mathrm{P}(B)=\frac{2}{7}$

7 답 ②

(ⅰ) $f(2)=1$, $g(2)=3$일 확률

함수 $f: X \longrightarrow X$ 중에서 임의로 한 개를 선택할 때, 선택한 함수가 $f(2)=1$일 확률은

$\frac{{}_3\Pi_2}{{}_3\Pi_3}=\frac{3^2}{3^3}=\frac{1}{3}$

함수 $g: Y \longrightarrow Y$ 중에서 임의로 한 개를 선택할 때, 선택한 함수가 $g(2)=3$일 확률은

$\frac{{}_3\Pi_2}{{}_3\Pi_3}=\frac{3^2}{3^3}=\frac{1}{3}$

$\therefore \frac{1}{3}\times\frac{1}{3}=\frac{1}{9}$

(ⅱ) $f(2)=2$, $g(2)=2$일 확률

(ⅰ)과 같은 방법으로 $\frac{1}{9}$이다.

(ⅰ), (ⅱ)에서 구하는 확률은

$\frac{1}{9}+\frac{1}{9}=\frac{2}{9}$

8 답 30

주머니에서 임의로 구슬을 1개씩 두 번 꺼낼 때, 검은 구슬이 적어도 1번 나오는 사건을 X라 하면 X^C은 검은 구슬이 1번도 나오지 않는 사건, 즉 흰 구슬만 두 번 나오는 사건이다.

주머니에서 첫 번째 꺼낸 구슬이 흰 공인 사건을 A, 두 번째 꺼낸 구슬이 흰 공인 사건을 B라 하면 두 사건 A, B는 서로 독립이므로

$$\begin{aligned}\mathrm{P}(X^C)&=\mathrm{P}(A\cap B)\\&=\mathrm{P}(A)\mathrm{P}(B)\\&=\frac{10}{10+n}\times\frac{10}{10+n}\\&=\left(\frac{10}{10+n}\right)^2\end{aligned}$$

이때 $\mathrm{P}(X)=\frac{15}{16}$이므로

$1-\mathrm{P}(X^C)=\frac{15}{16}$

$1-\left(\frac{10}{10+n}\right)^2=\frac{15}{16}$, $\frac{100}{(10+n)^2}=\frac{1}{16}$

$(10+n)^2=1600=40^2$, $10+n=40$ ($\because$ n은 자연수)

$\therefore n=30$

9 답 ①

두 사람 A, B가 선택한 수를 순서쌍 (A, B)로 나타내면 A가 이기는 경우의 수는

(3, 2), (5, 2), (5, 4)의 3

이므로 1번의 시행에서 A가 이길 확률은

$\frac{3}{3\times 3}=\frac{1}{3}$

(ⅰ) A가 3회 이길 확률은

${}_4C_3\left(\frac{1}{3}\right)^3\left(\frac{2}{3}\right)^{4-3}=4\times\frac{1}{27}\times\frac{2}{3}=\frac{8}{81}$

(ⅱ) A가 4회 이길 확률은

${}_4C_4\left(\frac{1}{3}\right)^4\left(\frac{2}{3}\right)^{4-4}=1\times\frac{1}{81}\times 1=\frac{1}{81}$

(ⅰ), (ⅱ)에서 구하는 확률은

$\frac{8}{81}+\frac{1}{81}=\frac{1}{9}$

10 답 ③

(ⅰ) 꺼낸 두 공이 같은 색인 경우

꺼낸 두 공이 같은 색일 확률은

$\frac{{}_3C_2+{}_4C_2}{{}_7C_2}=\frac{3+6}{21}=\frac{3}{7}$

한 개의 동전을 두 번 던졌을 때, 앞면이 두 번 나올 확률은

${}_2C_2\left(\frac{1}{2}\right)^2\left(\frac{1}{2}\right)^{2-2}=1\times\frac{1}{4}\times 1=\frac{1}{4}$

즉, 이 경우의 확률은

$\frac{3}{7}\times\frac{1}{4}=\frac{3}{28}$

(ⅱ) 꺼낸 두 공이 다른 색인 경우

꺼낸 두 공이 다른 색일 확률은

$\frac{{}_3C_1\times{}_4C_1}{{}_7C_2}=\frac{3\times 4}{21}=\frac{4}{7}$

한 개의 동전을 세 번 던졌을 때, 앞면이 두 번 나올 확률은

${}_3C_2\left(\frac{1}{2}\right)^2\left(\frac{1}{2}\right)^{3-2}=3\times\frac{1}{4}\times\frac{1}{2}=\frac{3}{8}$

즉, 이 경우의 확률은

$\frac{4}{7}\times\frac{3}{8}=\frac{3}{14}$

(ⅰ), (ⅱ)에서 구하는 확률은

$\frac{3}{28}+\frac{3}{14}=\frac{9}{28}$

11 답 ③

이 조사에 참여한 학생 중에서 임의로 선택한 1명이 남학생인 사건을 X, 휴대폰 요금제 A를 선택한 학생인 사건을 Y라 하면 $\mathrm{P}(Y|X)=\frac{5}{8}$이다.

이때

$n(X)=10a+b$, $\mathrm{P}(X\cap Y)=10a$

이므로

$$\begin{aligned}\mathrm{P}(Y|X)&=\frac{n(X\cap Y)}{n(X)}\\&=\frac{10a}{10a+b}=\frac{5}{8}\end{aligned}$$

에서 $80a=50a+5b$

$\therefore b=6a$ ······ ㉠

한편, 이 조사에 참여한 학생이 200명이므로

$10a+b+(48-2a)+(b-8)=8a+2b+40=200$

$\therefore 4a+b=80$ ⋯⋯ ㉡

㉠, ㉡을 연립하여 풀면

$a=8, b=48$

$\therefore b-a=48-8=40$

12 답 ①

주사위 2개를 동시에 던져 나오는 눈의 수를 순서쌍 (a, b)로 나타내면 모든 순서쌍 (a, b)의 개수는

$6\times6=36$

동전 4개를 동시에 던질 때

(ⅰ) 앞면이 나오는 동전의 개수가 1인 경우의 확률

주사위의 눈의 수가 $(1, 1)$이어야 하므로

$\frac{1}{36}\times{}_4C_1\left(\frac{1}{2}\right)^1\left(\frac{1}{2}\right)^{4-1}=\frac{1}{36}\times4\times\frac{1}{2}\times\frac{1}{8}=\frac{1}{144}$

(ⅱ) 앞면이 나오는 동전의 개수가 2인 경우의 확률

주사위의 눈의 수가 $(1, 2)$, $(2, 1)$이어야 하므로

$\frac{2}{36}\times{}_4C_2\left(\frac{1}{2}\right)^2\left(\frac{1}{2}\right)^{4-2}=\frac{2}{36}\times6\times\frac{1}{4}\times\frac{1}{4}=\frac{1}{48}$

(ⅲ) 앞면이 나오는 동전의 개수가 3인 경우의 확률

주사위의 눈의 수가 $(1, 3)$, $(3, 1)$이어야 하므로

$\frac{2}{36}\times{}_4C_3\left(\frac{1}{2}\right)^3\left(\frac{1}{2}\right)^{4-3}=\frac{2}{36}\times4\times\frac{1}{8}\times\frac{1}{2}=\frac{1}{72}$

(ⅳ) 앞면이 나오는 동전의 개수가 4인 경우의 확률

주사위의 눈의 수가 $(1, 4)$, $(2, 2)$, $(4, 1)$이어야 하므로

$\frac{3}{36}\times{}_4C_4\left(\frac{1}{2}\right)^4\left(\frac{1}{2}\right)^{4-4}=\frac{3}{36}\times1\times\frac{1}{16}\times1=\frac{1}{192}$

(ⅰ)~(ⅳ)에서 구하는 확률은

$\frac{1}{144}+\frac{1}{48}+\frac{1}{72}+\frac{1}{192}=\frac{3}{64}$

Ⅲ. 통계

01 이산확률변수의 확률분포

개념 Check 76~80쪽

1 (1) $\frac{1}{4}$ (2) $\frac{3}{8}$ (3) $\frac{7}{8}$

2 $\frac{19}{10}$

3 $\frac{5}{9}$

4 (1) $E(Y)=5$, $V(Y)=27$, $\sigma(Y)=3\sqrt{3}$

(2) $E(Y)=-4$, $V(Y)=12$, $\sigma(Y)=2\sqrt{3}$

5 $\frac{3}{64}$

6 64

1 답 (1) $\frac{1}{4}$ (2) $\frac{3}{8}$ (3) $\frac{7}{8}$

(1) 확률의 총합은 1이므로

$P(X=0)+P(X=1)+P(X=2)+P(X=3)=1$

$a+\frac{1}{4}+\frac{3}{8}+\frac{1}{8}=1$

$\therefore a=\frac{1}{4}$

(2) $P(X=1 \text{ 또는 } X=3)=P(X=1)+P(X=3)$

$=\frac{1}{4}+\frac{1}{8}=\frac{3}{8}$

(3) $P(0\le X\le2)=P(X=0)+P(X=1)+P(X=2)$

$=\frac{1}{4}+\frac{1}{4}+\frac{3}{8}=\frac{7}{8}$

2 답 $\frac{19}{10}$

$E(X)=1\times\frac{3}{10}+2\times\frac{1}{2}+3\times\frac{1}{5}=\frac{19}{10}$

3 답 $\frac{5}{9}$

$E(X)=(-1)\times\frac{1}{6}+0\times\frac{1}{3}+1\times\frac{1}{2}=\frac{1}{3}$

$E(X^2)=(-1)^2\times\frac{1}{6}+0^2\times\frac{1}{3}+1^2\times\frac{1}{2}=\frac{2}{3}$

$\therefore V(X)=E(X^2)-\{E(X)\}^2=\frac{2}{3}-\left(\frac{1}{3}\right)^2=\frac{5}{9}$

다른 풀이

$m=E(X)=\frac{1}{3}$이므로

$V(X)=E((X-m)^2)$

$=\left(-1-\frac{1}{3}\right)^2\times\frac{1}{6}+\left(0-\frac{1}{3}\right)^2\times\frac{1}{3}+\left(1-\frac{1}{3}\right)^2\times\frac{1}{2}$

$=\frac{5}{9}$

4 답 (1) $E(Y)=5$, $V(Y)=27$, $\sigma(Y)=3\sqrt{3}$

(2) $E(Y)=-4$, $V(Y)=12$, $\sigma(Y)=2\sqrt{3}$

(1) $E(Y)=E(3X-1)=3E(X)-1=6-1=5$
$V(Y)=V(3X-1)=3^2V(X)=27$
$\sigma(Y)=\sqrt{V(Y)}=3\sqrt{3}$
(2) $E(Y)=E(-2X)=-2E(X)=-4$
$V(Y)=V(-2X)=(-2)^2V(X)=12$
$\sigma(Y)=\sqrt{V(Y)}=2\sqrt{3}$

5 답 $\frac{3}{64}$

확률변수 X가 이항분포 $B\left(4, \frac{1}{4}\right)$을 따르므로 확률변수 X의 확률질량함수는

$$P(X=x)={}_4C_x\left(\frac{1}{4}\right)^x\left(1-\frac{1}{4}\right)^{4-x}$$
$$={}_4C_x\left(\frac{1}{4}\right)^x\left(\frac{3}{4}\right)^{4-x}\ (x=0,\ 1,\ 2,\ 3,\ 4)$$
$$\therefore P(X=3)={}_4C_3\left(\frac{1}{4}\right)^3\left(\frac{3}{4}\right)^{4-3}=4\times\frac{1}{64}\times\frac{3}{4}=\frac{3}{64}$$

6 답 64

확률변수 X가 이항분포 $B\left(100, \frac{2}{5}\right)$를 따르므로

$E(X)=100\times\frac{2}{5}=40$

$V(X)=100\times\frac{2}{5}\times\left(1-\frac{2}{5}\right)=24$

$\therefore E(X)+V(X)=40+24=64$

필수 예제 81~87쪽

1 ③	1-1 ②	2 ⑤	2-1 ⑤
3 ③	3-1 9	4 ⑤	4-1 ②
5 ⑤	5-1 ⑤	6 ④	6-1 ④
7 ②	7-1 ①		

1 답 ③

확률의 총합은 1이므로
$P(X=-1)+P(X=0)+P(X=1)+P(X=2)=1$
$a+b+\frac{1}{6}+\frac{1}{3}=1 \qquad \therefore a+b=\frac{1}{2} \qquad \cdots\cdots$ ㉠
$P(|X|=1)=P(X=0)$에서
$P(X=-1)+P(X=1)=P(X=0)$이므로
$a+\frac{1}{6}=b \qquad \therefore a-b=-\frac{1}{6} \qquad \cdots\cdots$ ㉡
㉠, ㉡을 연립하여 풀면
$a=\frac{1}{6},\ b=\frac{1}{3}$
$\therefore 2b-a=2\times\frac{1}{3}-\frac{1}{6}=\frac{1}{2}$

1-1 답 ②

확률의 총합은 1이므로
$P(X=1)+P(X=2)+P(X=3)+P(X=4)$
$+P(X=5)=1$
$\left(k+\frac{1}{6}\right)+\left(2k+\frac{1}{6}\right)+\left(3k+\frac{1}{6}\right)+\left(4k+\frac{1}{6}\right)+\left(5k+\frac{1}{6}\right)=1$
$15k+\frac{5}{6}=1,\ 15k=\frac{1}{6}$
$\therefore k=\frac{1}{90}$
따라서 $P(X=x)=\frac{1}{90}x+\frac{1}{6}$이므로
$P(2\le X\le 3)=P(X=2)+P(X=3)$
$=\left(\frac{1}{45}+\frac{1}{6}\right)+\left(\frac{1}{30}+\frac{1}{6}\right)=\frac{7}{18}$

2 답 ⑤

확률의 총합은 1이므로
$P(X=1)+P(X=2)+P(X=3)+P(X=4)=1$
$\frac{5}{12}+a+b+\frac{1}{4}=1$
$\therefore a+b=\frac{1}{3} \qquad \cdots\cdots$ ㉠
$E(X)=\frac{13}{6}$에서
$1\times\frac{5}{12}+2a+3b+4\times\frac{1}{4}=\frac{13}{6}$
$\therefore 2a+3b=\frac{3}{4} \qquad \cdots\cdots$ ㉡
㉠, ㉡을 연립하여 풀면
$a=\frac{1}{4},\ b=\frac{1}{12}$
$\therefore E(X^2)=1^2\times\frac{5}{12}+2^2\times\frac{1}{4}+3^2\times\frac{1}{12}+4^2\times\frac{1}{4}=\frac{37}{6}$
$\therefore V(X)=E(X^2)-\{E(X)\}^2=\frac{37}{6}-\left(\frac{13}{6}\right)^2=\frac{53}{36}$

2-1 답 ⑤

$E(X)=0\times\frac{1}{10}+1\times\frac{1}{2}+a\times\frac{2}{5}=\frac{1}{2}+\frac{2}{5}a$

$E(X^2)=0^2\times\frac{1}{10}+1^2\times\frac{1}{2}+a^2\times\frac{2}{5}=\frac{1}{2}+\frac{2}{5}a^2$

$\sigma(X)=E(X)$이므로
$V(X)=\{E(X)\}^2$ ($\because \{\sigma(X)\}^2=V(X)$)
이때 $V(X)=E(X^2)-\{E(X)\}^2$이므로
$\{E(X)\}^2=E(X^2)-\{E(X)\}^2$
$2\{E(X)\}^2=E(X^2)$
$2\left(\frac{1}{2}+\frac{2}{5}a\right)^2=\frac{1}{2}+\frac{2}{5}a^2$
$\frac{1}{2}+\frac{4}{5}a+\frac{8}{25}a^2=\frac{1}{2}+\frac{2}{5}a^2$

$a(a-10)=0 \quad \therefore a=10 \ (\because a>1)$

$\therefore \mathrm{E}(X^2)+\mathrm{E}(X)=\left(\frac{1}{2}+40\right)+\left(\frac{1}{2}+4\right)=45$

3 답 ③

확률의 총합은 1이므로

$\mathrm{P}(X=1)+\mathrm{P}(X=2)+\mathrm{P}(X=3)+\mathrm{P}(X=4)=1$

$\left(k+\frac{1}{2}\right)+\left(2k+\frac{1}{2}\right)+\left(3k+\frac{1}{2}\right)+\left(4k+\frac{1}{2}\right)=1$

$10k+2=1, \ 10k=-1 \quad \therefore k=-\frac{1}{10}$

$\therefore \mathrm{P}(X=x)=-\frac{1}{10}x+\frac{1}{2} \ (x=1, 2, 3, 4)$

즉, 확률변수 X의 확률분포를 표로 나타내면 다음과 같다.

X	1	2	3	4	합계
$\mathrm{P}(X=x)$	$\frac{2}{5}$	$\frac{3}{10}$	$\frac{1}{5}$	$\frac{1}{10}$	1

따라서

$\mathrm{E}(X)=1\times\frac{2}{5}+2\times\frac{3}{10}+3\times\frac{1}{5}+4\times\frac{1}{10}=2$

이므로

$\mathrm{E}(2X-1)=2\mathrm{E}(X)-1=4-1=3$

3-1 답 9

확률변수 X가 가질 수 있는 값은 0, 1, 2이고, 그 확률은 각각

$\mathrm{P}(X=0)=\frac{{}_2\mathrm{C}_0\times{}_3\mathrm{C}_2}{{}_5\mathrm{C}_2}=\frac{1\times3}{10}=\frac{3}{10}$,

$\mathrm{P}(X=1)=\frac{{}_2\mathrm{C}_1\times{}_3\mathrm{C}_1}{{}_5\mathrm{C}_2}=\frac{2\times3}{10}=\frac{3}{5}$,

$\mathrm{P}(X=2)=\frac{{}_2\mathrm{C}_2\times{}_3\mathrm{C}_0}{{}_5\mathrm{C}_2}=\frac{1\times1}{10}=\frac{1}{10}$

즉, 확률변수 X의 확률분포를 표로 나타내면 다음과 같다.

X	0	1	2	합계
$\mathrm{P}(X=x)$	$\frac{3}{10}$	$\frac{3}{5}$	$\frac{1}{10}$	1

따라서

$\mathrm{E}(X)=0\times\frac{3}{10}+1\times\frac{3}{5}+2\times\frac{1}{10}=\frac{4}{5}$,

$\mathrm{E}(X^2)=0^2\times\frac{3}{10}+1^2\times\frac{3}{5}+2^2\times\frac{1}{10}=1$

이므로

$\mathrm{V}(X)=\mathrm{E}(X^2)-\{\mathrm{E}(X)\}^2=1-\left(\frac{4}{5}\right)^2=\frac{9}{25}$

$\therefore \mathrm{V}(5X+1)=5^2\mathrm{V}(X)=9$

4 답 ⑤

확률변수 X의 확률질량함수는

$\mathrm{P}(X=x)={}_n\mathrm{C}_x p^x(1-p)^{n-x} \ (x=0, 1, 2, \cdots, n)$

이때

$\mathrm{P}(X=0)={}_n\mathrm{C}_0 p^0(1-p)^n$

$=1\times1\times(1-p)^n=(1-p)^n$

$=\frac{1}{243}=\left(\frac{1}{3}\right)^5$

이고, $n\geq3$, p는 $0<p<1$인 유리수이므로

$n=5, \ 1-p=\frac{1}{3}$

$\therefore n=5, \ p=\frac{2}{3}$

$\therefore \mathrm{P}(X=3)={}_5\mathrm{C}_3\left(\frac{2}{3}\right)^3\left(\frac{1}{3}\right)^2=10\times\frac{8}{27}\times\frac{1}{9}=\frac{80}{243}$

4-1 답 ②

확률변수 X의 확률질량함수는

$\mathrm{P}(X=x)={}_9\mathrm{C}_x p^x(1-p)^{9-x} \ (x=0, 1, 2, \cdots, 9)$

이때 $\mathrm{P}(X=3)=\mathrm{P}(X=6)$에서

${}_9\mathrm{C}_3 p^3(1-p)^6={}_9\mathrm{C}_6 p^6(1-p)^3$

$(1-p)^3=p^3 \ (\because {}_9\mathrm{C}_3={}_9\mathrm{C}_6, \ 0<p<1)$

$1-p=p, \ 2p=1 \quad \therefore p=\frac{1}{2}$

$\therefore \mathrm{P}(X\leq2)$

$=\mathrm{P}(X=0)+\mathrm{P}(X=1)+\mathrm{P}(X=2)$

$={}_9\mathrm{C}_0\left(\frac{1}{2}\right)^0\left(\frac{1}{2}\right)^9+{}_9\mathrm{C}_1\left(\frac{1}{2}\right)^1\left(\frac{1}{2}\right)^8+{}_9\mathrm{C}_2\left(\frac{1}{2}\right)^2\left(\frac{1}{2}\right)^7$

$=\left(\frac{1}{2}\right)^9+9\times\left(\frac{1}{2}\right)^9+36\times\left(\frac{1}{2}\right)^9$

$=(1+9+36)\times\frac{1}{512}=\frac{23}{256}$

5 답 ⑤

한 번의 시행에서 두 개의 동전 모두 앞면이 나올 확률은

$\frac{1}{2}\times\frac{1}{2}=\frac{1}{4}$

즉, 확률변수 X는 이항분포 $\mathrm{B}\left(4, \frac{1}{4}\right)$을 따르므로 확률변수 X의 확률질량함수는

$\mathrm{P}(X=x)={}_4\mathrm{C}_x\left(\frac{1}{4}\right)^x\left(\frac{3}{4}\right)^{4-x} \ (x=0, 1, 2, 3, 4)$

$\therefore \mathrm{P}(X\leq1)=\mathrm{P}(X=0)+\mathrm{P}(X=1)$

$={}_4\mathrm{C}_0\left(\frac{1}{4}\right)^0\left(\frac{3}{4}\right)^4+{}_4\mathrm{C}_1\left(\frac{1}{4}\right)^1\left(\frac{3}{4}\right)^3$

$=1\times1\times\frac{81}{256}+4\times\frac{1}{4}\times\frac{27}{64}$

$=\frac{189}{256}$

5-1 답 ⑤

한 번의 시행에서 소수가 적혀 있는 카드를 뽑을 확률은

$\frac{4}{8}=\frac{1}{2}$

즉, 확률변수 X는 이항분포 $\mathrm{B}\left(5, \frac{1}{2}\right)$을 따르므로 확률변수 X의 확률질량함수는

$$\mathrm{P}(X=x)={}_5\mathrm{C}_x\left(\frac{1}{2}\right)^x\left(\frac{1}{2}\right)^{5-x}$$
$$={}_5\mathrm{C}_x\left(\frac{1}{2}\right)^5\ (x=0,\ 1,\ 2,\ 3,\ 4,\ 5)$$

$$\therefore \mathrm{P}(X\le 4)=1-\mathrm{P}(X=5)$$
$$=1-{}_5\mathrm{C}_5\left(\frac{1}{2}\right)^5$$
$$=1-1\times\frac{1}{32}=\frac{31}{32}$$

6 답 ④

확률변수 X가 이항분포 $\mathrm{B}(36,\ p)$를 따르므로

$\mathrm{E}(X)=36p,\ \sigma(X)=\sqrt{36p(1-p)}$

이때 $\mathrm{E}(X)=\sigma(X)$에서

$36p=\sqrt{36p(1-p)}$

$(36p)^2=36p(1-p)$

$36p=1-p\ (\because 0<p<1)$

$37p=1 \qquad \therefore p=\frac{1}{37}$

6-1 답 ④

확률변수 X가 이항분포 $\mathrm{B}\left(n, \frac{1}{3}\right)$을 따르므로

$\mathrm{V}(X)=n\times\frac{1}{3}\times\frac{2}{3}=\frac{2}{9}n$

이때 $\mathrm{V}(2X)=40$에서

$2^2\mathrm{V}(X)=40,\ \mathrm{V}(X)=10$

$\frac{2}{9}n=10 \qquad \therefore n=45$

7 답 ②

한 번의 시행에서 동전의 앞면이 나올 확률은 $\frac{1}{2}$이다.

즉, 확률변수 X는 이항분포 $\mathrm{B}\left(n, \frac{1}{2}\right)$을 따르므로

$\mathrm{E}(X)=n\times\frac{1}{2}=\frac{n}{2},\ \mathrm{V}(X)=n\times\frac{1}{2}\times\frac{1}{2}=\frac{n}{4},$

$\sigma(X)=\sqrt{\mathrm{V}(X)}=\frac{\sqrt{n}}{2}$

이때 $\mathrm{E}(X)=2\times\sigma(X)$에서

$\frac{n}{2}=2\times\frac{\sqrt{n}}{2}$

$n=2\sqrt{n},\ n^2=4n$

$\therefore n=4\ (\because n$은 자연수)

7-1 답 ①

한 번의 시행에서 두 주사위의 눈의 수의 합이 3의 배수가 나오는 경우의 수는

(1, 2), (2, 1),
(1, 5), (2, 4), (3, 3), (4, 2), (5, 1),
(3, 6), (4, 5), (5, 4), (6, 3),
(6, 6)
의 12

이므로 이 확률은

$\frac{12}{6\times 6}=\frac{1}{3}$

즉, 확률변수 X는 이항분포 $\mathrm{B}\left(100, \frac{1}{3}\right)$을 따르므로

$\mathrm{V}(X)=100\times\frac{1}{3}\times\frac{2}{3}=\frac{200}{9}$

$\therefore \mathrm{V}(aX+10)=a^2\mathrm{V}(X)=\frac{200}{9}a^2$

이때 $\mathrm{V}(aX+10)$이 자연수이어야 하므로 a^2은 9의 배수이어야 한다.

따라서 양수 a의 최솟값은 3이다.

단원 마무리

88~91쪽

1 ④	2 ③	3 ③	4 ①
5 ②	6 11	7 ③	8 ④
9 7	10 ⑤	11 121	12 16

1 답 ④

$$\mathrm{P}(X\le 1)=\mathrm{P}(X=0)+\mathrm{P}(X=1)$$
$$=\frac{{}_4\mathrm{C}_3\times{}_2\mathrm{C}_0}{{}_6\mathrm{C}_3}+\frac{{}_4\mathrm{C}_2\times{}_2\mathrm{C}_1}{{}_6\mathrm{C}_3}$$
$$=\frac{4\times 1}{20}+\frac{6\times 2}{20}=\frac{4}{5}$$

2 답 ③

확률의 총합은 1이므로

$$\mathrm{P}(X=-2)+\mathrm{P}(X=-1)+\mathrm{P}(X=0)+\mathrm{P}(X=1)+\mathrm{P}(X=2)=1$$

$\frac{2}{k}+\frac{1}{k}+\frac{0}{k}+\frac{1}{k}+\frac{2}{k}=1$

$\frac{6}{k}=1 \qquad \therefore k=6$

$\therefore \mathrm{P}(X=x)=\frac{|x|}{6}\ (x=-2,\ -1,\ 0,\ 1,\ 2)$

즉, 확률변수 X의 확률분포를 표로 나타내면 다음과 같다.

X	-2	-1	0	1	2	합계
$\mathrm{P}(X=x)$	$\frac{1}{3}$	$\frac{1}{6}$	0	$\frac{1}{6}$	$\frac{1}{3}$	1

따라서

$$\mathrm{E}(X)=(-2)\times\frac{1}{3}+(-1)\times\frac{1}{6}+0\times 0+1\times\frac{1}{6}+2\times\frac{1}{3}$$
$$=0,$$

$E(X^2)=(-2)^2\times\frac{1}{3}+(-1)^2\times\frac{1}{6}+0^2\times0+1^2\times\frac{1}{6}$

$+2^2\times\frac{1}{3}$

$=3$

이므로

$V(X)=E(X^2)-\{E(X)\}^2=3-0=3$

$\therefore\ \sigma(X)=\sqrt{V(X)}=\sqrt{3}$

$\therefore\ E(X)+\sigma(X)=0+\sqrt{3}=\sqrt{3}$

3 답 ③

$E(X)=a\times\frac{1}{a}+2a\times\left(\frac{1}{2}-\frac{1}{a}\right)+3a\times\frac{1}{3}+6a\times\frac{1}{6}$

$=3a-1$

$E(X^2)=a^2\times\frac{1}{a}+(2a)^2\times\left(\frac{1}{2}-\frac{1}{a}\right)+(3a)^2\times\frac{1}{3}$

$+(6a)^2\times\frac{1}{6}$

$=11a^2-3a$

$\therefore\ V(X)=E(X^2)-\{E(X)\}^2$

$=(11a^2-3a)-(3a-1)^2$

$=(11a^2-3a)-(9a^2-6a+1)$

$=2a^2+3a-1$

이때 $V(X)=26$에서

$2a^2+3a-1=26$

$2a^2+3a-27=0$

$(2a+9)(a-3)=0$

$\therefore\ a=3\ (\because\ a\geq2)$

4 답 ①

확률의 총합은 1이므로

$P(X=0)+P(X=1)+P(X=2)+P(X=3)=1$

$\frac{1}{3}+a+\frac{1}{4}+b=1$

$\therefore\ a+b=\frac{5}{12}$ ······ ㉠

$E(X^2)=\frac{11}{4}$에서

$0^2\times\frac{1}{3}+1^2\times a+2^2\times\frac{1}{4}+3^2\times b=\frac{11}{4}$

$\therefore\ a+9b=\frac{7}{4}$ ······ ㉡

㉠, ㉡을 연립하여 풀면

$a=\frac{1}{4},\ b=\frac{1}{6}$

$\therefore\ E(X)=0\times\frac{1}{3}+1\times\frac{1}{4}+2\times\frac{1}{4}+3\times\frac{1}{6}=\frac{5}{4}$,

$V(X)=E(X^2)-\{E(X)\}^2=\frac{11}{4}-\left(\frac{5}{4}\right)^2=\frac{19}{16}$

$\therefore\ V(-4X+1)=(-4)^2V(X)=19$

5 답 ②

확률변수 X가 가질 수 있는 값은 3, 4, 5, 6, 7이고 그 확률은 각각

$P(X=3)=\frac{1}{{}_4C_2}=\frac{1}{6}$,

$P(X=4)=\frac{1}{{}_4C_2}=\frac{1}{6}$,

$P(X=5)=\frac{2}{{}_4C_2}=\frac{1}{3}$,

$P(X=6)=\frac{1}{{}_4C_2}=\frac{1}{6}$,

$P(X=7)=\frac{1}{{}_4C_2}=\frac{1}{6}$

즉, 확률변수 X의 확률분포를 표로 나타내면 다음과 같다.

X	3	4	5	6	7	합계
$P(X=x)$	$\frac{1}{6}$	$\frac{1}{6}$	$\frac{1}{3}$	$\frac{1}{6}$	$\frac{1}{6}$	1

따라서

$E(X)=3\times\frac{1}{6}+4\times\frac{1}{6}+5\times\frac{1}{3}+6\times\frac{1}{6}+7\times\frac{1}{6}=5$

이므로

$E(3X-2)=3E(X)-2=15-2=13$

6 답 11

확률변수 X의 확률질량함수는

$P(X=x)={}_nC_x\left(\frac{1}{3}\right)^x\left(\frac{2}{3}\right)^{n-x}\ (x=0,\ 1,\ 2,\ \cdots,\ n)$

이때 $P(X=2)=\frac{80}{243}$에서

${}_nC_2\left(\frac{1}{3}\right)^2\left(\frac{2}{3}\right)^{n-2}=\frac{80}{243}$

$\frac{n(n-1)}{2\times1}\times\frac{1}{9}\times\left(\frac{2}{3}\right)^{n-2}=\frac{80}{243}$

$n(n-1)\times\frac{2^{n-3}}{3^n}=\frac{80}{3^5}$

우변의 분모가 3^5이므로 $n\geq5$이어야 한다.

(i) $n=5$일 때, $(5\times4)\times\frac{2^2}{3^5}=\frac{80}{3^5}$

(ii) $n=6$일 때, $(6\times5)\times\frac{2^3}{3^6}=\frac{80}{3^5}$

(iii) $n\geq7$일 때

좌변의 분모가 항상 3^6 이상이므로 조건을 만족시키는 n의 값은 존재하지 않는다.

(i), (ii), (iii)에서 $n=5$ 또는 $n=6$이므로 모든 n의 값의 합은

$5+6=11$

7 답 ③

한 번의 시행에서 나온 두 눈의 수의 곱이 3의 배수가 되는 확률은 전체 확률에서 나온 두 눈의 수의 곱이 3의 배수가 아닐 확률을 빼면 되므로

$1-\left(\frac{2}{3}\right)^2=\frac{5}{9}$

즉, 확률변수 X는 이항분포 $B\left(50,\ \frac{5}{9}\right)$를 따르므로 확률변수 X의 확률질량함수는

$P(X=x)={}_{50}C_x\left(\frac{5}{9}\right)^x\left(\frac{4}{9}\right)^{50-x}$ $(x=0,\ 1,\ 2,\ \cdots,\ 50)$

이때 $\frac{P(X=k+1)}{P(X=k)}=3$에서

$$\frac{{}_{50}C_{k+1}\left(\frac{5}{9}\right)^{k+1}\left(\frac{4}{9}\right)^{49-k}}{{}_{50}C_k\left(\frac{5}{9}\right)^k\left(\frac{4}{9}\right)^{50-k}}=3$$

$$\frac{\frac{50-k}{k+1}\times\frac{5}{9}}{\frac{4}{9}}=3,\ \frac{250-5k}{4k+4}=3$$

$250-5k=12k+12,\ 17k=238$

$\therefore\ k=14$

8 답 ④

확률변수 X가 이항분포 $B(100,\ p)$를 따르므로

$E(X)=100p,\ V(X)=100p(1-p)$

이때 $V\left(\frac{X}{2}\right)=6$에서

$\left(\frac{1}{2}\right)^2V(X)=6,\ V(X)=24$

$100p(1-p)=24,\ 25p(1-p)=6$

$25p^2-25p+6=0,\ (5p-2)(5p-3)=0$

$\therefore\ p=\frac{2}{5}$ 또는 $p=\frac{3}{5}$

(i) $p=\frac{2}{5}$일 때, $E(X)=100\times\frac{2}{5}=40$

(ii) $p=\frac{3}{5}$일 때, $E(X)=100\times\frac{3}{5}=60$

(i), (ii)에서 $E(X)=40$ 또는 $E(X)=60$

따라서 $E(X)$의 최댓값은 60이다.

9 답 7

확률변수 X가 이항분포 $B(n,\ a)$를 따른다고 하면

$E(X)=na,\ V(X)=na(1-a)$

이때 $E(X)=4V(X)=3$에서 $n\neq0,\ a\neq0$이고

$E(X)=4V(X)$에서

$na=4na(1-a)$

$1=4-4a$ ($\because\ n\neq0,\ a\neq0$)

$4a=3\qquad\therefore\ a=\frac{3}{4}$

$E(X)=3$에서

$\frac{3}{4}n=3\qquad\therefore\ n=4$

즉, 확률변수 X의 확률질량함수는

$P(X=x)={}_4C_x\left(\frac{3}{4}\right)^x\left(\frac{1}{4}\right)^{4-x}$ $(x=0,\ 1,\ 2,\ 3,\ 4)$

이므로

$P(X=3)={}_4C_3\left(\frac{3}{4}\right)^3\left(\frac{1}{4}\right)^1=4\times\frac{27}{64}\times\frac{1}{4}=\left(\frac{3}{4}\right)^3$

따라서 $p=4,\ q=3$이므로

$p+q=4+3=7$

10 답 ⑤

한 팀에서 임의로 2명씩 선택할 때, 남자 1명, 여자 1명을 선택할 확률은

$\frac{{}_3C_1\times{}_3C_1}{{}_6C_2}=\frac{3\times3}{15}=\frac{3}{5}$

즉, 확률변수 X는 이항분포 $B\left(150,\ \frac{3}{5}\right)$을 따르므로

$E(X)=150\times\frac{3}{5}=90,$

$V(X)=150\times\frac{3}{5}\times\frac{2}{5}=36,$

$\sigma(X)=\sqrt{36}=6$

$\therefore\ E(X)+\sigma(X)=90+6=96$

11 답 121

두 이산확률변수 $X,\ Y$에 대하여

$$\begin{aligned}E(Y)&=11a+21b+31c+41d\\&=(10+1)a+(20+1)b+(30+1)c+(40+1)d\\&=E(10X+1)=10E(X)+1\\&=10\times2+1=21\end{aligned}$$

또한,

$V(X)=E(X^2)-\{E(X)\}^2=5-2^2=1$

이므로

$V(Y)=V(10X+1)=100V(X)=100$

$\therefore\ E(Y)+V(Y)=21+100=121$

12 답 16

확률변수 X가 이항분포 $B\left(36,\ \frac{2}{3}\right)$를 따르므로

$E(X)=36\times\frac{2}{3}=24,\ V(X)=36\times\frac{2}{3}\times\frac{1}{3}=8$

$\therefore\ E(2X-a)=2E(X)-a=2\times24-a=48-a,$

$V(2X-a)=4V(X)=32$

이때 $E(2X-a)=V(2X-a)$이므로

$48-a=32\qquad\therefore\ a=16$

02 연속확률변수의 확률분포

개념 Check 93~96쪽

1 (1) $\frac{2}{3}$ (2) $\frac{1}{3}$

2 (1) 0.0228 (2) 0.5328 (3) 0.1359 (4) 0.2417

3 (1) $Z=\frac{X-10}{3}$ (2) $Z=\frac{X-50}{4}$

4 (1) $\mathrm{N}(12,\ 3^2)$ (2) $\mathrm{N}(80,\ 8^2)$

1 답 (1) $\frac{2}{3}$ (2) $\frac{1}{3}$

(1) 주어진 함수의 그래프와 x축으로 둘러싸인 부분의 넓이가 1이므로

$\frac{1}{2}\times 3\times a=1$

$\therefore a=\frac{2}{3}$

(2) 주어진 연속확률변수 X의 확률밀도함수를 $f(x)$라 하면

$f(x)=\frac{2}{9}x$

이때 $\mathrm{P}(1\le X\le 2)$의 값은 함수 $y=f(x)$의 그래프와 x축 및 두 직선 $x=1$, $x=2$로 둘러싸인 부분의 넓이와 같으므로

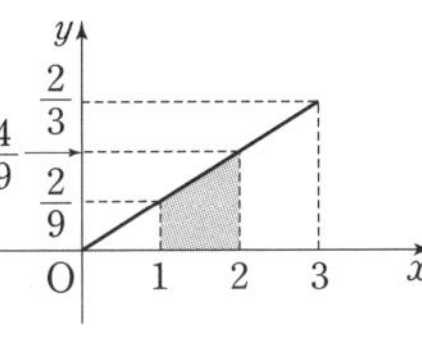

$\frac{1}{2}\times\left(\frac{2}{9}+\frac{4}{9}\right)\times 1=\frac{1}{3}$

다른 풀이

$\mathrm{P}(1\le X\le 2)=\mathrm{P}(0\le X\le 2)-\mathrm{P}(0\le X\le 1)$

$=\frac{1}{2}\times 2\times\frac{4}{9}-\frac{1}{2}\times 1\times\frac{2}{9}=\frac{1}{3}$

2 답 (1) 0.0228 (2) 0.5328 (3) 0.1359 (4) 0.2417

(1) $\mathrm{P}(Z\ge 2)=0.5-\mathrm{P}(0\le Z\le 2)$

$=0.5-0.4772$

$=0.0228$

(2) $\mathrm{P}(-0.5\le Z\le 1)=\mathrm{P}(-0.5\le Z\le 0)+\mathrm{P}(0\le Z\le 1)$

$=\mathrm{P}(0\le Z\le 0.5)+\mathrm{P}(0\le Z\le 1)$

$=0.1915+0.3413$

$=0.5328$

(3) $\mathrm{P}(1\le Z\le 2)=\mathrm{P}(0\le Z\le 2)-\mathrm{P}(0\le Z\le 1)$

$=0.4772-0.3413$

$=0.1359$

(4) $\mathrm{P}(-1.5\le Z\le -0.5)=\mathrm{P}(0.5\le Z\le 1.5)$

$=\mathrm{P}(0\le Z\le 1.5)-\mathrm{P}(0\le Z\le 0.5)$

$=0.4332-0.1915$

$=0.2417$

3 답 (1) $Z=\frac{X-10}{3}$ (2) $Z=\frac{X-50}{4}$

(1) $m=10$, $\sigma=3$이므로

$Z=\frac{X-10}{3}$

(2) $m=50$, $\sigma=\sqrt{16}=4$이므로

$Z=\frac{X-50}{4}$

4 답 (1) $\mathrm{N}(12,\ 3^2)$ (2) $\mathrm{N}(80,\ 8^2)$

(1) $\mathrm{E}(X)=48\times\frac{1}{4}=12$,

$\sigma(X)=\sqrt{48\times\frac{1}{4}\times\frac{3}{4}}=3$

$\therefore \mathrm{N}(12,\ 3^2)$

(2) $\mathrm{E}(X)=400\times\frac{1}{5}=80$,

$\sigma(X)=\sqrt{400\times\frac{1}{5}\times\frac{4}{5}}=8$

$\therefore \mathrm{N}(80,\ 8^2)$

필수 예제 97~101쪽

1 ④	1-1 ④	2 ①	2-1 ②
3 ④	3-1 ③	4 ②	4-1 ④
5 ②	5-1 ②		

1 답 ④

확률변수 X의 확률밀도함수를 $f(x)$라 하면 $0\le x\le a$에서 함수 $y=f(x)$의 그래프와 x축으로 둘러싸인 부분의 넓이가 1이므로

$\frac{1}{2}\times a\times 1=1 \qquad \therefore a=2$

$$\therefore f(x)=\begin{cases} 2x & \left(0\le x\le\frac{1}{2}\right) \\ -\frac{2}{3}x+\frac{4}{3} & \left(\frac{1}{2}\le x\le 2\right)\end{cases}$$

$\therefore \mathrm{P}\left(0\le X\le\frac{a}{2}\right)=\mathrm{P}(0\le X\le 1)$

$=\mathrm{P}(0\le X\le 2)-\mathrm{P}(1\le X\le 2)$

$=1-\frac{1}{2}\times 1\times\frac{2}{3}=\frac{2}{3}$

다른 풀이

$\mathrm{P}(0\le X\le 1)=\mathrm{P}\left(0\le X\le\frac{1}{2}\right)+\mathrm{P}\left(\frac{1}{2}\le X\le 1\right)$

$=\frac{1}{2}\times\frac{1}{2}\times 1+\frac{1}{2}\times\left(1+\frac{2}{3}\right)\times\frac{1}{2}=\frac{2}{3}$

1-1 답 ④

$0\le x\le 2$에서 주어진 확률밀도함수의 그래프와 x축으로 둘러싸인 부분의 넓이가 1이므로

$\frac{1}{2}\times\left\{\left(a-\frac{1}{3}\right)+2\right\}\times\frac{3}{4}=1$

$a+\frac{5}{3}=\frac{8}{3}$ $\quad \therefore a=1$

$\therefore \mathrm{P}\left(\frac{1}{3} \leq X \leq 1\right)=\left(1-\frac{1}{3}\right) \times \frac{3}{4}=\frac{1}{2}$

2 답 ①

확률변수 X의 확률밀도함수를 $f(x)$라 하면 함수 $y=f(x)$의 그래프는 직선 $x=10$에 대하여 대칭이다.

즉,

$$\begin{aligned}\mathrm{P}(6 \leq X \leq 14)&=\mathrm{P}(6 \leq X \leq 10)+\mathrm{P}(10 \leq X \leq 14)\\&=\mathrm{P}(10 \leq X \leq 14)+\mathrm{P}(10 \leq X \leq 14)\\&=2\mathrm{P}(10 \leq X \leq 14)\\&=0.84\end{aligned}$$

에서

$\mathrm{P}(10 \leq X \leq 14)=0.42$

$$\begin{aligned}\therefore \mathrm{P}(X \geq 14)&=1-\mathrm{P}(X \leq 10)-\mathrm{P}(10 \leq X \leq 14)\\&=1-0.5-0.42\\&=0.08\end{aligned}$$

2-1 답 ②

확률변수 X의 확률밀도함수를 $f(x)$라 하면 함수 $y=f(x)$의 그래프는 직선 $x=m$에 대하여 대칭이다.

즉, $\mathrm{P}(X \geq m+k)=\mathrm{P}(X \leq m-k)=0.13$이므로

$$\begin{aligned}\mathrm{P}(|X-m| \leq k)&=\mathrm{P}(-k \leq X-m \leq k)\\&=\mathrm{P}(m-k \leq X \leq m+k)\\&=1-\{\mathrm{P}(X \leq m-k)+\mathrm{P}(X \geq m+k)\}\\&=1-(0.13+0.13)\\&=0.74\end{aligned}$$

3 답 ④

확률변수 X가 정규분포 $\mathrm{N}(12, 2^2)$을 따르므로 $Z=\frac{X-12}{2}$라 하면 확률변수 Z는 표준정규분포 $\mathrm{N}(0, 1)$을 따른다.

$$\begin{aligned}\therefore \mathrm{P}(10 \leq X \leq 16)&=\mathrm{P}\left(\frac{10-12}{2} \leq Z \leq \frac{16-12}{2}\right)\\&=\mathrm{P}(-1 \leq Z \leq 2)\\&=\mathrm{P}(-1 \leq Z \leq 0)+\mathrm{P}(0 \leq Z \leq 2)\\&=\mathrm{P}(0 \leq Z \leq 1)+\mathrm{P}(0 \leq Z \leq 2)\\&=0.3413+0.4772\\&=0.8185\end{aligned}$$

3-1 답 ③

확률변수 X가 정규분포 $\mathrm{N}(m, \sigma^2)$을 따르므로 $Z=\frac{X-m}{\sigma}$이라 하면 확률변수 Z는 표준정규분포 $\mathrm{N}(0, 1)$을 따른다.

이때

$\mathrm{P}(m \leq X \leq m+12)=\mathrm{P}\left(0 \leq Z \leq \frac{12}{\sigma}\right)$,

$$\begin{aligned}\mathrm{P}(X \leq m-12)&=\mathrm{P}\left(Z \leq -\frac{12}{\sigma}\right)\\&=\mathrm{P}\left(Z \geq \frac{12}{\sigma}\right)\\&=0.5-\mathrm{P}\left(0 \leq Z \leq \frac{12}{\sigma}\right)\end{aligned}$$

이므로 $\mathrm{P}(m \leq X \leq m+12)-\mathrm{P}(X \leq m-12)=0.3664$에서

$\mathrm{P}\left(0 \leq Z \leq \frac{12}{\sigma}\right)-\left\{0.5-\mathrm{P}\left(0 \leq Z \leq \frac{12}{\sigma}\right)\right\}=0.3664$

$2\mathrm{P}\left(0 \leq Z \leq \frac{12}{\sigma}\right)=0.8664$

$\therefore \mathrm{P}\left(0 \leq Z \leq \frac{12}{\sigma}\right)=0.4332$

따라서 주어진 표준정규분포표에서 $\mathrm{P}(0 \leq Z \leq 1.5)=0.4332$이므로

$\frac{12}{\sigma}=1.5$ $\quad \therefore \sigma=8$

4 답 ②

이 고등학교의 수학 시험에 응시한 수험생 한 명의 시험 점수를 확률변수 X라 하면 X는 정규분포 $\mathrm{N}(68, 10^2)$을 따르므로 $Z=\frac{X-68}{10}$이라 하면 확률변수 Z는 표준정규분포 $\mathrm{N}(0, 1)$을 따른다.

따라서 구하는 확률은

$$\begin{aligned}\mathrm{P}(55 \leq X \leq 78)&=\mathrm{P}\left(\frac{55-68}{10} \leq Z \leq \frac{78-68}{10}\right)\\&=\mathrm{P}(-1.3 \leq Z \leq 1)\\&=\mathrm{P}(-1.3 \leq Z \leq 0)+\mathrm{P}(0 \leq Z \leq 1)\\&=\mathrm{P}(0 \leq Z \leq 1.3)+\mathrm{P}(0 \leq Z \leq 1)\\&=0.4032+0.3413\\&=0.7445\end{aligned}$$

4-1 답 ④

이 공장에서 생산하는 쿠키 1개의 무게를 확률변수 X라 하면 X는 정규분포 $\mathrm{N}(m, 2^2)$을 따르므로 $Z=\frac{X-m}{2}$이라 하면 확률변수 Z는 표준정규분포 $\mathrm{N}(0, 1)$을 따른다.

이때 이 공장에서 생산하는 쿠키 1개의 무게가 50 g 이하일 확률이 0.0228이므로

$$\begin{aligned}\mathrm{P}(X \leq 50)&=\mathrm{P}\left(Z \leq \frac{50-m}{2}\right)\\&=0.5-\mathrm{P}\left(\frac{50-m}{2} \leq Z \leq 0\right)\\&=0.0228\end{aligned}$$

에서 $\mathrm{P}\left(0 \leq Z \leq \frac{m-50}{2}\right)=0.4772$

주어진 표준정규분포표에서 $\mathrm{P}(0 \leq Z \leq 2)=0.4772$이므로

$\frac{m-50}{2}=2,\ m-50=4$

$\therefore m=54$

5 답 ②

확률변수 X가 이항분포 $B\left(100, \frac{1}{5}\right)$을 따르므로

$E(X)=100\times\frac{1}{5}=20$, $\sigma(X)=\sqrt{100\times\frac{1}{5}\times\frac{4}{5}}=4$

이때 100은 충분히 큰 수이므로 확률변수 X는 근사적으로 정규분포 $N(20, 4^2)$을 따르고, $Z=\frac{X-20}{4}$이라 하면 확률변수 Z는 표준정규분포 $N(0, 1)$을 따른다.

$$\begin{aligned}\therefore P(X\le 16)&=P\left(Z\le\frac{16-20}{4}\right)\\&=P(Z\le -1)\\&=P(Z\ge 1)\\&=0.5-P(0\le Z\le 1)\\&=0.5-0.3413=0.1587\end{aligned}$$

5-1 답 ②

이산확률변수 X는 이항분포 $B\left(180, \frac{1}{6}\right)$을 따르므로

$E(X)=180\times\frac{1}{6}=30$, $\sigma(X)=\sqrt{180\times\frac{1}{6}\times\frac{5}{6}}=5$

이때 180은 충분히 큰 수이므로 확률변수 X는 근사적으로 정규분포 $N(30, 5^2)$을 따르고, $Z=\frac{X-30}{5}$이라 하면 확률변수 Z는 표준정규분포 $N(0, 1)$을 따른다.

$$\begin{aligned}\therefore P(25\le X\le 45)&=P\left(\frac{25-30}{5}\le Z\le\frac{45-30}{5}\right)\\&=P(-1\le Z\le 3)\\&=P(0\le Z\le 1)+P(0\le Z\le 3)\\&=0.3413+0.4987=0.84\end{aligned}$$

단원 마무리 102~105쪽

1 ①	2 ④	3 ②	4 ④
5 ①	6 6	7 12	8 ④
9 ③	10 ⑤	11 ④	12 ⑤

1 답 ①

$0\le x\le 4$에서 주어진 확률밀도함수의 그래프와 x축으로 둘러싸인 부분의 넓이가 1이므로

$\frac{1}{2}\times(2+4)\times a=1$

$3a=1 \qquad \therefore a=\frac{1}{3}$

$P(0\le X\le 1)=\frac{1}{2}\times 1\times\frac{1}{3}=\frac{1}{6}$,

$$\begin{aligned}P(0\le X\le 3)&=P(0\le X\le 1)+P(1\le X\le 3)\\&=\frac{1}{6}+2\times\frac{1}{3}=\frac{5}{6}\end{aligned}$$

이고, $P(0\le X\le b)=\frac{1}{3}$이므로

$1\le b\le 3$

즉,

$$\begin{aligned}P(0\le X\le b)&=P(0\le X\le 1)+P(1\le X\le b)\\&=\frac{1}{6}+P(1\le X\le b)=\frac{1}{3}\end{aligned}$$

에서 $P(1\le X\le b)=\frac{1}{6}$이므로

$(b-1)\times\frac{1}{3}=\frac{1}{6}$

$b-1=\frac{1}{2} \qquad \therefore b=\frac{3}{2}$

$\therefore a+b=\frac{1}{3}+\frac{3}{2}=\frac{11}{6}$

2 답 ④

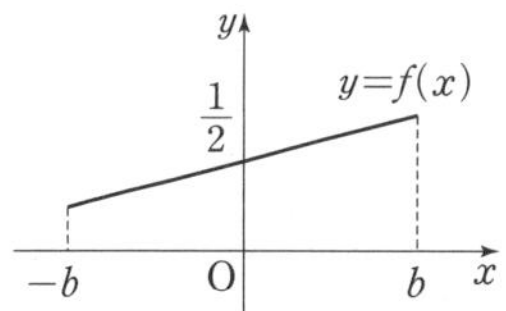

$-b\le x\le b$에서 함수 $y=f(x)$의 그래프와 x축으로 둘러싸인 부분의 넓이가 1이므로

$\frac{1}{2}\times\left\{\left(-ab+\frac{1}{2}\right)+\left(ab+\frac{1}{2}\right)\right\}\times 2b=1$

$\therefore b=1$

이때 $5P(-1\le X\le 0)=3P(0\le X\le 1)$에서

$5\times\frac{1}{2}\left\{\left(-a+\frac{1}{2}\right)+\frac{1}{2}\right\}=3\times\frac{1}{2}\left\{\frac{1}{2}+\left(a+\frac{1}{2}\right)\right\}$

$-5a+5=3a+3$, $8a=2$

$\therefore a=\frac{1}{4}$

$\therefore ab=\frac{1}{4}\times 1=\frac{1}{4}$

3 답 ②

확률변수 X의 확률밀도함수를 $f(x)$라 하면 조건 (가)에 의하여 함수 $y=f(x)$의 그래프는 직선 $x=\frac{20+10}{2}$, 즉 $x=15$에 대하여 대칭이다.

즉,

$P(12\le X\le 15)=P(15\le X\le 18)=0.34$,

$P(18\le X\le 21)$

$=P(X\ge 15)-\{P(15\le X\le 18)+P(X\ge 21)\}$

$=P(X\ge 15)-\{P(15\le X\le 18)+P(X\le 9)\}$

$=0.5-(0.34+0.02)=0.14$

이므로

$P(12\le X\le 21)$

$=P(12\le X\le 15)+P(15\le X\le 18)+P(18\le X\le 21)$

$=0.34+0.34+0.14=0.82$

4 답 ④

$P(a \le X \le b) = 0.73 > 0.5$에서

$a<0,\ b>0$

이때

$$P(0 \le X \le b) = 0.5 - P(X \ge b)$$
$$= 0.5 - P(X \le -b)$$
$$= 0.5 - 0.05 = 0.45$$

이므로

$$P(a \le X \le b) = P(a \le X \le 0) + P(0 \le X \le b)$$
$$= P(a \le X \le 0) + 0.45 = 0.73$$

$\therefore\ P(a \le X \le 0) = 0.28$

$$\therefore\ P(|X| \le -a) = P(a \le X \le 0) + P(0 \le X \le -a)$$
$$= P(a \le X \le 0) + P(a \le X \le 0)$$
$$= 2P(a \le X \le 0)$$
$$= 0.56$$

5 답 ①

확률변수 X가 정규분포 $N(7,\ 2^2)$을 따르므로 $Z = \frac{X-7}{2}$이라 하면 확률변수 Z는 표준정규분포 $N(0,\ 1)$을 따른다.

이때

$$P(4 \le X \le a) = P\left(\frac{4-7}{2} \le Z \le \frac{a-7}{2}\right)$$
$$= P\left(-1.5 \le Z \le \frac{a-7}{2}\right)$$
$$= P(-1.5 \le Z \le 0) + P\left(0 \le Z \le \frac{a-7}{2}\right)$$
$$= P(0 \le Z \le 1.5) + P\left(0 \le Z \le \frac{a-7}{2}\right)$$
$$= 0.4332 + P\left(0 \le Z \le \frac{a-7}{2}\right)$$
$$= 0.6247$$

에서 $P\left(0 \le Z \le \frac{a-7}{2}\right) = 0.1915$

주어진 표준정규분포표에서 $P(0 \le Z \le 0.5) = 0.1915$이므로

$\frac{a-7}{2} = 0.5$

$a-7=1$

$\therefore\ a=8$

6 답 6

확률변수 X가 정규분포 $N(12,\ 3^2)$을 따르므로 $Z = \frac{X-12}{3}$라 하면 확률변수 Z는 표준정규분포 $N(0,\ 1)$을 따른다.

이때

$$P(k \le X \le 21) = P\left(\frac{k-12}{3} \le Z \le \frac{21-12}{3}\right)$$
$$= P\left(\frac{k-12}{3} \le Z \le 3\right)$$
$$= P(-3 \le Z \le 2)$$
$$= P(-2 \le Z \le 3)$$

에서 $\frac{k-12}{3} = -2$

$k-12=-6$

$\therefore\ k=6$

7 답 12

두 확률변수 $X,\ Y$가 각각 정규분포 $N(10,\ 4^2),\ N(16,\ 2^2)$을 따르므로 $Z_X = \frac{X-10}{4},\ Z_Y = \frac{Y-16}{2}$이라 하면 두 확률변수 $Z_X,\ Z_Y$는 모두 표준정규분포 $N(0,\ 1)$을 따른다.

이때 $P(X \le 18) + P(Y \le a) = 1$에서

$$P\left(Z_X \le \frac{18-10}{4}\right) + P\left(Z_Y \le \frac{a-16}{2}\right) = 1$$

$$P(Z_X \le 2) + P\left(Z_Y \le \frac{a-16}{2}\right) = 1$$

$$P(Z_X \ge -2) + P\left(Z_Y \le \frac{a-16}{2}\right) = 1$$

$-2 = \frac{a-16}{2}$

$a-16=-4$

$\therefore\ a=12$

8 답 ④

이 고등학교 학생의 수학 성적을 확률변수 X라 하면 X는 정규분포 $N(m,\ 20^2)$을 따르므로 $Z = \frac{X-m}{20}$이라 하면 확률변수 Z는 표준정규분포 $N(0,\ 1)$을 따른다.

이때 이 고등학교 학생 중에서 임의로 한 명을 뽑았을 때 수학 성적이 90점 이상일 확률이 6.68 %이므로

$$P(X \ge 90) = P\left(Z \ge \frac{90-m}{20}\right)$$
$$= 0.5 - P\left(0 \le Z \le \frac{90-m}{20}\right)$$
$$= 0.0668$$

$\therefore\ P\left(0 \le Z \le \frac{90-m}{20}\right) = 0.4332$

주어진 표준정규분포표에서 $P(0 \le Z \le 1.5) = 0.4332$이므로

$\frac{90-m}{20} = 1.5$

$90-m=30$

$\therefore\ m=60$

9 답 ③

확률변수 X가 이항분포 $B\left(256,\ \frac{1}{2}\right)$을 따르므로

$$E(X) = 256 \times \frac{1}{2} = 128,\ \sigma(X) = \sqrt{256 \times \frac{1}{2} \times \frac{1}{2}} = 8$$

이때 256은 충분히 큰 수이므로 확률변수 X는 근사적으로 정규분포 $N(128,\ 8^2)$을 따르고, $Z = \frac{X-128}{8}$이라 하면 확률변수 Z는 표준정규분포 $N(0,\ 1)$을 따른다.

$\therefore\ \mathrm{P}(124\le X\le 138)=\mathrm{P}\left(\frac{124-128}{8}\le Z\le \frac{138-128}{8}\right)$
$=\mathrm{P}(-0.5\le Z\le 1.25)$
$=\mathrm{P}(-0.5\le Z\le 0)+\mathrm{P}(0\le Z\le 1.25)$
$=\mathrm{P}(0\le Z\le 0.5)+\mathrm{P}(0\le Z\le 1.25)$
$=0.1915+0.3944$
$=0.5859$

10 답 ⑤

한 번의 시행에서 흰 공이 나올 확률은 $\frac{3}{5}$이므로 확률변수 X는 이항분포 $\mathrm{B}\left(150,\ \frac{3}{5}\right)$을 따른다.

$\therefore\ \mathrm{E}(X)=150\times\frac{3}{5}=90,\ \sigma(X)=\sqrt{150\times\frac{3}{5}\times\frac{2}{5}}=6$

이때 150은 충분히 큰 수이므로 확률변수 X는 근사적으로 정규분포 $\mathrm{N}(90,\ 6^2)$을 따르고, $Z=\frac{X-90}{6}$이라 하면 확률변수 Z는 표준정규분포 $\mathrm{N}(0,\ 1)$을 따른다.

따라서

$\mathrm{P}(X\ge n)=\mathrm{P}\left(Z\ge\frac{n-90}{6}\right)$
$=\mathrm{P}\left(\frac{n-90}{6}\le Z\le 0\right)+0.5$
$=\mathrm{P}\left(0\le Z\le\frac{90-n}{6}\right)+0.5$
$=0.9772$

에서

$\mathrm{P}\left(0\le Z\le\frac{90-n}{6}\right)=0.4772$

주어진 표준정규분포표에서 $\mathrm{P}(0\le Z\le 2)=0.4772$이므로

$\frac{90-n}{6}=2$

$90-n=12$

$\therefore\ n=78$

11 답 ④

주어진 그래프는 $x=1$에서 최댓값을 갖고 직선 $x=1$에 대하여 대칭이므로 $\mathrm{P}\left(a\le X\le a+\frac{1}{2}\right)$의 값이 최대가 되려면 $a\le x\le a+\frac{1}{2}$에서 확률밀도함수의 그래프가 직선 $x=1$에 대하여 대칭이어야 한다.

즉, a와 $a+\frac{1}{2}$의 평균이 1이어야 하므로

$\frac{a+\left(a+\frac{1}{2}\right)}{2}=1$에서

$2a+\frac{1}{2}=2$

$2a=\frac{3}{2}\qquad\therefore\ a=\frac{3}{4}$

12 답 ⑤

이 농장에서 수확하는 파프리카 1개의 무게를 확률변수 X라 하면 X는 정규분포 $\mathrm{N}(180,\ 20^2)$을 따르므로 $Z=\frac{X-180}{20}$이라 하면 확률변수 Z는 표준정규분포 $\mathrm{N}(0,\ 1)$을 따른다.

따라서 구하는 확률은

$\mathrm{P}(190\le X\le 210)=\mathrm{P}\left(\frac{190-180}{20}\le Z\le\frac{210-180}{20}\right)$
$=\mathrm{P}(0.5\le Z\le 1.5)$
$=\mathrm{P}(0\le Z\le 1.5)-\mathrm{P}(0\le Z\le 0.5)$
$=0.4332-0.1915$
$=0.2417$

03 통계적 추정

개념 Check 107~111쪽

1 (1) $\overline{X}=3,\ S^2=3,\ S=\sqrt{3}$ (2) $\overline{X}=3,\ S^2=1,\ S=1$

2 (1) $E(\overline{X})=40,\ V(\overline{X})=\frac{9}{64},\ \sigma(\overline{X})=\frac{3}{8}$

(2) $E(\overline{X})=20,\ V(\overline{X})=\frac{1}{25},\ \sigma(\overline{X})=\frac{1}{5}$

3 0.0228

4 (1) $9.02\le m\le 10.98$ (2) $8.71\le m\le 11.29$

5 (1) 1.96 (2) 2.58

---

1 답 (1) $\overline{X}=3,\ S^2=3,\ S=\sqrt{3}$ (2) $\overline{X}=3,\ S^2=1,\ S=1$

(1) $\overline{X}=\frac{1}{3}\times(1+4+4)=3$

$S^2=\frac{1}{3-1}\times\{(1-3)^2+(4-3)^2+(4-3)^2\}=3$

$S=\sqrt{3}$

(2) $\overline{X}=\frac{1}{3}\times(2+3+4)=3$

$S^2=\frac{1}{3-1}\times\{(2-3)^2+(3-3)^2+(4-3)^2\}=1$

$S=\sqrt{1}=1$

2 답 (1) $E(\overline{X})=40,\ V(\overline{X})=\frac{9}{64},\ \sigma(\overline{X})=\frac{3}{8}$

(2) $E(\overline{X})=20,\ V(\overline{X})=\frac{1}{25},\ \sigma(\overline{X})=\frac{1}{5}$

(1) $E(\overline{X})=40,\ V(\overline{X})=\frac{3^2}{64}=\frac{9}{64},\ \sigma(\overline{X})=\sqrt{\frac{9}{64}}=\frac{3}{8}$

(2) $E(\overline{X})=20,\ V(\overline{X})=\frac{2^2}{100}=\frac{1}{25},\ \sigma(\overline{X})=\sqrt{\frac{1}{25}}=\frac{1}{5}$

3 답 0.0228

표본평균 $\overline{X}$는 정규분포 $N\left(120,\ \frac{8^2}{16}\right)$, 즉 $N(120,\ 2^2)$을 따르므로 $Z=\frac{\overline{X}-120}{2}$이라 하면 확률변수 Z는 표준정규분포 $N(0,\ 1)$을 따른다.

$\therefore P(\overline{X}\ge 124)=P\left(Z\ge\frac{124-120}{2}\right)$

$=P(Z\ge 2)$

$=0.5-P(0\le Z\le 2)$

$=0.5-0.4772=0.0228$

4 답 (1) $9.02\le m\le 10.98$ (2) $8.71\le m\le 11.29$

표본평균이 10, 모표준편차가 3, 표본의 크기가 36이므로

(1) $10-1.96\times\frac{3}{\sqrt{36}}\le m\le 10+1.96\times\frac{3}{\sqrt{36}}$

$\therefore 9.02\le m\le 10.98$

(2) $10-2.58\times\frac{3}{\sqrt{36}}\le m\le 10+2.58\times\frac{3}{\sqrt{36}}$

$\therefore 8.71\le m\le 11.29$

5 답 (1) 1.96 (2) 2.58

표본의 크기는 16, 모표준편차는 2이므로

(1) $2\times 1.96\times\frac{2}{\sqrt{16}}=1.96$

(2) $2\times 2.58\times\frac{2}{\sqrt{16}}=2.58$

필수 예제 112~116쪽

1 ③	1-1 ⑤	2 ③	2-1 ①
3 ①	3-1 ③	4 ③	4-1 ②
5 ③	5-1 ⑤		

1 답 ③

$E(\overline{X})=30,\ \sigma(\overline{X})=\frac{6}{\sqrt{9}}=2$

$\therefore E(\overline{X})\times\sigma(\overline{X})=30\times 2=60$

1-1 답 ⑤

모집단의 확률변수를 X라 하면 X는 이항분포 $B\left(72,\ \frac{1}{3}\right)$을 따르므로

$E(X)=72\times\frac{1}{3}=24,\ V(X)=72\times\frac{1}{3}\times\frac{2}{3}=16$

따라서

$E(\overline{X})=24,\ V(\overline{X})=\frac{16}{4}=4$

이므로

$E(\overline{X}^2)=V(\overline{X})+\{E(\overline{X})\}^2=4+24^2=580$

2 답 ③

확률의 총합은 1이므로

$\frac{1}{3}+\frac{1}{6}+a=1,\ \frac{1}{2}+a=1\qquad\therefore a=\frac{1}{2}$

따라서

$E(X)=(-1)\times\frac{1}{3}+0\times\frac{1}{6}+1\times\frac{1}{2}=\frac{1}{6}$,

$E(X^2)=(-1)^2\times\frac{1}{3}+0^2\times\frac{1}{6}+1^2\times\frac{1}{2}=\frac{5}{6}$,

$V(X)=E(X^2)-\{E(X)\}^2=\frac{5}{6}-\left(\frac{1}{6}\right)^2=\frac{29}{36}$

이므로

$V(\overline{X})=\frac{\frac{29}{36}}{4}=\frac{29}{144}$

2-1 답 ①

확률변수 X가 가질 수 있는 값은 0, 1, 2이고, 각각의 확률은

$$P(X=0)=\frac{{}_2C_0\times{}_2C_2}{{}_4C_2}=\frac{1\times1}{6}=\frac{1}{6},$$

$$P(X=1)=\frac{{}_2C_1\times{}_2C_1}{{}_4C_2}=\frac{2\times2}{6}=\frac{2}{3},$$

$$P(X=2)=\frac{{}_2C_2\times{}_2C_0}{{}_4C_2}=\frac{1\times1}{6}=\frac{1}{6}$$

따라서

$$E(X)=0\times\frac{1}{6}+1\times\frac{2}{3}+2\times\frac{1}{6}=1,$$

$$E(X^2)=0^2\times\frac{1}{6}+1^2\times\frac{2}{3}+2^2\times\frac{1}{6}=\frac{4}{3},$$

$$V(X)=E(X^2)-\{E(X)\}^2=\frac{4}{3}-1^2=\frac{1}{3}$$

이므로

$$\sigma(\overline{X})=\frac{\sqrt{\frac{1}{3}}}{\sqrt{12}}=\frac{1}{6}$$

3 답 ①

이 공장에서 생산하는 빵 1개의 무게를 확률변수 X라 하면 X는 정규분포 $N(100, 10^2)$을 따른다.

또한, 이 공장에서 생산한 빵 중 임의추출한 25개의 무게의 표본평균을 $\overline{X}$라 하면 $\overline{X}$는 정규분포 $N\left(100, \left(\frac{10}{\sqrt{25}}\right)^2\right)$, 즉 $N(100, 2^2)$을 따르므로 $Z=\frac{\overline{X}-100}{2}$이라 하면 확률변수 Z는 표준정규분포 $N(0, 1)$을 따른다.

따라서 구하는 확률은

$$\begin{aligned}P(\overline{X}\ge104)&=P\left(Z\ge\frac{104-100}{2}\right)\\&=P(Z\ge2)\\&=0.5-P(0\le Z\le2)\\&=0.5-0.4772\\&=0.0228\end{aligned}$$

3-1 답 ③

이 회사에서 일하는 플랫폼 근로자의 일주일 근무 시간을 확률변수 X라 하면 X는 정규분포 $N(m, 5^2)$을 따른다.

또한, 이 회사에서 일하는 플랫폼 근로자 중에서 임의추출한 36명의 일주일 근무 시간의 표본평균을 $\overline{X}$라 하면 $\overline{X}$는 정규분포 $N\left(m, \left(\frac{5}{\sqrt{36}}\right)^2\right)$, 즉 $N\left(m, \left(\frac{5}{6}\right)^2\right)$을 따르므로 $Z=\frac{\overline{X}-m}{\frac{5}{6}}$이라 하면 확률변수 Z는 표준정규분포 $N(0, 1)$을 따른다.

이때 $P(\overline{X}\ge38)=0.9332$이므로

$$\begin{aligned}P(\overline{X}\ge38)&=P\left(Z\ge\frac{38-m}{\frac{5}{6}}\right)\\&=P\left(Z\ge\frac{6}{5}(38-m)\right)\\&=P\left(\frac{6}{5}(38-m)\le Z\le0\right)+P(Z\ge0)\\&=P\left(0\le Z\le\frac{6}{5}(m-38)\right)+0.5\\&=0.9332\end{aligned}$$

$\therefore P\left(0\le Z\le\frac{6}{5}(m-38)\right)=0.4332$

주어진 표준정규분포표에서 $P(0\le Z\le1.5)=0.4332$이므로

$\frac{6}{5}(m-38)=1.5$, $m-38=1.25$

$\therefore m=39.25$

4 답 ③

표본평균이 330, 모표준편차가 20, 표본의 크기가 100이므로 모평균 m에 대한 신뢰도 95 %의 신뢰구간은

$$330-1.96\times\frac{20}{\sqrt{100}}\le m\le330+1.96\times\frac{20}{\sqrt{100}}$$

$\therefore 326.08\le m\le333.92$

따라서 $a=326.08$, $b=333.92$이므로

$b-a=333.92-326.08=7.84$

4-1 답 ②

샴푸 16개를 임의추출하여 얻은 샴푸 1개의 용량의 표본평균을 $\overline{x_1}$라 하면 모평균 m에 대한 신뢰도 95 %의 신뢰구간이 $746.1\le m\le755.9$이므로

$\overline{x_1}-1.96\times\frac{\sigma}{\sqrt{16}}\le m\le\overline{x_1}+1.96\times\frac{\sigma}{\sqrt{16}}$에서

$\overline{x_1}-1.96\times\frac{\sigma}{4}\le m\le\overline{x_1}+1.96\times\frac{\sigma}{4}$

$\overline{x_1}-0.49\sigma\le m\le\overline{x_1}+0.49\sigma$

$\therefore 746.1=\overline{x_1}-0.49\sigma$ …… ㉠

$755.9=\overline{x_1}+0.49\sigma$ …… ㉡

㉡−㉠을 하면

$9.8=0.98\sigma$

$\therefore \sigma=10$

샴푸 n개를 임의추출하여 얻은 샴푸 1개의 용량의 표본평균을 $\overline{x_2}$라 하면 모평균 m에 대한 신뢰도 99 %의 신뢰구간은

$$\overline{x_2}-2.58\times\frac{10}{\sqrt{n}}\le m\le\overline{x_2}+2.58\times\frac{10}{\sqrt{n}}$$

이 신뢰구간이 $a\le m\le b$이므로

$a=\overline{x_2}-2.58\times\frac{10}{\sqrt{n}}$, $b=\overline{x_2}+2.58\times\frac{10}{\sqrt{n}}$

$\therefore b-a=2\times2.58\times\frac{10}{\sqrt{n}}=\frac{51.6}{\sqrt{n}}$

이때 $b-a$의 값이 6 이하가 되어야 하므로

$\frac{51.6}{\sqrt{n}} \le 6$에서 $51.6 \le 6 \times \sqrt{n}$

$\therefore \sqrt{n} \ge 8.6$

위의 식의 양변을 제곱하면

$n \ge 73.96$

따라서 자연수 n의 최솟값은 74이다.

5 답 ③

표본평균이 $\overline{x}$, 모표준편차가 σ, 표본의 크기가 n이므로 모평균 m에 대한 신뢰도 95 %의 신뢰구간은

$\overline{x}-1.96\times\frac{\sigma}{\sqrt{n}} \le m \le \overline{x}+1.96\times\frac{\sigma}{\sqrt{n}}$

위의 신뢰구간이 $56.08 \le m \le 63.92$이므로

$\overline{x}-1.96\times\frac{\sigma}{\sqrt{n}}=56.08$ ...... ㉠

$\overline{x}+1.96\times\frac{\sigma}{\sqrt{n}}=63.92$ ...... ㉡

㉠+㉡을 하면

$2\overline{x}=120$

$\therefore \overline{x}=60$

5-1 답 ⑤

표본평균이 $\overline{x}$, 모표준편차가 σ, 표본의 크기가 25이므로 모평균 m에 대한 신뢰도 99 %의 신뢰구간은

$\overline{x}-2.58\times\frac{\sigma}{\sqrt{25}} \le m \le \overline{x}+2.58\times\frac{\sigma}{\sqrt{25}}$

위의 신뢰구간이 $269.68 \le m \le 290.32$이므로

$\overline{x}-2.58\times\frac{\sigma}{\sqrt{25}}=269.68$ ...... ㉠

$\overline{x}+2.58\times\frac{\sigma}{\sqrt{25}}=290.32$ ...... ㉡

㉠+㉡을 하면

$2\overline{x}=560 \quad \therefore \overline{x}=280$

㉡−㉠을 하면

$2\times2.58\times\frac{\sigma}{\sqrt{25}}=20.64$

$\frac{\sigma}{5}=4 \quad \therefore \sigma=20$

$\therefore \overline{x}+\sigma=280+20=300$

단원 마무리 117~119쪽

1 ②	2 23	3 ⑤	4 ③
5 ④	6 ⑤	7 36	8 ③
9 ⑤	10 3	11 ②	12 ⑤

1 답 ②

주어진 모집단이 정규분포 $\mathrm{N}(m, 5^2)$을 따르므로

$\sigma(\overline{X})=\frac{5}{\sqrt{n}}$

이때 $\sigma(\overline{X}) \le 0.2$에서

$\frac{5}{\sqrt{n}} \le 0.2,\ \frac{\sqrt{n}}{5} \ge 5\ (\because n>0)$

$\sqrt{n} \ge 25 \quad \therefore n \ge 625$

따라서 자연수 n의 최솟값은 625이다.

2 답 23

모평균이 m, 모표준편차가 σ인 정규분포를 따르는 확률변수를 X라 하면

$\mathrm{E}(X)=m,\ \mathrm{V}(X)=\sigma^2$

이때 표본의 크기가 36이므로

$\mathrm{E}(\overline{X})=m,\ \mathrm{V}(\overline{X})=\frac{\sigma^2}{36}$

주어진 조건에서 $\mathrm{E}(\overline{X})=20,\ \mathrm{V}(\overline{X})=\frac{1}{4}$이므로

$m=20,\ \frac{\sigma^2}{36}=\frac{1}{4}$

$\therefore m=20,\ \sigma=3$

$\therefore m+\sigma=20+3=23$

3 답 ⑤

확률의 총합은 1이므로

$\mathrm{P}(X=1)+\mathrm{P}(X=2)+\mathrm{P}(X=3)+\mathrm{P}(X=4)=1$

$\frac{1}{k}+\frac{2}{k}+\frac{3}{k}+\frac{4}{k}=1$

$\frac{10}{k}=1$

$\therefore k=10$

즉, 확률변수 X의 확률분포를 표로 나타내면 다음과 같다.

X	1	2	3	4	합계
$\mathrm{P}(X=x)$	$\frac{1}{10}$	$\frac{1}{5}$	$\frac{3}{10}$	$\frac{2}{5}$	1

따라서

$\mathrm{E}(X)=1\times\frac{1}{10}+2\times\frac{1}{5}+3\times\frac{3}{10}+4\times\frac{2}{5}=3,$

$$\mathrm{V}(X)=(1-3)^2\times\frac{1}{10}+(2-3)^2\times\frac{1}{5}+(3-3)^2\times\frac{3}{10}+(4-3)^2\times\frac{2}{5}=1$$

이므로

$\mathrm{E}(\overline{X})=3,\ \mathrm{V}(\overline{X})=\frac{1}{4}$

$\therefore \mathrm{E}(\overline{X}^2)=\mathrm{V}(\overline{X})+\{\mathrm{E}(\overline{X})\}^2=\frac{1}{4}+3^2=\frac{37}{4}$

4 답 ③

$\mathrm{E}(X)=0\times\frac{1}{4}+1\times\frac{1}{2}+2\times\frac{1}{4}=1$

$\mathrm{V}(X)=(0-1)^2\times\frac{1}{4}+(1-1)^2\times\frac{1}{2}+(2-1)^2\times\frac{1}{4}=\frac{1}{2}$

$\therefore \mathrm{V}(\overline{X})=\frac{1}{2n}$

이때 $\mathrm{V}(\overline{X})=\frac{1}{20}$에서

$\frac{1}{2n}=\frac{1}{20}\qquad \therefore n=10$

5 답 ④

이 나무의 나뭇잎 1개의 길이를 확률변수 X라 하면 X는 정규분포 $\mathrm{N}(10,\ 2^2)$을 따른다.
또한, 이 나무의 나뭇잎 중에서 임의추출한 100개의 나뭇잎의 길이의 표본평균을 $\overline{X}$라 하면 $\overline{X}$는 정규분포 $\mathrm{N}\left(10,\ \left(\frac{2}{\sqrt{100}}\right)^2\right)$, 즉 $\mathrm{N}(10,\ 0.2^2)$을 따르므로 $Z=\frac{\overline{X}-10}{0.2}$이라 하면 확률변수 Z는 표준정규분포 $\mathrm{N}(0,\ 1)$을 따른다.
따라서 구하는 확률은

$$\begin{aligned}\mathrm{P}(9.5\le\overline{X}\le10.2)&=\mathrm{P}\left(\frac{9.5-10}{0.2}\le Z\le\frac{10.2-10}{0.2}\right)\\&=\mathrm{P}(-2.5\le Z\le1)\\&=\mathrm{P}(-2.5\le Z\le0)+\mathrm{P}(0\le Z\le1)\\&=\mathrm{P}(0\le Z\le2.5)+\mathrm{P}(0\le Z\le1)\\&=0.4938+0.3413=0.8351\end{aligned}$$

6 답 ⑤

이 엘리베이터를 이용하는 사람의 체중을 확률변수 X라 하면 X는 정규분포 $\mathrm{N}(75,\ 20^2)$을 따른다.
또한, 이 엘리베이터를 이용한 사람 중에서 임의추출한 16명의 체중의 표본평균을 $\overline{X}$라 하면 $\overline{X}$는 정규분포 $\mathrm{N}\left(75,\ \left(\frac{20}{\sqrt{16}}\right)^2\right)$, 즉 $\mathrm{N}(75,\ 5^2)$을 따르므로 $Z=\frac{\overline{X}-75}{5}$라 하면 확률변수 Z는 표준정규분포 $\mathrm{N}(0,\ 1)$을 따른다.
따라서 구하는 확률은

$$\begin{aligned}\mathrm{P}(16\overline{X}\ge1360)&=\mathrm{P}(\overline{X}\ge85)\\&=\mathrm{P}\left(Z\ge\frac{85-75}{5}\right)\\&=\mathrm{P}(Z\ge2)\\&=0.5-\mathrm{P}(0\le Z\le2)\\&=0.5-0.4772=0.0228\end{aligned}$$

7 답 36

표본평균의 값을 $\overline{x}$라 하면 모표준편차가 30, 표본의 크기가 n이므로 모평균 m에 대한 신뢰도 95 %의 신뢰구간은

$\overline{x}-1.96\times\frac{30}{\sqrt{n}}\le m\le\overline{x}+1.96\times\frac{30}{\sqrt{n}}$

위의 신뢰구간이 $80.2\le m\le99.8$이므로

$\overline{x}-1.96\times\frac{30}{\sqrt{n}}=80.2\qquad\cdots\cdots$ ㉠

$\overline{x}+1.96\times\frac{30}{\sqrt{n}}=99.8\qquad\cdots\cdots$ ㉡

㉡－㉠을 하면

$2\times1.96\times\frac{30}{\sqrt{n}}=19.6$

$\sqrt{n}=6\qquad\therefore n=36$

8 답 ③

표본평균의 값을 $\overline{x}$라 하면 모표준편차가 18, 표본의 크기가 81이고, $\mathrm{P}(|Z|\le k)=\frac{\alpha}{100}$라 하면 모평균 m을 신뢰도 α %로 추정한 신뢰구간은

$\overline{x}-k\times\frac{18}{\sqrt{81}}\le m\le\overline{x}+k\times\frac{18}{\sqrt{81}}$

$\therefore \overline{x}-2k\le m\le\overline{x}+2k$

위의 신뢰구간이 $a\le m\le b$이므로

$a=\overline{x}-2k,\ b=\overline{x}+2k$

이때 $b-a=6$이므로

$(\overline{x}+2k)-(\overline{x}-2k)=6$

$4k=6\qquad\therefore k=1.5$

따라서 $\mathrm{P}(|Z|\le1.5)=\frac{\alpha}{100}$이므로

$$\begin{aligned}\alpha&=100\mathrm{P}(|Z|\le1.5)\\&=100\mathrm{P}(-1.5\le Z\le1.5)\\&=100\{\mathrm{P}(-1.5\le Z\le0)+\mathrm{P}(0\le Z\le1.5)\}\\&=100\{\mathrm{P}(0\le Z\le1.5)+\mathrm{P}(0\le Z\le1.5)\}\\&=200\mathrm{P}(0\le Z\le1.5)\\&=200\times0.43=86\end{aligned}$$

9 답 ⑤

표본평균이 250, 모표준편차가 σ, 표본의 크기가 100이므로 모평균 m에 대한 신뢰도 99 %의 신뢰구간은

$250-2.58\times\frac{\sigma}{\sqrt{100}}\le m\le250+2.58\times\frac{\sigma}{\sqrt{100}}$

위의 신뢰구간이 $a\le m\le262.9$이므로

$250-2.58\times\frac{\sigma}{\sqrt{100}}=a\qquad\cdots\cdots$ ㉠

$250+2.58\times\frac{\sigma}{\sqrt{100}}=262.9\qquad\cdots\cdots$ ㉡

㉡에서

$2.58\times\sigma=129$

$\therefore \sigma=50$

$\sigma=50$을 ㉠에 대입하면

$250-2.58\times\frac{50}{\sqrt{100}}=a$

$\therefore a=250-12.9=237.1$

$\therefore a+\sigma=237.1+50=287.1$

10 답 3

$P(|Z|\le k)=\frac{\alpha}{100}$라 하고 표본의 크기가 36인 표본의 표본평균을 $\overline{x_1}$라 하면 모표준편차가 σ이므로 모평균 m에 대한 신뢰도 α %의 신뢰구간은

$\overline{x_1}-k\times\frac{\sigma}{\sqrt{36}}\le m\le\overline{x_1}+k\times\frac{\sigma}{\sqrt{36}}$

위의 신뢰구간이 $a\le m\le b$이므로

$a=\overline{x_1}-k\times\frac{\sigma}{\sqrt{36}}$, $b=\overline{x_1}+k\times\frac{\sigma}{\sqrt{36}}$

$\therefore b-a=\left(\overline{x_1}+k\times\frac{\sigma}{\sqrt{36}}\right)-\left(\overline{x_1}-k\times\frac{\sigma}{\sqrt{36}}\right)=\frac{k\sigma}{3}$

표본의 크기가 4인 표본의 표본평균을 $\overline{x_2}$라 하면 모표준편차가 σ이므로 모평균 m에 대한 신뢰도 α %의 신뢰구간은

$\overline{x_2}-k\times\frac{\sigma}{\sqrt{4}}\le m\le\overline{x_2}+k\times\frac{\sigma}{\sqrt{4}}$

위의 신뢰구간이 $c\le m\le d$이므로

$c=\overline{x_2}-k\times\frac{\sigma}{\sqrt{4}}$, $d=\overline{x_2}+k\times\frac{\sigma}{\sqrt{4}}$

$\therefore d-c=\left(\overline{x_2}+k\times\frac{\sigma}{\sqrt{4}}\right)-\left(\overline{x_2}-k\times\frac{\sigma}{\sqrt{4}}\right)=k\sigma$

이때 $t(b-a)=d-c$에서

$t\times\frac{k\sigma}{3}=k\sigma$

$\therefore t=3$

11 답 ②

정규분포 $N(20,\ 5^2)$을 따르는 모집단에서 크기가 16인 표본을 임의추출하였으므로

$E(\overline{X})=20$, $\sigma(\overline{X})=\frac{5}{\sqrt{16}}=\frac{5}{4}$

$\therefore E(\overline{X})+\sigma(\overline{X})=20+\frac{5}{4}=\frac{85}{4}$

12 답 ⑤

확률변수 X의 표준편차를 σ라 하면 X는 정규분포 $N(220,\ \sigma^2)$을 따른다.

또한, 표본평균 $\overline{X}$는 정규분포 $N\left(220,\ \left(\frac{\sigma}{\sqrt{n}}\right)^2\right)$을 따르므로

$Z_{\overline{X}}=\frac{\overline{X}-220}{\frac{\sigma}{\sqrt{n}}}$이라 하면 확률변수 $Z_{\overline{X}}$는 표준정규분포 $N(0,\ 1)$을 따른다.

이때 $P(\overline{X}\le 215)=0.1587$이므로

$$\begin{aligned}P(\overline{X}\le 215)&=P\left(Z_{\overline{X}}\le\frac{215-220}{\frac{\sigma}{\sqrt{n}}}\right)\\&=P\left(Z_{\overline{X}}\le-\frac{5\sqrt{n}}{\sigma}\right)\\&=P\left(Z_{\overline{X}}\ge\frac{5\sqrt{n}}{\sigma}\right)\\&=0.5-P\left(0\le Z_{\overline{X}}\le\frac{5\sqrt{n}}{\sigma}\right)\\&=0.1587\end{aligned}$$

$\therefore P\left(0\le Z_{\overline{X}}\le\frac{5\sqrt{n}}{\sigma}\right)=0.3413$

주어진 표준정규분포표에서 $P(0\le Z\le 1)=0.3413$이므로

$\frac{5\sqrt{n}}{\sigma}=1$ $\quad\therefore \frac{\sigma}{\sqrt{n}}=5$ ...... ㉠

한편, 조건 (나)에 의하여 확률변수 Y의 표준편차는 $\frac{3}{2}\sigma$이므로 Y는 정규분포 $N\left(240,\ \left(\frac{3}{2}\sigma\right)^2\right)$을 따른다.

또한, 표본평균 $\overline{Y}$는 정규분포 $N\left(240,\ \left(\frac{\frac{3}{2}\sigma}{\sqrt{9n}}\right)^2\right)$, 즉 $N\left(240,\ \left(\frac{5}{2}\right)^2\right)$ ($\because$ ㉠)을 따르므로 $Z_{\overline{Y}}=\frac{\overline{Y}-240}{\frac{5}{2}}$이라 하면 확률변수 $Z_{\overline{Y}}$는 표준정규분포 $N(0,\ 1)$을 따른다.

$$\begin{aligned}\therefore P(\overline{Y}\ge 235)&=P\left(Z_{\overline{Y}}\ge\frac{235-240}{\frac{5}{2}}\right)\\&=P(Z_{\overline{Y}}\ge-2)\\&=P(Z_{\overline{Y}}\le 2)\\&=P(Z_{\overline{Y}}\le 0)+P(0\le Z_{\overline{Y}}\le 2)\\&=0.5+0.4772=0.9772\end{aligned}$$

I. 경우의 수

01 여러 가지 순열

3~10쪽

1 ②	2 ③	3 ①	4 ④
5 840	6 ④	7 ⑤	8 ④
9 ②	10 ④	11 ⑤	12 ③
13 ⑤	14 ⑤	15 ①	16 ④
17 ②	18 ④	19 ④	20 ③
21 ①	22 ⑤	23 720	24 ⑤
25 ③	26 ①	27 ②	28 ③
29 ⑤	30 ②	31 25	32 ⑤

1 답 ②

8명이 원형으로 둘러앉는 경우의 수는

$(8-1)!=7!$

이때 원형으로 둘러앉는 각 경우에서 주어진 정사각형 모양의 탁자에서는 다음 그림과 같이 서로 다른 경우가 2가지씩 생긴다.

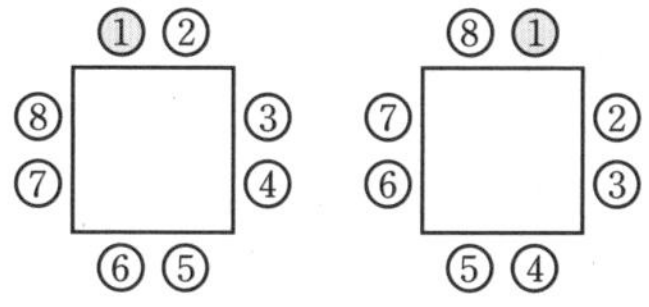

따라서 정사각형 모양의 탁자에 8명이 둘러앉는 경우의 수는

$7!\times2$

$\therefore k=2$

다른 풀이

8명이 일렬로 앉는 순열의 수는 8!이고, 이를 정사각형 모양으로 배열하면 다음 그림과 같이 회전하여 일치하는 경우가 4가지씩 생긴다.

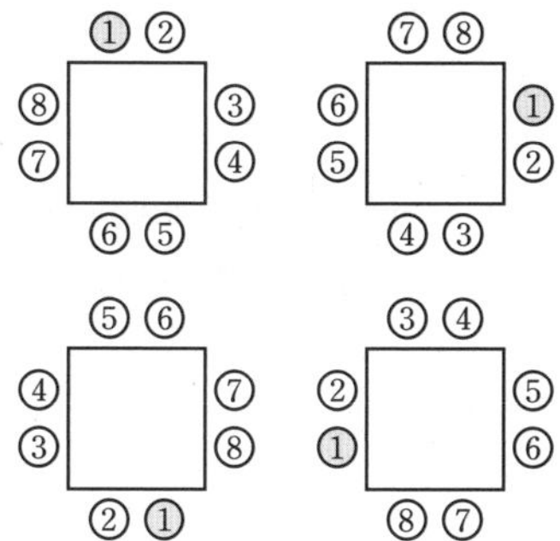

따라서 정사각형 모양의 탁자에 8명이 둘러앉는 경우의 수는

$\frac{8!}{4}=7!\times2$

$\therefore k=2$

2 답 ③

3학년 학생 4명이 원 모양의 탁자에 둘러앉는 경우의 수는

$(4-1)!=3!=6$

3학년 학생 사이사이의 4개의 자리 중에서 2학년 학생 3명이 앉는 경우의 수는

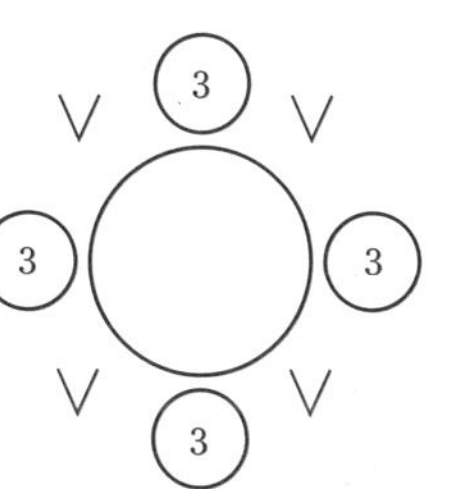

${}_4P_3=24$

따라서 구하는 경우의 수는

$6\times24=144$

3 답 ①

1학년 학생 2명, 2학년 학생 2명을 각각 한 학생으로 생각하여 5명의 학생이 원 모양의 탁자에 둘러앉는 경우의 수는

$(5-1)!=4!=24$

1학년 학생 2명이 서로 자리를 바꾸는 경우의 수는

$2!=2$

2학년 학생 2명이 서로 자리를 바꾸는 경우의 수는

$2!=2$

따라서 구하는 경우의 수는

$24\times2\times2=96$

4 답 ④

남학생 3명이 원 모양의 탁자에 둘러앉는 경우의 수는

$(3-1)!=2!=2$

남학생 사이사이의 3개의 자리에 여학생 3명이 둘러앉는 경우의 수는

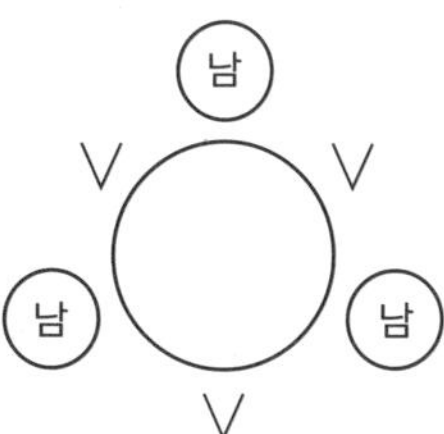

${}_3P_3=6$

따라서 구하는 경우의 수는

$2\times6=12$

5 답 840

가운데 원에 7개의 색 중 하나를 선택하여 색칠하는 경우의 수는

7

나머지 6개의 원에 가운데 원에 색칠한 색을 제외한 6개의 색을 모두 사용하여 색칠하는 경우의 수는

$(6-1)!=5!=120$

따라서 구하는 경우의 수는

$7\times120=840$

6 답 ④

두 반원을 색칠하는 경우의 수는

${}_6C_2\times(2-1)!=15\times1!=15\times1=15$

두 반원을 제외한 나머지 4개의 영역을 색칠하는 경우의 수는

$4!=24$

따라서 구하는 경우의 수는

$15\times24=360$

7 답 ⑤

서로 다른 7가지의 색 중 6가지 색을 선택하는 경우의 수는

${}_7C_6={}_7C_1=7$

선택한 6가지의 색을 원형으로 배열하는 경우의 수는

$(6-1)!=5!=120$

이 각각의 경우에 대하여 주어진 6개의 영역을 색칠하는 경우에는 다음 그림과 같이 서로 다른 것이 3가지씩 생긴다.

①	②	③
⑥	⑤	④

⑥	①	②
⑤	④	③

⑤	⑥	①
④	③	②

따라서 구하는 경우의 수는

$7\times120\times3=2520$

다른 풀이

6가지 색을 일렬로 나열하는 순열의 수는 6!이고, 이를 주어진 6개의 영역에 배열하면 다음 그림과 같이 회전하여 일치하는 경우가 2가지씩 생긴다.

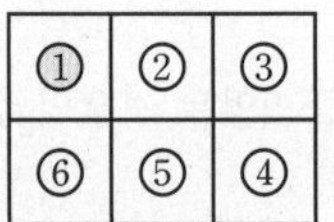

④	⑤	⑥
③	②	①

따라서 구하는 경우의 수는

$7\times\frac{6!}{2}=2520$

8 답 ④

구하는 경우의 수는 서로 다른 6가지의 색을 6개의 영역에 색칠하는 경우의 수에서 빨간색과 파란색이 이웃하도록 색칠하는 경우의 수를 뺀 것과 같다.

서로 다른 6가지의 색을 6개의 영역에 색칠하는 경우의 수는

$(6-1)!=5!=120$

빨간색과 파란색이 이웃하도록 색칠하는 경우의 수는

$(5-1)!\times2!=4!\times2!=24\times2=48$

따라서 구하는 경우의 수는

$120-48=72$

9 답 ②

서로 다른 공책 4권을 세 학생 A, B, C에게 남김없이 나누어 주는 경우의 수는

${}_3\Pi_4=3^4=81$

서로 다른 연필 3자루를 세 학생 A, B, C에게 1자루씩 나누어 주는 경우의 수는

$3!=6$

따라서 구하는 경우의 수는

$81\times6=486$

10 답 ④

학생 A에게 나누어 줄 사탕을 선택하는 경우의 수는

${}_6C_2=15$

학생 A에게 나누어 주고 남은 사탕 4개를 두 학생 B, C에게 남김없이 나누어 주는 경우의 수는

${}_2\Pi_4=2^4=16$

이때 학생 B 또는 학생 C에게만 사탕 4개를 나누어 주는 경우의 수는

2

따라서 구하는 경우의 수는

$15\times(16-2)=210$

11 답 ⑤

$n(A\cup B)=4$이므로 전체집합 U의 7개의 원소 중에서 집합 $A\cup B$의 원소 4개를 정하는 경우의 수는

${}_7C_4={}_7C_3=35$

$A\cap B=\varnothing$에서 두 집합 A, B의 원소를 정하는 경우의 수는 서로 다른 2개의 집합 A, B 중에서 중복을 허락하여 4개를 선택하는 중복순열의 수와 같으므로

${}_2\Pi_4=2^4=16$

따라서 구하는 모든 순서쌍 (A, B)의 개수는

$35\times16=560$

12 답 ③

조건 (가)를 만족시키도록 양 끝에 모두 두 대문자 X, Y 중 한 문자를 나열하는 경우의 수는

${}_2\Pi_2=2^2=4$

조건 (나)에 의하여 양 끝을 제외한 네 자리 중 한 자리는 문자 a가 나열되어야 하므로 이 경우의 수는

${}_4C_1=4$

양 끝과 문자 a가 나열된 세 자리를 제외한 나머지 세 자리에 세 문자 b, X, Y 중 한 문자를 나열하는 경우의 수는

${}_3\Pi_3=3^3=27$

따라서 구하는 경우의 수는

$4\times4\times27=432$

13 답 ⑤

천의 자리 수를 정하는 경우의 수는

1, 2, 3, 4의 4

백의 자리, 십의 자리, 일의 자리 수를 정하는 경우의 수는 5개의 숫자 0, 1, 2, 3, 4 중에서 중복을 허락하여 3개를 선택하는 중복순열의 수와 같으므로

${}_5\Pi_3=5^3=125$

따라서 구하는 자연수의 개수는

$4\times125=500$

14 답 ⑤

만의 자리 수를 정하는 경우의 수는

2, 3의 2

천의 자리, 백의 자리, 십의 자리 수를 정하는 경우의 수는 5개의 숫자 1, 2, 3, 4, 5 중에서 중복을 허락하여 3개를 선택하는 중복순열의 수와 같으므로

${}_5\Pi_3=5^3=125$

일의 자리 수를 정하는 경우의 수는

2, 4의 2

따라서 구하는 짝수의 개수는

$2\times125\times2=500$

15 답 ①

(i) 숫자 1을 포함하지 않는 경우

백의 자리, 십의 자리, 일의 자리 수를 정하는 경우의 수는 4개의 숫자 2, 3, 4, 5 중에서 중복을 허락하여 3개를 선택하는 중복순열의 수와 같으므로

${}_4\Pi_3=4^3=64$

(ii) 숫자 1을 한 개 포함하는 경우

1이 들어갈 한 자리를 정하는 경우의 수는

${}_3C_1=3$

1이 들어간 자리를 제외한 나머지 두 자리의 수를 정하는 경우의 수는 4개의 숫자 2, 3, 4, 5 중에서 중복을 허락하여 2개를 선택하는 중복순열의 수와 같으므로

${}_4\Pi_2=4^2=16$

즉, 이 경우의 자연수의 개수는

$3\times16=48$

(i), (ii)에서 구하는 자연수의 개수는

$64+48=112$

16 답 ④

(i) 십의 자리 수는 짝수, 일의 자리 수는 홀수인 경우

십의 자리 수를 정하는 경우의 수는

2, 4의 2

일의 자리 수를 정하는 경우의 수는

1, 3, 5의 3

천의 자리, 백의 자리 수를 정하는 경우의 수는 5개의 숫자 1, 2, 3, 4, 5 중에서 중복을 허락하여 2개를 선택하는 중복순열의 수와 같으므로

${}_5\Pi_2=5^2=25$

즉, 이 경우의 자연수의 개수는

$2\times3\times25=150$

(ii) 십의 자리 수는 홀수, 일의 자리 수는 짝수인 경우

자연수의 개수는 (i)과 같은 방법으로 150이다.

(i), (ii)에서 구하는 자연수의 개수는

$150+150=300$

17 답 ②

(i) $f(1)\times f(2)=1$인 함수 f의 개수

$f(1)=f(2)=1$

$f(3)$, $f(4)$, $f(5)$의 값을 정하는 경우의 수는 공역의 원소 1, 2, 3, 4, 5의 5개 중에서 중복을 허락하여 3개를 선택하는 중복순열의 수와 같으므로

${}_5\Pi_3=5^3=125$

$\therefore\ 1\times125=125$

(ii) $f(1)\times f(2)=2$인 함수 f의 개수

$f(1)$, $f(2)$의 값을 정하는 경우의 수는

$f(1)=1$, $f(2)=2$ 또는 $f(1)=2$, $f(2)=1$의 2

$f(3)$, $f(4)$, $f(5)$의 값을 정하는 경우의 수는 (i)과 같은 방법으로 125이다.

$\therefore\ 2\times125=250$

(i), (ii)에서 구하는 함수 f의 개수는

$125+250=375$

18 답 ④

조건 (가)에 의하여 $f(1)$, $f(2)$는 모두 홀수이고,

조건 (나)에서 $f(2)+f(3)+f(4)$는 짝수이므로

$f(3)+f(4)$는 홀수이어야 한다.

(i) $f(3)$은 짝수, $f(4)$는 홀수인 경우

$f(1)$, $f(2)$, $f(4)$의 값을 정하는 경우의 수는 공역의 원소 중 홀수인 1, 3, 5, 7의 4개 중에서 중복을 허락하여 3개를 선택하는 중복순열의 수와 같으므로

${}_4\Pi_3=4^3=64$

$f(3)$의 값을 정하는 경우의 수는

2, 4, 6의 3

즉, 함수 f의 개수는

$64\times3=192$

(ii) $f(3)$은 홀수, $f(4)$는 짝수인 경우

함수 f의 개수는 (i)과 같은 방법으로 192이다.

(i), (ii)에서 구하는 함수 f의 개수는

$192+192=384$

19 답 ④

조건 (나)에 의하여 정의역 X의 원소 중 홀수와 짝수는 서로 다른 함숫값을 가져야 한다.

(ⅰ) $f(2)=f(4)$인 경우

$f(2)$, $f(4)$의 값을 정하는 경우의 수는

6, 7, 8의 3

이 각각에 대하여 $f(1)$, $f(3)$, $f(5)$의 값을 정하는 경우의 수는 $f(2)$, $f(4)$로 정한 값을 제외한 나머지 2개의 값에서 중복을 허락하여 3개를 선택하는 중복순열의 수에서 1개만 선택하는 경우의 수를 빼면 되므로

${}_2\Pi_3-2=2^3-2=6$

즉, 조건을 만족시키는 함수 f의 개수는

$3\times6=18$

(ⅱ) $f(2)\neq f(4)$인 경우

$f(2)$, $f(4)$의 값을 정하는 경우의 수는

${}_3P_2=6$

이 각각에 대하여 $f(1)$, $f(3)$, $f(5)$의 값은 $f(2)$, $f(4)$로 정한 값을 제외한 나머지 1개의 값으로 정해야 하므로 이 경우의 수는 1이다.

즉, 조건을 만족시키는 함수 f의 개수는

$6\times1=6$

(ⅰ), (ⅱ)에서 구하는 함수 f의 개수는

$18+6=24$

20 답 ③

구하는 함수의 개수는 집합 $X=\{1, 2, 3, 4, 5\}$에서 집합 $Y=\{1, 2, 3\}$으로의 모든 함수의 개수에서 $x\times f(x)>10$인 집합 X의 원소가 존재하는 함수 f의 개수를 빼면 된다.

집합 $X=\{1, 2, 3, 4, 5\}$에서 집합 $Y=\{1, 2, 3\}$으로의 모든 함수의 개수는

${}_3\Pi_5=3^5=243$

한편, $x\times f(x)>10$을 만족시키는 경우는 $f(4)=3$, $f(5)=3$이므로

(ⅰ) $f(4)=3$인 함수 f의 개수

$f(1)$, $f(2)$, $f(3)$, $f(5)$가 될 수 있는 값은 1, 2, 3이므로 이 경우의 수는

${}_3\Pi_4=3^4=81$

(ⅱ) $f(5)=3$인 함수 f의 개수

(ⅰ)과 같은 방법으로 81

(ⅲ) $f(4)=3$, $f(5)=3$인 함수 f의 개수

$f(1)$, $f(2)$, $f(3)$이 될 수 있는 값은 1, 2, 3이므로 이 경우의 수는

${}_3\Pi_3=3^3=27$

(ⅰ), (ⅱ), (ⅲ)에서 $x\times f(x)>10$을 만족시키는 함수 f의 개수는

$81+81-27=135$

따라서 구하는 함수 f의 개수는

$243-135=108$

21 답 ①

(ⅰ) 각 자리의 숫자가 1, 1, 2, 3인 경우

4개의 숫자 1, 1, 2, 3을 일렬로 나열하는 경우의 수는

$\frac{4!}{2!}=12$

(ⅱ) 각 자리의 숫자가 1, 2, 2, 2인 경우

4개의 숫자 1, 2, 2, 2를 일렬로 나열하는 경우의 수는

$\frac{4!}{3!}=4$

(ⅰ), (ⅱ)에서 구하는 자연수의 개수는 $12+4=16$

22 답 ⑤

(ⅰ) 양 끝에 문자 A를 나열하는 경우의 수

두 문자 A를 제외한 나머지 7개의 문자 B, B, B, C, C, C, C를 일렬로 나열하면 되므로

$\frac{7!}{3!4!}=35$

(ⅱ) 양 끝에 문자 B를 나열하는 경우의 수

두 문자 B를 제외한 나머지 7개의 문자 A, A, B, C, C, C, C를 일렬로 나열하면 되므로

$\frac{7!}{2!4!}=105$

(ⅲ) 양 끝에 문자 C를 나열하는 경우의 수

두 문자 C를 제외한 나머지 7개의 문자 A, A, B, B, B, C, C를 일렬로 나열하면 되므로

$\frac{7!}{2!3!2!}=210$

(ⅰ), (ⅱ), (ⅲ)에서 구하는 경우의 수는

$35+105+210=350$

23 답 720

6종류의 볼펜 중 3종류의 볼펜을 선택하는 경우의 수는

${}_6C_3=20$

이때 3종류의 볼펜을 각각 X, Y, Z라 하면 X, Y, Z 중 두 명에게 나누어 줄 한 종류의 볼펜을 선택하는 경우의 수는

${}_3C_1=3$

두 명에게 나누어 주어야 하는 볼펜의 종류를 X라 하면 X, X, Y, Z를 일렬로 나열하는 경우의 수는

$\frac{4!}{2!}=12$

따라서 구하는 경우의 수는

$20\times3\times12=720$

24 답 ⑤

주어진 7장의 카드를 일렬로 나열할 때, 이웃하는 두 카드에 적힌 수의 곱이 모두 1 이하가 되도록 나열하려면 1이 적힌 카드와 2가 적힌 카드, 2가 적힌 카드끼리는 서로 이웃하지 않아야 한다.

(i) 1이 적힌 카드가 서로 이웃하는 경우

2장의 1이 적힌 카드를 한 장의 카드로 생각하여 0, 0, 0이 하나씩 적힌 카드 사이사이 및 양 끝의 4개의 자리 중 하나를 선택하여 놓는 경우의 수는

∨ 0 ∨ 0 ∨ 0 ∨

$_4C_1=4$

1이 적힌 카드를 놓은 자리를 제외한 나머지 3개의 자리에 2가 적힌 카드 2장을 나열하는 경우의 수는

$_3C_2={}_3C_1=3$

즉, 이 경우의 수는

$4\times3=12$

(ii) 1이 적힌 카드가 서로 이웃하지 않는 경우

1, 1, 2, 2가 하나씩 적힌 카드를 일렬로 나열한 후 그 사이사이에 0, 0, 0이 하나씩 적힌 카드를 놓으면 되므로 이 경우의 수는

$\frac{4!}{2!2!}=6$

(i), (ii)에서 구하는 경우의 수는

$12+6=18$

25 답 ③

6가지의 과제 중 두 과제 A, B를 제외한 나머지 4가지의 과제 중 오늘 수행할 2가지의 과제를 선택하는 경우의 수는

$_4C_2=6$

이 두 과제를 각각 C, D라 하면 구하는 경우의 수는 A, B, C, D를 일렬로 나열할 때 B보다 A를 먼저 나열하는 경우의 수와 같다.

이때 A, B의 순서가 정해져 있으므로 모두 X로 생각하여 X, X, C, D를 일렬로 나열한 후 두 문자 X를 각각 두 문자 A, B로 하나씩 차례대로 바꾸면 된다.

즉, 이 경우의 수는

$\frac{4!}{2!}=12$

따라서 구하는 경우의 수는

$6\times12=72$

26 답 ①

세 문자 b, c, d의 순서가 정해져 있으므로 모두 X로 생각하여 a, a, a, X, X, X, e를 일렬로 나열한 후 세 문자 X를 각각 세 문자 b, c, d 또는 d, c, b로 하나씩 차례대로 바꾸면 된다.

따라서 구하는 경우의 수는

$\frac{7!}{3!3!}\times2=140\times2=280$

27 답 ②

두 개의 숫자 2, 4는 순서가 정해져 있으므로 모두 X로 생각하고, 세 개의 홀수 1, 3, 5도 순서가 정해져 있으므로 모두 Y로 생각하여 X, X, Y, Y, Y, 6을 일렬로 나열한 후 두 개의 X를 각각 두 개의 숫자 2, 4로, 세 개의 Y를 각각 세 개의 홀수 1, 3, 5로 하나씩 차례대로 바꾸면 된다.

따라서 구하는 경우의 수는 $\frac{6!}{2!3!}=60$

28 답 ③

주어진 경우의 수는 조건 (가)를 만족시키는 경우의 수에서 조건 (가)를 만족시키면서 조건 (나)를 만족시키지 않는 경우의 수를 빼면 된다.

조건 (가)를 만족시키는 경우의 수는 두 개의 숫자 1, 2는 순서가 정해져 있으므로 모두 X로 생각하여 X, X, 3, 4, 5를 일렬로 나열한 후 두 개의 X를 각각 두 개의 숫자 1, 2로 하나씩 차례대로 바꾸면 된다.

$\therefore \frac{5!}{2!}=60$

한편, 조건 (가)를 만족시키면서 조건 (나)를 만족시키지 않는 경우의 수는 1, 2를 하나의 수 Y로 생각하여 Y, 3, 4, 5를 일렬로 나열하는 경우의 수와 같으므로

$4!=24$

따라서 구하는 경우의 수는 $60-24=36$

29 답 ⑤

구하는 최단 거리의 경우의 수는 A → P → B로 이동하는 최단 거리의 경우의 수에서 A → P → Q → B로 이동하는 최단 거리의 경우의 수를 뺀 것과 같다.

(i) A → P → B의 경로로 이동하는 최단 거리의 경우의 수

A → P의 경로로 이동하는 최단 거리의 경우의 수는

$\frac{4!}{2!2!}=6$

P → B의 경로로 이동하는 최단 거리의 경우의 수는

$\frac{5!}{3!2!}=10$

$\therefore 6\times10=60$

(ii) A → P → Q → B의 경로로 이동하는 최단 거리의 경우의 수

A → P의 경로로 이동하는 최단 거리의 경우의 수는

$\frac{4!}{2!2!}=6$

P → Q의 경로로 이동하는 최단 거리의 경우의 수는

$2!=2$

Q → B의 경로로 이동하는 최단 거리의 경우의 수는

$\frac{3!}{2!}=3$

$\therefore 6\times2\times3=36$

(ⅰ), (ⅱ)에서 구하는 경우의 수는

$60-36=24$

30 답 ②

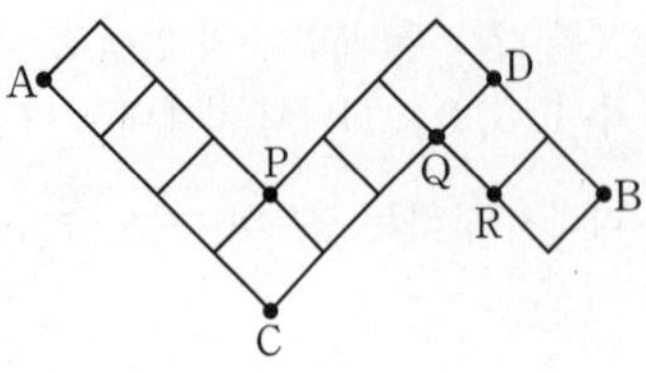

오른쪽 그림과 같이 세 지점 P, Q, R를 잡으면 구하는 경우의 수는 A → P → Q → R → B 의 경로로 이동하는 최단 거리의 경우의 수와 같다.

A → P의 경로로 이동하는 최단 거리의 경우의 수는

$\frac{4!}{3!}=4$

P → Q의 경로로 이동하는 최단 거리의 경우의 수는

$\frac{3!}{2!}=3$

Q → R의 경로로 이동하는 최단 거리의 경우의 수는

1

R → B의 경로로 이동하는 최단 거리의 경우의 수는

$2!=2$

따라서 구하는 경우의 수는

$4\times3\times1\times2=24$

31 답 25

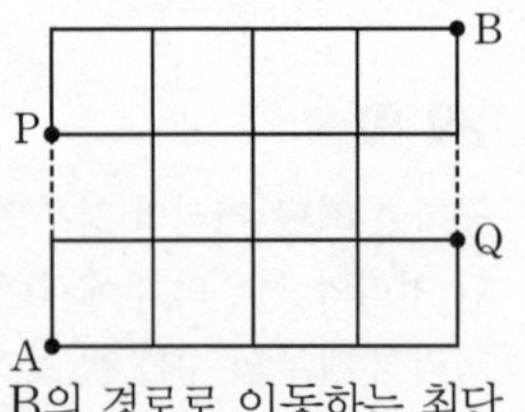

오른쪽 그림과 같이 지나갈 수 없는 길을 점선으로 연결하고 두 지점 P, Q를 잡으면 구하는 경우의 수는 A → B의 경로로 이동하는 최단 거리의 경우의 수에서 A → P → B 또는 A → Q → B의 경로로 이동하는 최단 거리의 경우의 수를 뺀 것과 같다.

(ⅰ) A → B의 경로로 이동하는 최단 거리의 경우의 수

$\frac{7!}{4!3!}=35$

(ⅱ) A → P → B의 경로로 이동하는 최단 거리의 경우의 수

A → P의 경로로 이동하는 최단 거리의 경우의 수는

1

P → B의 경로로 이동하는 최단 거리의 경우의 수는

$\frac{5!}{4!}=5$

$\therefore 1\times5=5$

(ⅲ) A → Q → B의 경로로 이동하는 최단 거리의 경우의 수

A → Q의 경로로 이동하는 최단 거리의 경우의 수는

$\frac{5!}{4!}=5$

Q → B의 경로로 이동하는 최단 거리의 경우의 수는

1

$\therefore 5\times1=5$

(ⅰ), (ⅱ), (ⅲ)에서 구하는 경우의 수는

$35-5-5=25$

32 답 ⑤

구하는 경우의 수는 P, Q가 각각 최종 도착지에 최단 거리로 가는 모든 경우의 수에서 P, Q가 서로 만나는 경우의 수를 빼면 된다.

P가 A → B의 경로로 이동하는 최단 거리의 경우의 수는

$\frac{6!}{3!3!}=20$

Q가 B → A의 경로로 이동하는 최단 거리의 경우의 수는

$\frac{6!}{3!3!}=20$

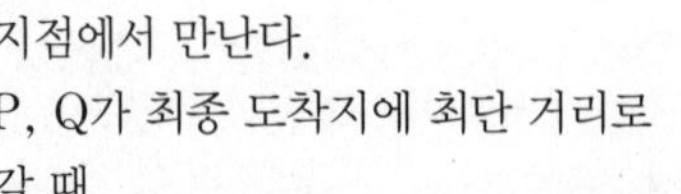

P, Q가 각각 최종 도착지에 최단 거리로 가는 모든 경우의 수는

$20\times20=400$

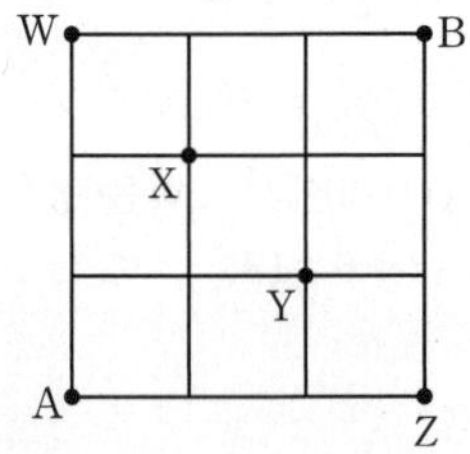

이때 P, Q가 이동하는 속력이 서로 같으므로 P, Q는 오른쪽 그림과 같은 네 지점 W, X, Y, Z 중 한 지점에서 만난다.

P, Q가 최종 도착지에 최단 거리로 갈 때

(ⅰ) W지점에서 만나는 경우의 수

P가 A → W → B의 경로로 이동하는 최단 거리의 경우의 수는

1

Q가 B → W → A의 경로로 이동하는 최단 거리의 경우의 수는

1

$\therefore 1\times1=1$

(ⅱ) X지점에서 만나는 경우의 수

P가 A → X → B의 경로로 이동하는 최단 거리의 경우의 수는

$\frac{3!}{2!}\times\frac{3!}{2!}=3\times3=9$

Q가 B → X → A의 경로로 이동하는 최단 거리의 경우의 수는

$\frac{3!}{2!}\times\frac{3!}{2!}=3\times3=9$

$\therefore 9\times9=81$

(ⅲ) Y지점에서 만나는 경우의 수

(ⅱ)와 같은 방법으로 81이다.

(ⅳ) Z지점에서 만나는 경우의 수

(ⅰ)과 같은 방법으로 1이다.

(ⅰ)~(ⅳ)에서 P, Q가 서로 만나는 경우의 수는

$1+81+81+1=164$

따라서 구하는 경우의 수는

$400-164=236$

02 중복조합과 이항정리

11~18쪽

1 ②	2 ①	3 ③	4 ②
5 ③	6 28	7 ①	8 66
9 ③	10 ①	11 ⑤	12 ③
13 ⑤	14 ⑤	15 ④	16 11
17 ②	18 ③	19 7	20 ④
21 ①	22 ①	23 ②	24 128
25 ⑤	26 ③	27 ④	28 ①
29 ②	30 4	31 ④	32 ⑤

1 답 ②

흰 공 5개를 서로 다른 3개의 상자에 남김없이 나누어 넣는 경우의 수는

${}_3H_5={}_7C_5={}_7C_2=21$

검은 공 6개를 서로 다른 3개의 상자에 남김없이 나누어 넣는 경우의 수는

${}_3H_6={}_8C_6={}_8C_2=28$

따라서 구하는 경우의 수는

$21\times28=588$

2 답 ①

구하는 경우의 수는 먼저 학생 A에게 구슬 1개, 학생 B에게 구슬 2개를 나누어 주고 남은 구슬 7개를 4명의 학생 A, B, C, D에게 나누어 주는 경우의 수와 같다.

따라서 구하는 경우의 수는

${}_4H_7={}_{10}C_7={}_{10}C_3=120$

3 답 ③

구하는 경우의 수는 먼저 한 명의 학생에게 3가지 색의 카드를 각각 한 장씩 나누어 주고 남은 빨간색 카드 3장, 파란색 카드 1장을 세 명의 학생에게 남김없이 나누어 주는 경우의 수와 같다.

3가지 색의 카드를 각각 한 장씩 받는 한 명의 학생을 정하는 경우의 수는

${}_3C_1=3$

빨간색 카드 3장을 세 명의 학생에게 나누어 주는 경우의 수는

${}_3H_3={}_5C_3={}_5C_2=10$

파란색 카드 1장을 세 명의 학생에게 나누어 주는 경우의 수는

3

따라서 구하는 경우의 수는

$3\times10\times3=90$

참고 노란색 카드가 1장 있으므로 3가지 색의 카드를 각각 한 장 이상 받는 학생은 1명이다.

4 답 ②

구하는 경우의 수는 같은 종류의 볼펜 8자루를 3명의 학생에게 나누어 주는 경우의 수에서 한 명의 학생에게 6자루 이상의 볼펜을 나누어 주는 경우의 수를 뺀 것과 같다.

같은 종류의 볼펜 8자루를 3명의 학생에게 남김없이 나누어 주는 경우의 수는

${}_3H_8={}_{10}C_8={}_{10}C_2=45$

한편, 한 명의 학생에게 6자루 이상의 볼펜을 나누어 주는 경우의 수는

6자루 이상의 볼펜을 받는 학생을 선택하는 경우의 수가

${}_3C_1=3$

이고, 이 학생에게 볼펜 6자루를 나누어 주고 남은 2자루를 3명의 학생에게 나누어 주는 경우의 수가

${}_3H_2={}_4C_2=6$

이므로

$3\times6=18$

따라서 구하는 경우의 수는

$45-18=27$

5 답 ③

음이 아닌 네 정수 a', b', c', d'에 대하여

$a=a'+1$, $b=b'+1$, $c=c'+1$, $d=d'+1$이라 하면

$a+b+c+4d=14$에서

$(a'+1)+(b'+1)+(c'+1)+4(d'+1)=14$

$\therefore a'+b'+c'+4d'=7$

즉, 구하는 순서쌍 (a, b, c, d)의 개수는 위의 방정식을 만족시키는 음이 아닌 네 정수 a', b', c', d'의 모든 순서쌍 (a', b', c', d')의 개수와 같다.

(i) $d'=0$일 때

$a'+b'+c'+4d'=7$에서

$a'+b'+c'=7$

위의 방정식을 만족시키는 음이 아닌 정수 a', b', c', d'의 모든 순서쌍 (a', b', c', d')의 개수는

${}_3H_7={}_9C_7={}_9C_2=36$

(ii) $d'=1$일 때

$a'+b'+c'+4d'=7$에서

$a'+b'+c'=3$

위의 방정식을 만족시키는 음이 아닌 정수 a', b', c', d'의 모든 순서쌍 (a', b', c', d')의 개수는

${}_3H_3={}_5C_3={}_5C_2=10$

(i), (ii)에서 구하는 순서쌍 (a, b, c, d)의 개수는

$36+10=46$

6 답 28

음이 아닌 세 정수 a', b', c'에 대하여

$a=a'+3$, $b=b'+2$, $c=c'+1$이라 하면

$a+b+c=12$에서

$(a'+3)+(b'+2)+(c'+1)=12$

$\therefore a'+b'+c'=6$

따라서 구하는 순서쌍 (a, b, c)의 개수는 위의 방정식을 만족시키는 음이 아닌 세 정수 a', b', c'의 순서쌍 (a', b', c')의 개수와 같으므로

${}_3H_6={}_8C_6={}_8C_2=28$

7 답 ①

$a+b+c+d=9$이므로

(i) $a+c=3$일 때

$a+c=3$, $b+d=6$을 만족시키는 순서쌍 (a, b, c, d)의 개수는

${}_2H_3\times{}_2H_6={}_4C_3\times{}_7C_6$

$={}_4C_1\times{}_7C_1$

$=4\times7=28$

(ii) $a+c=6$일 때

$a+c=6$, $b+d=3$을 만족시키는 순서쌍 (a, b, c, d)의 개수는

${}_2H_6\times{}_2H_3={}_7C_6\times{}_4C_3$

$={}_7C_1\times{}_4C_1$

$=7\times4=28$

(iii) $a+c=9$일 때

$a+c=9$, $b+d=0$을 만족시키는 순서쌍 (a, b, c, d)의 개수는

${}_2H_9\times{}_2H_0={}_{10}C_9\times{}_1C_0$

$={}_{10}C_1\times{}_1C_0$

$=10\times1=10$

(i), (ii), (iii)에서 구하는 순서쌍 (a, b, c, d)의 개수는

$28+28+10=66$

8 답 66

조건 (나)의 $a+b\le2c$에서

$a+b+c\le3c$

$15\le3c$ ($\because$ 조건 (가))

$\therefore c\ge5$

이때 음이 아닌 정수 c'에 대하여 $c=c'+5$라 하면

$a+b+c=15$에서

$a+b+(c'+5)=15$

$\therefore a+b+c'=10$

따라서 구하는 순서쌍 (a, b, c)의 개수는 위의 방정식을 만족시키는 음이 아닌 세 정수 a, b, c'의 순서쌍 (a, b, c')의 개수와 같으므로

${}_3H_{10}={}_{12}C_{10}={}_{12}C_2=66$

9 답 ③

a, b가 음이 아닌 정수이므로

$a\le b\le4<c\le d\le10$에서

$0\le a\le b\le4<c\le d\le10$

$0\le a\le b\le4$를 만족시키는 음이 아닌 정수 a, b의 순서쌍 (a, b)의 개수는

${}_5H_2={}_6C_2=15$

$4<c\le d\le10$, 즉 $5\le c\le d\le10$을 만족시키는 음이 아닌 정수 c, d의 순서쌍 (c, d)의 개수는

${}_6H_2={}_7C_2=21$

따라서 구하는 순서쌍 (a, b, c, d)의 개수는

$15\times21=315$

10 답 ①

a, b, c, d, e는 1 이상 5 이하의 자연수이고

$a<b<c$이므로 $c\ge3$

(i) $c=3$, 즉 $1\le a<b<3\le d\le e\le5$인 경우

$1\le a<b<3$을 만족시키는 두 자연수 a, b의 순서쌍 (a, b)의 개수는

$(1, 2)$의 1

$3\le d\le e\le5$를 만족시키는 두 자연수 d, e의 순서쌍 (d, e)의 개수는

${}_3H_2={}_4C_2=6$

즉, 이 경우의 수는

$1\times6=6$

(ii) $c=4$, 즉 $1\le a<b<4\le d\le e\le5$인 경우

$1\le a<b<4$, 즉 $1\le a<b\le3$을 만족시키는 두 자연수 a, b의 순서쌍 (a, b)의 개수는

${}_3C_2={}_3C_1=3$

$4\le d\le e\le5$를 만족시키는 두 자연수 d, e의 순서쌍 (d, e)의 개수는

${}_2H_2={}_3C_2=3$

즉, 이 경우의 수는

$3\times3=9$

(iii) $c=5$, 즉 $1\le a<b<5\le d\le e\le5$인 경우

$1\le a<b<5$, 즉 $1\le a<b\le4$를 만족시키는 두 자연수 a, b의 순서쌍 (a, b)의 개수는

${}_4C_2=6$

$5\le d\le e\le5$를 만족시키는 두 자연수 d, e의 순서쌍 (d, e)의 개수는

$(5, 5)$의 1

즉, 이 경우의 수는

$6\times1=6$

(i), (ii), (iii)에서 구하는 순서쌍 (a, b, c, d, e)의 개수는

$6+9+6=21$

다른 풀이

$1 \le a < b < c \le d \le e \le 5$에서

$1 \le a < b < c < d+1 < e+2 \le 7$

이때 $d+1=d'$, $e+2=e'$이라 하면

$1 \le a < b < c < d' < e' \le 7$

따라서 구하는 순서쌍의 개수는

${}_7C_5 = {}_7C_2 = 21$

11 답 ⑤

조건 (가)에 의하여

(i) a, b, c 모두 짝수인 경우

$a \le b \le c \le 20$, 즉 $2 \le a \le b \le c \le 20$을 만족시키는 세 짝수 a, b, c의 순서쌍 (a, b, c)의 개수는 20 이하의 짝수 2, 4, 6, ⋯, 20 중에서 중복을 허락하여 3개를 선택하는 중복조합의 수와 같으므로

${}_{10}H_3 = {}_{12}C_3 = 220$

(ii) a, b, c 중 한 개는 짝수, 두 개는 홀수인 경우

이 경우의 수는

20 이하의 짝수 2, 4, 6, ⋯, 20 중에서 1개,

20 이하의 홀수 1, 3, 5, ⋯, 19 중에서 중복을 허락하여 2개를 선택하는 중복조합의 수와 같으므로

${}_{10}C_1 \times {}_{10}H_2 = {}_{10}C_1 \times {}_{11}C_2 = 10 \times 55 = 550$

(i), (ii)에서 구하는 순서쌍 (a, b, c)의 개수는

$220 + 550 = 770$

12 답 ③

주어진 조건을 만족시키는 세 자연수 $|a|$, $|b|$, $|c|$의 순서쌍 $(|a|, |b|, |c|)$의 개수는 5 이하의 자연수 중에서 중복을 허락하여 3개를 선택하는 중복조합의 수와 같다.

$\therefore {}_5H_3 = {}_7C_3 = 35$

이때 a, b, c는 각각 음의 정수와 양의 정수의 값을 가질 수 있으므로 순서쌍 (a, b, c)의 개수는 순서쌍 $(|a|, |b|, |c|)$의 개수의 2^3배와 같다.

따라서 구하는 순서쌍 (a, b, c)의 개수는

$35 \times 2^3 = 280$

13 답 ⑤

정의역의 원소 1은 공역의 원소 1, 2, 3, 4 중에서 1개를 선택해 대응시키면 되므로 이 경우의 수는

${}_4C_1 = 4$

정의역의 원소 2, 3, 4는 공역의 원소 1, 2, 3, 4 중에서 중복을 허락하여 3개를 선택해 크기가 크지 않은 수부터 대응시키면 되므로 이 경우의 수는

${}_4H_3 = {}_6C_3 = 20$

따라서 구하는 함수 f의 개수는

$4 \times 20 = 80$

14 답 ⑤

주어진 조건에 의하여

$f(1) \le f(3) \le f(5)$

정의역의 원소 1, 3, 5는 공역의 원소 1, 2, 3, 4 중에서 중복을 허락하여 3개를 선택해 크기가 크지 않은 수부터 대응시키면 되므로 이 경우의 수는

${}_4H_3 = {}_6C_3 = 20$

정의역의 원소 2, 4, 6은 각각 공역의 원소 1, 2, 3, 4 중에서 하나에 대응시키면 되므로 이 경우의 수는

${}_4\Pi_3 = 4^3 = 64$

따라서 구하는 함수 f의 개수는

$20 \times 64 = 1280$

15 답 ④

(i) $f(6)=5$일 때

$f(2) < f(6)-3$에서 $f(2) < 2$

$\therefore f(1) = f(2) = 1$

정의역의 원소 3, 4, 5는 공역의 원소 1, 2, 3, 4, 5 중에서 중복을 허락하여 3개를 선택해 크기가 크지 않은 수부터 대응시키면 되므로 이 경우의 수는

${}_5H_3 = {}_7C_3 = 35$

즉, 이 경우의 함수 f의 개수는

$1 \times 35 = 35$

(ii) $f(6)=6$일 때

$f(2) < f(6)-3$에서 $f(2) < 3$

ⓐ $f(2)=1$일 때

$f(1)=1$

정의역의 원소 3, 4, 5는 공역의 원소 1, 2, 3, 4, 5, 6 중에서 중복을 허락하여 3개를 선택해 크기가 크지 않은 수부터 대응시키면 되므로 이 경우의 수는

${}_6H_3 = {}_8C_3 = 56$

즉, 이 경우의 함수 f의 개수는

$1 \times 56 = 56$

ⓑ $f(2)=2$일 때

정의역의 원소 1은 공역의 원소 1, 2 중에서 1개를 선택해 대응시키면 되므로 이 경우의 수는

${}_2C_1 = 2$

정의역의 원소 3, 4, 5는 공역의 원소 2, 3, 4, 5, 6 중에서 중복을 허락하여 3개를 선택해 크기가 크지 않은 수부터 대응시키면 되므로 이 경우의 수는

${}_5H_3 = 35$

즉, 이 경우의 함수 f의 개수는

$2 \times 35 = 70$

ⓐ, ⓑ에서 이 경우의 함수 f의 개수는

$56 + 70 = 126$

(i), (ii)에서 구하는 함수 f의 개수는

$35+126=161$

16 답 11

$f(1)$, $f(2)$, $f(3)$, $f(4)$, $f(5)$의 함숫값이

(i) 모두 3의 배수가 아닐 때

정의역의 5개의 원소는 공역 2, 4에 대응되어야 하므로 조건 (가)에 의하여 이 경우의 수는

${}_2H_5={}_6C_5={}_6C_1=6$

(ii) 하나만 3의 배수일 때

함숫값이 3의 배수가 되는 정의역의 원소를 1개 선택하면 조건 (가)에 의하여 정의역의 나머지 원소 4개는 2 또는 4에 대응된다.

즉, 이 경우의 수는

${}_5C_1=5$

(i), (ii)에서 구하는 함수 f의 개수는

$6+5=11$

17 답 ②

$\left(x-\frac{3}{x}\right)^6$의 전개식의 일반항은

${}_6C_r x^{6-r}\left(-\frac{3}{x}\right)^r={}_6C_r(-3)^r x^{6-2r}$

x^2의 계수는 $6-2r=2$, 즉 $r=2$일 때이므로

${}_6C_2(-3)^2=15\times9=135$

18 답 ③

다항식 $(x+2a)^5$의 전개식의 일반항은

${}_5C_r x^{5-r}(2a)^r={}_5C_r(2a)^r x^{5-r}$

x^3의 계수는 $5-r=3$, 즉 $r=2$일 때이므로

${}_5C_2(2a)^2=40a^2$

이때 x^3의 계수가 360이므로

$40a^2=360$

$a^2=9$

$\therefore a=3$ ($\because a>0$)

19 답 7

다항식 $(x+3)^n$, 즉 $(3+x)^n$의 전개식의 일반항은

${}_nC_r3^{n-r}x^r$

x의 계수는 $r=1$일 때이므로

${}_nC_13^{n-1}$

x^2의 계수는 $r=2$일 때이므로

${}_nC_23^{n-2}$

이때 x의 계수와 x^2의 계수가 같으므로

${}_nC_13^{n-1}={}_nC_23^{n-2}$

$n\times3=\frac{n(n-1)}{2\times1}$

$6=n-1$ ($\because n\geq2$)

$\therefore n=7$

20 답 ④

$\left(ax-\frac{2}{ax}\right)^7$의 전개식에서 각 항의 계수의 총합은 $x=1$일 때의 식의 값과 같으므로

$\left(a-\frac{2}{a}\right)^7=1$에서

$a-\frac{2}{a}=1$ ($\because a>0$)

$a^2-a-2=0$

$(a+1)(a-2)=0$

$\therefore a=2$

즉, $\left(2x-\frac{1}{x}\right)^7$의 전개식의 일반항은

${}_7C_r(2x)^{7-r}\left(-\frac{1}{x}\right)^r={}_7C_r(-1)^r2^{7-r}x^{7-2r}$

$\frac{1}{x}$의 계수는 $7-2r=-1$, 즉 $r=4$일 때이므로

${}_7C_4(-1)^42^{7-4}=35\times1\times8=280$

21 답 ①

다항식 $(2x+1)^5$의 전개식의 일반항은

${}_5C_r(2x)^{5-r}1^r={}_5C_r2^{5-r}x^{5-r}$

다항식 $(x^2-2)(2x+1)^5$의 전개식에서 x^4의 계수는

(i) x^2과 다항식 $(2x+1)^5$의 전개식에서 x^2항이 곱해지는 경우

$1\times{}_5C_32^{5-3}=1\times(10\times4)=40$

(ii) -2와 다항식 $(2x+1)^5$의 전개식에서 x^4항이 곱해지는 경우

$(-2)\times{}_5C_12^{5-1}=(-2)\times(5\times16)=-160$

(i), (ii)에서

$40+(-160)=-120$

22 답 ①

다항식 $(x^2+1)^4$의 전개식의 일반항은

${}_4C_r(x^2)^{4-r}1^r={}_4C_rx^{8-2r}$

다항식 $(x^3+1)^n$의 전개식의 일반항은

${}_nC_s(x^3)^{n-s}1^s={}_nC_sx^{3n-3s}$

다항식 $(x^2+1)^4(x^3+1)^n$의 전개식에서 x^5항은

다항식 $(x^2+1)^4$의 전개식에서 x^2항과 다항식 $(x^3+1)^n$의 전개식에서 x^3항이 곱해지는 경우에 나타나고 이때의 x^5의 계수가 12이므로

${}_4C_3\times{}_nC_{n-1}=12$

${}_4C_1\times{}_nC_1=12$

$4n=12$

$\therefore n=3$

23 답 ②

다항식 $(2+x)^4$의 전개식의 일반항은

${}_4C_r 2^{4-r}x^r$

다항식 $(1+3x)^3$의 전개식의 일반항은

${}_3C_s 1^{3-s}(3x)^s = {}_3C_s 3^s x^s$

다항식 $(2+x)^4(1+3x)^3$의 전개식에서 x의 계수는

(i) 다항식 $(2+x)^4$의 전개식에서 상수항과 다항식 $(1+3x)^3$의 전개식에서 x항이 곱해지는 경우

$${}_4C_0 2^{4-0} \times {}_3C_1 3^1 = (1\times16)\times(3\times3) = 144$$

(ii) 다항식 $(2+x)^4$의 전개식에서 x항과 다항식 $(1+3x)^3$의 전개식에서 상수항이 곱해지는 경우

$${}_4C_1 2^{4-1} \times {}_3C_0 3^0 = (4\times8)\times(1\times1) = 32$$

(i), (ii)에서

$144+32=176$

24 답 128

다항식 $(2x-1)^5$의 전개식의 일반항은

${}_5C_r(2x)^{5-r}(-1)^r = {}_5C_r(-1)^r 2^{5-r}x^{5-r}$

$\left(x+\dfrac{1}{2x}\right)^3$의 전개식의 일반항은

${}_3C_s x^{3-s}\left(\dfrac{1}{2x}\right)^s = {}_3C_s\left(\dfrac{1}{2}\right)^s x^{3-2s}$

$(2x-1)^5\left(x+\dfrac{1}{2x}\right)^3$의 전개식에서 x^6의 계수는

(i) 다항식 $(2x-1)^5$의 전개식에서 x^3항과 $\left(x+\dfrac{1}{2x}\right)^3$의 전개식에서 x^3항이 곱해지는 경우

$${}_5C_2(-1)^2 2^{5-2} \times {}_3C_0\left(\frac{1}{2}\right)^0 = (10\times1\times8)\times(1\times1) = 80$$

(ii) 다항식 $(2x-1)^5$의 전개식에서 x^5항과 $\left(x+\dfrac{1}{2x}\right)^3$의 전개식에서 x항이 곱해지는 경우

$${}_5C_0(-1)^0 2^{5-0} \times {}_3C_1\left(\frac{1}{2}\right)^1 = (1\times1\times32)\times\left(3\times\frac{1}{2}\right) = 48$$

(i), (ii)에서

$80+48=128$

25 답 ⑤

$$1+\frac{{}_{12}C_1}{4}+\frac{{}_{12}C_2}{4^2}+\cdots+\frac{{}_{12}C_{12}}{4^{12}}$$
$$={}_{12}C_0+\frac{{}_{12}C_1}{4}+\frac{{}_{12}C_2}{4^2}+\cdots+\frac{{}_{12}C_{12}}{4^{12}}$$
$$={}_{12}C_0 1^{12}\left(\frac{1}{4}\right)^0+{}_{12}C_1 1^{11}\left(\frac{1}{4}\right)^1+{}_{12}C_2 1^{10}\left(\frac{1}{4}\right)^2+\cdots$$
$$+{}_{12}C_{12} 1^0\left(\frac{1}{4}\right)^{12}$$
$$=\left(1+\frac{1}{4}\right)^{12}=\left(\frac{5}{4}\right)^{12}$$

26 답 ③

$${}_{20}C_0-2\,{}_{20}C_1+2^2\,{}_{20}C_2-2^3\,{}_{20}C_3+\cdots+2^{20}\,{}_{20}C_{20}$$
$$={}_{20}C_0+(-2)\,{}_{20}C_1+(-2)^2\,{}_{20}C_2+(-2)^3\,{}_{20}C_3+\cdots$$
$$+(-2)^{20}\,{}_{20}C_{20}$$
$$={}_{20}C_0 1^{20}(-2)^0+{}_{20}C_1 1^{19}(-2)^1+{}_{20}C_2 1^{18}(-2)^2+\cdots$$
$$+{}_{20}C_{20} 1^0(-2)^{20}$$
$$=\{1+(-2)\}^{20}=1$$

이므로

$$2\,{}_{20}C_1-2^2\,{}_{20}C_2+2^3\,{}_{20}C_3-2^4\,{}_{20}C_4+\cdots-2^{20}\,{}_{20}C_{20}={}_{20}C_0-1$$
$$=1-1=0$$

27 답 ④

${}_nC_r={}_nC_{n-r}$이므로

$${}_{10}C_{10}+6\,{}_{10}C_9+6^2\,{}_{10}C_8+\cdots+6^{10}\,{}_{10}C_0$$
$$={}_{10}C_0+6\,{}_{10}C_1+6^2\,{}_{10}C_2+\cdots+6^{10}\,{}_{10}C_{10}$$
$$={}_{10}C_0 1^{10}6^0+{}_{10}C_1 1^9 6^1+{}_{10}C_2 1^8 6^2+\cdots+{}_{10}C_{10} 1^0 6^{10}$$
$$=(1+6)^{10}=7^{10}$$

28 답 ①

$${}_nC_0+7\,{}_nC_1+7^2\,{}_nC_2+\cdots+7^n\,{}_nC_n$$
$$={}_nC_0 1^n 7^0+{}_nC_1 1^{n-1}7^1+{}_nC_2 1^{n-2}7^2+\cdots+{}_nC_n 1^0 7^n$$
$$=(1+7)^n=8^n=(2^3)^n$$
$$=2^{3n}=2^{30}$$

에서

$3n=30$

$\therefore n=10$

29 답 ②

${}_{50}C_0-{}_{50}C_1+{}_{50}C_2-{}_{50}C_3+\cdots-{}_{50}C_{49}+{}_{50}C_{50}=0$이므로

$1-{}_{50}C_1+{}_{50}C_2-\cdots-{}_{50}C_{49}+1=0$

$\therefore {}_{50}C_1-{}_{50}C_2+{}_{50}C_3-{}_{50}C_4+\cdots-{}_{50}C_{48}+{}_{50}C_{49}=2$

30 답 4

${}_{2n}C_1+{}_{2n}C_3+{}_{2n}C_5+\cdots+{}_{2n}C_{2n-1}=2^{2n-1}=2^7$

에서 $2n-1=7$

$2n=8 \qquad \therefore n=4$

31 답 ④

(i) 구슬 0개, 공 8개를 꺼내는 경우의 수는

${}_8C_0\times1={}_8C_0$

(ii) 구슬 1개, 공 7개를 꺼내는 경우의 수는

${}_8C_1\times1={}_8C_1$

(iii) 구슬 2개, 공 6개를 꺼내는 경우의 수는

${}_8C_2\times1={}_8C_2$

⋮

(ix) 구슬 8개, 공 0개를 꺼내는 경우의 수는

$_{8}C_{8}\times1={}_{8}C_{8}$

(i)~(ix)에서 구하는 경우의 수는

$_{8}C_{0}+{}_{8}C_{1}+{}_{8}C_{2}+\cdots+{}_{8}C_{8}=2^{8}=256$

32 답 ⑤

집합 A의 부분집합 중 두 원소 1, 2를 모두 포함하고 원소의 개수가 홀수인 부분집합의 개수는 집합 {3, 4, 5, ⋯, 25}의 부분집합 중 원소의 개수가 홀수인 부분집합의 개수와 같다.

따라서 구하는 부분집합의 개수는

$_{23}C_{1}+{}_{23}C_{3}+{}_{23}C_{5}+\cdots+{}_{23}C_{23}=2^{23-1}=2^{22}$

Ⅱ. 확률

01 확률의 뜻과 정의

19~25쪽

1 ③	2 ②	3 ②	4 ①
5 ①	6 ①	7 ④	8 ④
9 ⑤	10 ④	11 69	12 ③
13 ④	14 ④	15 ④	16 ②
17 ③	18 ②	19 ②	20 5
21 ②	22 ⑤	23 15	24 ③
25 ⑤	26 ④	27 ④	28 ③

1 답 ③

a, b를 순서쌍 (a, b)로 나타내면 모든 순서쌍 (a, b)의 개수는

$_{7}C_{2}=21$

$a+2b\geq13$을 만족시키는 순서쌍 (a, b)의 개수는

(1, 6), (1, 7),
(2, 6), (2, 7),
(3, 5), (3, 6), (3, 7),
(4, 5), (4, 6), (4, 7),
(5, 6), (5, 7),
(6, 7)

의 13

따라서 구하는 확률은 $\frac{13}{21}$이다.

2 답 ②

주머니에서 임의로 꺼낸 2개의 공에 적혀 있는 수를 각각 a, b $(a\leq b)$라 하고 순서쌍 (a, b)로 나타내면 모든 순서쌍 (a, b)의 개수는

$_{8}C_{2}=28$

두 수 a, b의 차가 2 이상인 경우의 수는

(i) 두 수의 차가 2인 경우

$b-a=2$를 만족시키는 순서쌍 (a, b)는

(1, 3), (2, 4)

이 각각의 경우에 대하여 흰 공, 검은 공이 있으므로 이 경우의 수는

$2\times2\times2=8$

(ii) 두 수의 차가 3인 경우

$b-a=3$을 만족시키는 순서쌍 (a, b)는

(1, 4)

이 경우에 대하여 흰 공, 검은 공이 있으므로 이 경우의 수는

$1\times2\times2=4$

(i), (ii)에서 $8+4=12$

따라서 구하는 확률은

$\frac{12}{28}=\frac{3}{7}$

3 답 ②

두 수 a, b를 선택하는 모든 경우의 수는

$4\times4=16$

$1<\frac{b}{a}<4$인 두 수 a, b를 선택하는 경우의 수는

(i) $a=1$일 때

$1<\frac{b}{1}<4$, 즉 $1<b<4$이므로 b는 존재하지 않는다.

(ii) $a=3$일 때

$1<\frac{b}{3}<4$, 즉 $3<b<12$에서 $b=4, 6, 8, 10$

이므로 이 경우의 수는 4이다.

(iii) $a=5$일 때

$1<\frac{b}{5}<4$, 즉 $5<b<20$에서 $b=6, 8, 10$

이므로 이 경우의 수는 3이다.

(iv) $a=7$일 때

$1<\frac{b}{7}<4$, 즉 $7<b<28$에서 $b=8, 10$

이므로 이 경우의 수는 2이다.

(i)~(iv)에서 $4+3+2=9$

따라서 구하는 확률은 $\frac{9}{16}$이다.

4 답 ①

a, b, c를 순서쌍 (a, b, c)로 나타내면 모든 순서쌍 (a, b, c)의 개수는

$6\times6\times6=216$

$|a-3|+|b-2|+|c-1|=2$를 만족시키는 경우는

$|a-3|$, $|b-2|$, $|c-1|$의 값이

0, 0, 2 또는 0, 1, 1

(i) 0, 0, 2인 순서쌍 (a, b, c)의 개수

$(3, 2, 3)$, $(3, 4, 1)$, $(1, 2, 1)$, $(5, 2, 1)$의 4

(ii) 0, 1, 1인 순서쌍 (a, b, c)의 개수

$(3, 1, 2)$, $(3, 3, 2)$,

$(2, 2, 2)$, $(4, 2, 2)$,

$(2, 1, 1)$, $(2, 3, 1)$, $(4, 1, 1)$, $(4, 3, 1)$

의 8

(i), (ii)에서 $|a-3|+|b-2|+|c-1|=2$를 만족시키는 경우의 수는

$4+8=12$

따라서 구하는 확률은

$\frac{12}{216}=\frac{1}{18}$

5 답 ①

6명이 원형의 탁자에 일정한 간격을 두고 앉는 경우의 수는

$(6-1)!=5!=120$

B의 양옆에 A, C가 앉는 경우의 수를 구해 보자.

A, B, C를 한 사람으로 생각하여 4명이 원형의 탁자에 일정한 간격을 두고 앉는 경우의 수는

$(4-1)!=3!=6$

이고, A, C가 서로 자리를 바꾸는 경우의 수는

$2!=2$

$\therefore\ 6\times2=12$

따라서 구하는 확률은

$\frac{12}{120}=\frac{1}{10}$

6 답 ①

7장의 카드를 모두 한 번씩 사용하여 일렬로 임의로 나열하는 경우의 수는

$\frac{7!}{2!3!2!}=210$

양 끝에 문자 A가 적혀 있는 카드를 나열하는 경우의 수는 문자 A가 적혀 있는 카드를 제외한 나머지 5장의 카드 B, B, B, C, C를 일렬로 나열하는 경우의 수와 같으므로

$\frac{5!}{3!2!}=10$

따라서 구하는 확률은

$\frac{10}{210}=\frac{1}{21}$

7 답 ④

숫자 1, 2, 3, 4 중에서 중복을 허락하여 3개를 택해 일렬로 나열하여 만들 수 있는 세 자리의 자연수의 개수는

${}_4\Pi_3=4^3=64$

선택한 수가 3의 배수이려면 각 자리의 수의 합이 3의 배수이어야 한다.

즉, 선택한 수가 3의 배수인 경우는

각 자리의 수가 모두 같은 수 또는

1, 1, 4 또는 1, 4, 4 또는

1, 2, 3 또는 2, 3, 4

이어야 한다.

(i) 각 자리의 수가 모두 같은 경우의 수

111, 222, 333, 444의 4

(ii) 각 자리의 수가 1, 1, 4 또는 1, 4, 4인 경우의 수

$2\times\frac{3!}{2!}=2\times3=6$

(iii) 각 자리의 수가 1, 2, 3 또는 2, 3, 4인 경우의 수

$2\times3!=2\times6=12$

(i), (ii), (iii)에서 선택한 수가 3의 배수인 경우의 수는

$4+6+12=22$

따라서 구하는 확률은

$\frac{22}{64}=\frac{11}{32}$

8 답 ④

9장의 카드를 모두 한 번씩 사용하여 일렬로 나열하는 경우의 수는

$9!$

이때 문자 A가 적혀 있는 카드의 바로 양옆에 각각 숫자가 적혀 있는 카드를 놓는 경우의 수를 구해 보자.

숫자가 적혀 있는 카드 중 문자 A가 적혀 있는 카드의 바로 양옆에 놓을 카드를 선택하는 경우의 수는

${}_4P_2=12$

이 세 장의 카드를 한 장으로 생각하여 7장의 카드를 모두 한 번씩 사용하여 일렬로 나열하는 경우의 수는

$7!$

$\therefore 12\times7!$

따라서 구하는 확률은

$\frac{12\times7!}{9!}=\frac{1}{6}$

9 답 ⑤

$1\le a\le b\le 7$을 만족시키는 자연수 a, b의 모든 순서쌍 (a, b)의 개수는

${}_7H_2={}_8C_2=28$

선택한 순서쌍 (a, b)에 대하여 $a\times b$의 값이 홀수인 경우의 수는 a, b가 모두 홀수인 경우의 수와 같으므로

${}_4H_2={}_5C_2=10$

따라서 구하는 확률은

$\frac{10}{28}=\frac{5}{14}$

10 답 ④

9개의 구슬 중에서 2개의 구슬을 동시에 꺼내는 경우의 수는

${}_9C_2=36$

꺼낸 구슬에 적혀 있는 두 수의 합이 짝수인 경우의 수는

(i) 두 수가 모두 홀수인 경우의 수

홀수가 적혀 있는 공 4개에서 2개를 꺼내면 되므로

${}_4C_2=6$

(ii) 두 수가 모두 짝수인 경우의 수

짝수가 적혀 있는 공 5개에서 2개를 꺼내면 되므로

${}_5C_2=10$

(i), (ii)에서 $6+10=16$

따라서 구하는 확률은

$\frac{16}{36}=\frac{4}{9}$

11 답 69

X에서 Y로의 모든 함수 f의 개수는

${}_4\Pi_4=4^4=256$

이때 두 조건 (가), (나)를 만족시키는 함수 f의 개수를 구해 보자.

조건 (가)를 만족시키도록 $f(1)$, $f(3)$의 값을 정하는 경우의 수는

${}_4H_2={}_5C_2=10$

이고, 조건 (나)를 만족시키도록 $f(2)$, $f(4)$의 값을 정하는 경우의 수는

$f(2)=6$, $f(4)=7$ 또는 $f(2)=7$, $f(4)=6$의 2

$\therefore 10\times2=20$

즉, 선택한 함수가 두 조건 (가), (나)를 만족시킬 확률은

$\frac{20}{256}=\frac{5}{64}$

따라서 $p=64$, $q=5$이므로

$p+q=64+5=69$

12 답 ③

$x+y+z=9$ …… ㉠

이때 음이 아닌 정수 x', y', z'에 대하여

$x=x'+1$, $y=y'+1$, $z=z'+1$이라 하면 ㉠에서

$(x'+1)+(y'+1)+(z'+1)=9$

$\therefore x'+y'+z'=6$ …… ㉡

즉, 방정식 ㉠을 만족시키는 순서쌍 (x, y, z)의 개수는 방정식 ㉡을 만족시키는 음이 아닌 정수 x', y', z'의 모든 순서쌍 (x', y', z')의 개수와 같으므로

${}_3H_6={}_8C_6={}_8C_2=28$

$z=x+2$, 즉 $z'+1=(x'+1)+2$에서 $z'=x'+2$이므로 ㉡에서

$x'+y'+(x'+2)=6$

$\therefore 2x'+y'=4$

즉, $z=x+2$를 만족시키는 순서쌍 (x, y, z)의 개수는 위의 방정식을 만족시키는 음이 아닌 정수 x', y', z'의 모든 순서쌍 (x', y', z')의 개수와 같으므로

$(0, 4, 2)$, $(1, 2, 3)$, $(2, 0, 4)$의 3

따라서 구하는 확률은 $\frac{3}{28}$이다.

13 답 ④

$P(A\cup B)=1$, $P(B)=\frac{1}{3}$, $P(A\cap B)=\frac{1}{6}$이므로

$P(A\cup B)=P(A)+P(B)-P(A\cap B)$에서

$1=P(A)+\frac{1}{3}-\frac{1}{6}$

$\therefore P(A)=\frac{5}{6}$

$\therefore P(A^C)=1-P(A)$

$=1-\frac{5}{6}=\frac{1}{6}$

다른 풀이

$\mathrm{P}(A\cup B)=1$이므로

$$\begin{aligned}\mathrm{P}(A^C)&=\mathrm{P}(B-A)\\&=\mathrm{P}(B)-\mathrm{P}(A\cap B)\\&=\frac{1}{3}-\frac{1}{6}=\frac{1}{6}\end{aligned}$$

14 답 ④

$\mathrm{P}(A)=\frac{1}{4}$이므로

$\mathrm{P}(A^C)=1-\mathrm{P}(A)=1-\frac{1}{4}=\frac{3}{4}$

$\mathrm{P}(A^C)\mathrm{P}(B)=\frac{3}{8}$에서

$\frac{3}{4}\mathrm{P}(B)=\frac{3}{8}$

$\therefore \mathrm{P}(B)=\frac{1}{2}$

이때 두 사건 A, B는 서로 배반사건이므로

$$\begin{aligned}\mathrm{P}(A\cup B)&=\mathrm{P}(A)+\mathrm{P}(B)\\&=\frac{1}{4}+\frac{1}{2}=\frac{3}{4}\end{aligned}$$

15 답 ④

$\mathrm{P}(A\cup B)=\frac{5}{3}\mathrm{P}(A)=\frac{3}{2}\mathrm{P}(B)$에서

$\mathrm{P}(A)=\frac{3}{5}\mathrm{P}(A\cup B)$, $\mathrm{P}(B)=\frac{2}{3}\mathrm{P}(A\cup B)$

이때

$\mathrm{P}(A\cup B)=\mathrm{P}(A)+\mathrm{P}(B)-\mathrm{P}(A\cap B)$

에서

$\mathrm{P}(A\cup B)=\frac{3}{5}\mathrm{P}(A\cup B)+\frac{2}{3}\mathrm{P}(A\cup B)-\mathrm{P}(A\cap B)$

$\mathrm{P}(A\cap B)=\frac{4}{15}\mathrm{P}(A\cup B)$

$\therefore \frac{\mathrm{P}(A\cap B)}{\mathrm{P}(A\cup B)}=\frac{4}{15}$

16 답 ②

$\mathrm{P}(A^C)=\frac{2}{3}$이므로

$$\begin{aligned}\mathrm{P}(A)&=1-\mathrm{P}(A^C)\\&=1-\frac{2}{3}=\frac{1}{3}\end{aligned}$$

두 사건 A와 B^C은 서로 배반사건이므로

$A\subset B$

$\therefore \mathrm{P}(A\cap B)=\mathrm{P}(A)$

$$\begin{aligned}\therefore \mathrm{P}(B)&=\mathrm{P}(A\cap B)+\mathrm{P}(A^C\cap B)\\&=\mathrm{P}(A)+\mathrm{P}(A^C\cap B)\\&=\frac{1}{3}+\frac{1}{4}=\frac{7}{12}\end{aligned}$$

17 답 ③

두 수 a, b를 순서쌍 (a, b)로 나타낼 때, 모든 순서쌍 (a, b)의 개수는

$6\times6=36$

(i) 사건 A가 일어나는 경우

두 수 a, b가 모두 짝수인 경우이므로 이 경우의 수는

$3\times3=9$

$\therefore \mathrm{P}(A)=\frac{9}{36}=\frac{1}{4}$

(ii) 사건 B가 일어나는 경우

최소공배수가 6인 순서쌍 (a, b)의 개수는

$(1, 6)$, $(2, 3)$, $(2, 6)$, $(3, 2)$, $(3, 6)$, $(6, 1)$, $(6, 2)$, $(6, 3)$, $(6, 6)$의 9

$\therefore \mathrm{P}(B)=\frac{9}{36}=\frac{1}{4}$

(iii) 두 사건 A, B가 동시에 일어나는 경우

두 수 a, b의 최대공약수가 짝수이고 최소공배수가 6인 순서쌍 (a, b)의 개수는

$(2, 6)$, $(6, 2)$, $(6, 6)$의 3

$\therefore \mathrm{P}(A\cap B)=\frac{3}{36}=\frac{1}{12}$

(i), (ii), (iii)에서

$$\begin{aligned}\mathrm{P}(A\cup B)&=\mathrm{P}(A)+\mathrm{P}(B)-\mathrm{P}(A\cap B)\\&=\frac{1}{4}+\frac{1}{4}-\frac{1}{12}=\frac{5}{12}\end{aligned}$$

18 답 ②

7명의 학생이 원 모양의 탁자에 일정한 간격을 두고 모두 둘러앉는 경우의 수는

$(7-1)!=6!=720$

두 학생 A, B가 이웃하게 되는 사건을 X, 두 학생 A, C가 이웃하게 되는 사건을 Y라 하자.

(i) 사건 X가 일어나는 경우

두 학생 A, B를 한 학생으로 생각하여 6명의 학생이 원 모양의 탁자에 둘러앉는 경우의 수는

$(6-1)!=5!=120$

이때 두 학생 A, B가 서로 자리를 바꾸는 경우의 수는

$2!=2$

즉, 사건 X가 일어나는 경우의 수는

$120\times2=240$

$\therefore \mathrm{P}(X)=\frac{240}{720}=\frac{1}{3}$

(ii) 사건 Y가 일어나는 경우

(i)과 같은 방법으로 $\mathrm{P}(Y)=\frac{1}{3}$

(iii) 두 사건 X, Y가 동시에 일어나는 경우

세 학생 B, A, C를 한 학생으로 생각하여 5명의 학생이 원 모양의 탁자에 둘러앉는 경우의 수는

$(5-1)!=4!=24$

이때 두 학생 B, C가 서로 자리를 바꾸는 경우의 수는

$2!=2$

즉, 사건 X, Y가 동시에 일어나는 경우의 수는

$24\times2=48$

$\therefore \mathrm{P}(X\cap Y)=\frac{48}{720}=\frac{1}{15}$

(i), (ii), (iii)에서 구하는 확률은

$\mathrm{P}(A\cup B)=\mathrm{P}(A)+\mathrm{P}(B)-\mathrm{P}(A\cap B)$

$=\frac{1}{3}+\frac{1}{3}-\frac{1}{15}=\frac{3}{5}$

19 답 ②

방정식

$x+y+z+w=10$ ...... ㉠

을 만족시키는 음이 아닌 정수 x, y, z, w의 모든 순서쌍 (x, y, z, w)의 개수는

${}_4\mathrm{H}_{10}={}_{13}\mathrm{C}_{10}={}_{13}\mathrm{C}_3=286$

방정식 ㉠을 만족시키는 모든 순서쌍 (x, y, z, w)에 대하여 $x=2$인 사건을 A, $y=3$인 사건을 B라 하자.

(i) 사건 A가 일어나는 경우

$x=2$이므로 ㉠에서

$2+y+z+w=10$ $\therefore y+z+w=8$

위의 방정식을 만족시키는 음이 아닌 정수 y, z, w의 모든 순서쌍 (y, z, w)의 개수는

${}_3\mathrm{H}_8={}_{10}\mathrm{C}_8={}_{10}\mathrm{C}_2=45$

$\therefore \mathrm{P}(A)=\frac{45}{286}$

(ii) 사건 B가 일어나는 경우

$y=3$이므로 ㉠에서

$x+3+z+w=10$ $\therefore x+z+w=7$

위의 방정식을 만족시키는 음이 아닌 정수 x, z, w의 모든 순서쌍 (x, z, w)의 개수는

${}_3\mathrm{H}_7={}_9\mathrm{C}_7={}_9\mathrm{C}_2=36$

$\therefore \mathrm{P}(B)=\frac{36}{286}=\frac{18}{143}$

(iii) 두 사건 A, B가 동시에 일어나는 경우

$x=2$, $y=3$이므로 ㉠에서

$2+3+z+w=10$ $\therefore z+w=5$

위의 방정식을 만족시키는 음이 아닌 정수 z, w의 모든 순서쌍 (z, w)의 개수는

${}_2\mathrm{H}_5={}_6\mathrm{C}_5={}_6\mathrm{C}_1=6$

$\therefore \mathrm{P}(A\cap B)=\frac{6}{286}=\frac{3}{143}$

(i), (ii), (iii)에서 조건을 만족시킬 확률은

$\mathrm{P}(A\cup B)=\mathrm{P}(A)+\mathrm{P}(B)-\mathrm{P}(A\cap B)$

$=\frac{45}{286}+\frac{18}{143}-\frac{3}{143}=\frac{75}{286}$

20 답 5

X에서 Y로의 모든 일대일함수 f의 개수는

${}_5\mathrm{P}_4=120$

선택한 함수가 $f(a)<f(b)$인 사건을 A, $f(a)<f(c)$인 사건을 B라 하자.

(i) 사건 A가 일어나는 경우

$f(a)$, $f(b)$의 값을 정하는 경우의 수는 공역의 원소 5개 중에서 2개를 선택하는 경우의 수와 같으므로

${}_5\mathrm{C}_2=10$

$f(c)$, $f(d)$의 값을 정하는 경우의 수는

${}_3\mathrm{P}_2=6$

즉, 이 경우의 수는

$10\times6=60$

$\therefore \mathrm{P}(A)=\frac{60}{120}=\frac{1}{2}$

(ii) 사건 B가 일어나는 경우

(i)과 같은 방법으로 $\mathrm{P}(B)=\frac{1}{2}$

(iii) 두 사건 A, B가 동시에 일어나는 경우

$f(a)<f(b)<f(c)$ 또는 $f(a)<f(c)<f(b)$의 경우이다.

$f(a)$, $f(b)$, $f(c)$의 값을 정하는 경우의 수는 공역의 원소 5개 중에서 3개를 선택하는 경우의 수와 같으므로

$2\times{}_5\mathrm{C}_3=2\times{}_5\mathrm{C}_2=2\times10=20$

$f(d)$의 값을 정하는 경우의 수는

${}_2\mathrm{C}_1=2$

즉, 이 경우의 수는

$20\times2=40$

$\therefore \mathrm{P}(A\cap B)=\frac{40}{120}=\frac{1}{3}$

(i), (ii), (iii)에서 조건을 만족시킬 확률은

$\mathrm{P}(A\cup B)=\mathrm{P}(A)+\mathrm{P}(B)-\mathrm{P}(A\cap B)$

$=\frac{1}{2}+\frac{1}{2}-\frac{1}{3}=\frac{2}{3}$

따라서 $p=3, q=2$이므로

$p+q=3+2=5$

21 답 ②

1에서 50까지의 자연수 중에서 한 개의 수를 선택하는 경우의 수는

${}_{50}\mathrm{C}_1=50$

선택한 수가 4의 배수인 사건을 A, 일의 자리 수가 5인 사건을 B라 하자.

(i) 사건 A가 일어나는 경우

1에서 50까지의 자연수 중에서 4의 배수의 개수는

4, 8, 12, ⋯, 48의 12

$\therefore \mathrm{P}(A)=\frac{12}{50}=\frac{6}{25}$

(ii) 사건 B가 일어나는 경우

1에서 50까지의 자연수 중에서 일의 자리의 수가 5인 수의 개수는

5, 15, 25, 35, 45의 5

$\therefore \mathrm{P}(B)=\frac{5}{50}=\frac{1}{10}$

이때 두 사건 A, B는 서로 배반사건이므로 구하는 확률은 (i), (ii)에서

$\mathrm{P}(A \cup B)=\mathrm{P}(A)+\mathrm{P}(B)=\frac{6}{25}+\frac{1}{10}=\frac{17}{50}$

22 답 ⑤

7개의 공 중에서 5개의 공을 동시에 꺼내는 경우의 수는

${}_7\mathrm{C}_5={}_7\mathrm{C}_2=21$

꺼낸 5개의 공 중에서 흰 공 4개, 검은 공 1개인 사건을 A, 흰 공 3개, 검은 공 2개인 사건을 B라 하자.

(i) 사건 A가 일어나는 경우

흰 공 4개 중에서 4개, 검은 공 3개 중에서 1개를 꺼내는 경우이므로 이 경우의 수는

${}_4\mathrm{C}_4 \times {}_3\mathrm{C}_1=1\times 3=3$

$\therefore \mathrm{P}(A)=\frac{3}{21}=\frac{1}{7}$

(ii) 사건 B가 일어나는 경우

흰 공 4개 중에서 3개, 검은 공 3개 중에서 2개를 꺼내는 경우이므로 이 경우의 수는

${}_4\mathrm{C}_3 \times {}_3\mathrm{C}_2={}_4\mathrm{C}_1 \times {}_3\mathrm{C}_1=4\times 3=12$

$\therefore \mathrm{P}(B)=\frac{12}{21}=\frac{4}{7}$

이때 두 사건 A, B는 서로 배반사건이므로 구하는 확률은 (i), (ii)에서

$\mathrm{P}(A \cup B)=\mathrm{P}(A)+\mathrm{P}(B)=\frac{1}{7}+\frac{4}{7}=\frac{5}{7}$

23 답 15

$2n$개 중에서 3개를 고르는 경우의 수는

${}_{2n}\mathrm{C}_3=\frac{2n(2n-1)(2n-2)}{6}$

만들어진 세트 상품이 쿠키로만 구성되어 있는 사건을 A, 음료로만 구성되어 있는 사건을 B라 하자.

(i) 사건 A가 일어나는 경우

서로 다른 쿠키 n개 중에서 3개를 선택하는 경우이므로 이 경우의 수는

${}_n\mathrm{C}_3=\frac{n(n-1)(n-2)}{6}$

$\therefore \mathrm{P}(A)=\dfrac{\frac{n(n-1)(n-2)}{6}}{\frac{2n(2n-1)(2n-2)}{6}}$

$=\frac{n-2}{4(2n-1)}$ $(\because n \geq 3)$

(ii) 사건 B가 일어나는 경우

(i)과 같은 방법으로

$\mathrm{P}(B)=\frac{n-2}{4(2n-1)}$

이때 두 사건 A, B는 서로 배반사건이고, 조건을 만족시키는 확률이 $\frac{13}{58}$이므로 (i), (ii)에서

$\mathrm{P}(A \cup B)=\mathrm{P}(A)+\mathrm{P}(B)$

$=\frac{n-2}{4(2n-1)}+\frac{n-2}{4(2n-1)}$

$=\frac{n-2}{2(2n-1)}=\frac{13}{58}$

이고, $58n-116=52n-26$

$6n=90 \qquad \therefore n=15$

24 답 ③

두 수 a, b가 나올 수 있는 모든 경우의 수는

$6\times 6=36$

한 개의 주사위를 한 번 던졌을 때 나온 눈의 수의 약수의 개수가

1인 수는 1

2인 수는 2, 3, 5

3인 수는 4

4인 수는 6

a, b의 약수의 개수의 합이 3인 사건을 A, 6인 사건을 B라 하자.

(i) 사건 A가 일어나는 경우

$3=1+2=2+1$

이므로 이 경우의 수는

$1\times 3+3\times 1=6$

$\therefore \mathrm{P}(A)=\frac{6}{36}=\frac{1}{6}$

(ii) 사건 B가 일어나는 경우

$6=2+4=3+3=4+2$

이므로 이 경우의 수는

$3\times 1+1\times 1+1\times 3=7$

$\therefore \mathrm{P}(B)=\frac{7}{36}$

이때 두 사건 A, B는 서로 배반사건이므로 구하는 확률은 (i), (ii)에서

$\mathrm{P}(A \cup B)=\mathrm{P}(A)+\mathrm{P}(B)=\frac{1}{6}+\frac{7}{36}=\frac{13}{36}$

25 답 ⑤

마스크 14개에서 3개의 마스크를 동시에 꺼내는 경우의 수는

${}_{14}\mathrm{C}_3=364$

꺼낸 3개의 마스크 중에서 적어도 한 개가 흰색 마스크인 사건을 A라 하면 A^C은 꺼낸 3개의 마스크 중에서 흰색 마스크가 없는 사건이다.

사건 A^C이 일어나는 경우는 검은색 마스크 9개 중에서 3개를 꺼내는 경우이므로 이 경우의 수는

${}_9C_3=84$

$\therefore\ P(A^C)=\frac{84}{364}=\frac{3}{13}$

따라서 구하는 확률은

$P(A)=1-P(A^C)=1-\frac{3}{13}=\frac{10}{13}$

26 답 ④

두 학생 A, B를 포함한 6명의 학생을 일렬로 세우는 경우의 수는

$6!=720$

A와 B 사이에 적어도 한 명의 학생을 세우는 사건을 A라 하면 A^C은 A와 B 사이에 한 명의 학생도 세우지 않는 사건이다.

사건 A^C이 일어나는 경우는 두 학생 A, B가 서로 이웃하는 경우이므로

$5!\times2!=120\times2=240$

$\therefore\ P(A^C)=\frac{240}{720}=\frac{1}{3}$

따라서 구하는 확률은

$P(A)=1-P(A^C)=1-\frac{1}{3}=\frac{2}{3}$

27 답 ④

7명의 학생이 원 모양의 탁자에 일정한 간격을 두고 모두 둘러앉는 경우의 수는

$(7-1)!=6!=720$

세 학생 A, B, C 중에서 적어도 2명 이상 이웃하는 사건을 A라 하면 A^C은 A, B, C 중 어느 두 학생도 이웃하지 않는 사건이다.

사건 A^C이 일어나는 경우는 세 학생 A, B, C를 제외한 네 학생 사이사이의 4개의 자리 중에서 3개의 자리에 세 학생 A, B, C가 앉는 경우이므로 이 경우의 수는

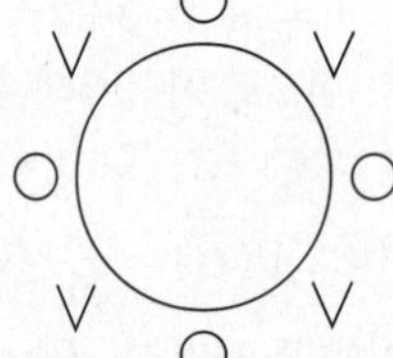

$(4-1)!\times{}_4P_3=3!\times{}_4P_3$
$=6\times24=144$

$\therefore\ P(A^C)=\frac{144}{720}=\frac{1}{5}$

따라서 구하는 확률은

$P(A)=1-P(A^C)=1-\frac{1}{5}=\frac{4}{5}$

28 답 ③

10장의 카드 중에서 카드 3장을 동시에 꺼내는 경우의 수는

${}_{10}C_3=120$

꺼낸 3장의 카드에 적혀 있는 세 자연수 중에서 가장 작은 수가 4 이하이거나 7 이상인 사건을 A라 하면 A^C은 꺼낸 3장의 카드에 적혀 있는 세 자연수 중에서 가장 작은 수가 5 또는 6인 사건이다.

사건 A^C이 일어나는 경우의 수는

(i) 가장 작은 수가 5인 경우의 수

6, 7, 8, 9, 10이 하나씩 적혀 있는 5장의 카드 중에서 2장의 카드를 꺼내면 되므로

${}_5C_2=10$

(ii) 가장 작은 수가 6인 경우의 수

7, 8, 9, 10이 하나씩 적혀 있는 4장의 카드 중에서 2장의 카드를 꺼내면 되므로

${}_4C_2=6$

(i), (ii)에서 $10+6=16$

$\therefore\ P(A^C)=\frac{16}{120}=\frac{2}{15}$

따라서 구하는 확률은

$P(A)=1-P(A^C)=1-\frac{2}{15}=\frac{13}{15}$

02 조건부확률

26~32쪽

1 ②	2 ①	3 ④	4 ②
5 14	6 ③	7 7	8 ④
9 ②	10 ③	11 ①	12 ④
13 ①	14 ⑤	15 139	16 ①
17 ⑤	18 ③	19 ①	20 ③
21 ⑤	22 ①	23 ③	24 ③
25 ④	26 ①	27 ②	28 ⑤

1 답 ②

$\mathrm{P}(A^C)=1-\mathrm{P}(A)=1-\frac{1}{4}=\frac{3}{4}$

$\mathrm{P}(B\cap A^C)=\mathrm{P}(A\cup B)-\mathrm{P}(A)=\frac{3}{5}-\frac{1}{4}=\frac{7}{20}$

$\therefore \mathrm{P}(B|A^C)=\frac{\mathrm{P}(B\cap A^C)}{\mathrm{P}(A^C)}=\frac{\frac{7}{20}}{\frac{3}{4}}=\frac{7}{15}$

2 답 ①

$\mathrm{P}(A^C|B)=\mathrm{P}(A|B)$에서

$\frac{\mathrm{P}(A^C\cap B)}{\mathrm{P}(B)}=\frac{\mathrm{P}(A\cap B)}{\mathrm{P}(B)}$

이때 $\mathrm{P}(A\cap B)=\frac{1}{6}$에서 $\mathrm{P}(B)\neq 0$이므로

$\mathrm{P}(A^C\cap B)=\mathrm{P}(A\cap B)=\frac{1}{6}$

$\therefore \mathrm{P}(B)=\mathrm{P}(A^C\cap B)+\mathrm{P}(A\cap B)=\frac{1}{6}+\frac{1}{6}=\frac{1}{3}$

3 답 ④

$\mathrm{P}(B^C)=1-\mathrm{P}(B)=1-\frac{1}{4}=\frac{3}{4}$

$\mathrm{P}(A)=1-\mathrm{P}(A^C)=1-\frac{2}{3}=\frac{1}{3}$

이므로

$\mathrm{P}(A\cap B^C)=\mathrm{P}(A)-\mathrm{P}(A\cap B)=\frac{1}{3}-\frac{1}{6}=\frac{1}{6}$

$\therefore \mathrm{P}(A|B^C)=\frac{\mathrm{P}(A\cap B^C)}{\mathrm{P}(B^C)}=\frac{\frac{1}{6}}{\frac{3}{4}}=\frac{2}{9}$

4 답 ②

조건 (가)의 $\mathrm{P}(A|B)=\frac{1}{2}$에서

$\frac{\mathrm{P}(A\cap B)}{\mathrm{P}(B)}=\frac{1}{2}$

$\therefore \mathrm{P}(B)=2\mathrm{P}(A\cap B)$ ($\because \mathrm{P}(B)\neq 0$) …… ㉠

조건 (나)의 $\mathrm{P}(A\cup B)=5\mathrm{P}(A\cap B)$에서

$\mathrm{P}(A)+\mathrm{P}(B)-\mathrm{P}(A\cap B)=5\mathrm{P}(A\cap B)$

$\mathrm{P}(A)+2\mathrm{P}(A\cap B)-\mathrm{P}(A\cap B)=5\mathrm{P}(A\cap B)$ ($\because$ ㉠)

$\mathrm{P}(A)=4\mathrm{P}(A\cap B)$

$\frac{\mathrm{P}(A\cap B)}{\mathrm{P}(A)}=\frac{1}{4}$ ($\because \mathrm{P}(A)\neq 0$)

$\therefore \mathrm{P}(B|A)=\frac{1}{4}$

5 답 14

이 조사에 참여한 학생 80명 중에서 임의로 선택한 한 명이 남학생인 사건을 X, 수학Ⅰ을 선호한 학생인 사건을 Y라 하면 구하는 확률은 $\mathrm{P}(Y|X)$이다.

남학생은 36명이므로

$n(X)=36$

남학생 중 수학Ⅰ을 선호하는 학생은 20명이므로

$n(X\cap Y)=20$

즉, 이 조사에 참여한 학생 80명 중에서 임의로 선택한 한 명이 남학생일 때, 이 학생이 수학Ⅰ을 선호할 확률은

$\mathrm{P}(Y|X)=\frac{n(X\cap Y)}{n(X)}=\frac{20}{36}=\frac{5}{9}$

따라서 $p=9$, $q=5$이므로

$p+q=9+5=14$

6 답 ③

이 대회에 참가한 학생 50명 중에서 임의로 선택한 한 명이 1학년 학생인 사건을 X, 주제 B를 고른 학생인 사건을 Y라 하자.

1학년 학생은 24명이므로

$n(X)=24$

주제 B를 고른 학생은 30명이므로

$n(Y)=30$

1학년 학생 중 주제 B를 고른 학생은 8명이므로

$n(X\cap Y)=8$

따라서

$p_1=\mathrm{P}(Y|X)=\frac{n(X\cap Y)}{n(X)}=\frac{8}{24}$,

$p_2=\mathrm{P}(X|Y)=\frac{n(X\cap Y)}{n(Y)}=\frac{8}{30}$

이므로

$\frac{p_2}{p_1}=\frac{\frac{8}{30}}{\frac{8}{24}}=\frac{4}{5}$

7 답 7

이 조사에 참여한 학생 수는 26이므로

$(a+3)+(10-a)+2b+(2b-3)=26$

$4b=16$ $\quad\therefore b=4$

한편, 조사에 참여한 학생 26명 중에서 임의로 선택한 1명이 촬영 장소 A를 선택한 학생인 사건을 X, 여학생인 사건을 Y라 하면 $P(Y|X)=\frac{4}{7}$이다.

촬영 장소 A를 선택한 학생 수는 $a+11$이므로

$n(X)=a+11$

촬영 장소 A를 선택한 여학생 수는 8이므로

$n(X\cap Y)=8$

따라서

$$P(Y|X)=\frac{n(X\cap Y)}{n(X)}=\frac{8}{a+11}=\frac{4}{7}$$

에서

$a+11=14 \quad \therefore a=3$

$\therefore a+b=3+4=7$

8 답 ④

이 조사에 참여한 학생 수는 150이므로

$6a+(34+2a)+3b+(b+28)=150$

$8a+4b=88 \quad \therefore 2a+b=22 \quad \cdots\cdots$ ㉠

한편, 이 조사에 참여한 학생 중에서 임의로 선택한 1명의 학생이 SNS 플랫폼 B를 선택한 학생인 사건을 X, 남학생인 사건을 Y라 하면 $P(X|Y)=\frac{3}{7}$이고, 구하는 확률은 $P(Y|X)$이다.

SNS 플랫폼 B를 선택한 학생 수가 $3b+(b+28)=4b+28$이므로

$n(X)=4b+28$

남학생 수는 $(34+2a)+(b+28)=2a+b+62$이므로

$n(Y)=2a+b+62$

플랫폼 B를 선택한 남학생 수는 $b+28$이므로

$n(X\cap Y)=b+28$

이때

$$P(X|Y)=\frac{n(X\cap Y)}{n(Y)}=\frac{b+28}{2a+b+62}=\frac{3}{7}$$

에서 $7b+196=6a+3b+186$

$6a-4b=10 \quad \therefore 3a-2b=5 \quad \cdots\cdots$ ㉡

㉠, ㉡을 연립하여 풀면

$a=7,\ b=8$

따라서 구하는 확률은

$$P(Y|X)=\frac{n(X\cap Y)}{n(X)}=\frac{36}{60}=\frac{3}{5}$$

9 답 ②

주머니에서 두 학생이 공을 하나씩 꺼낼 때, 서로 다른 공인 사건을 X, 모두 검은 공인 사건을 Y라 하면 구하는 확률은 $P(Y|X)$이다.

꺼낸 두 공이 서로 다를 확률은

$$P(X)=\frac{{}_7P_2}{{}_7\Pi_2}=\frac{42}{49}=\frac{6}{7}$$

꺼낸 두 공이 서로 다른 검은 공일 확률은

$$P(X\cap Y)=\frac{{}_3P_2}{{}_7\Pi_2}=\frac{6}{49}$$

따라서 구하는 확률은

$$P(Y|X)=\frac{P(X\cap Y)}{P(X)}=\frac{\frac{6}{49}}{\frac{6}{7}}=\frac{1}{7}$$

10 답 ③

체험 학습 B를 선택한 여학생 수를 x라 하고, 주어진 조건을 표로 나타내면 다음과 같다.

(단위: 명)

	체험 학습 A	체험 학습 B	합계
남학생	90	$200-x$	$290-x$
여학생	70	x	$70+x$
합계	160	200	360

이 학교의 학생 중 임의로 뽑은 1명의 학생이 체험 학습 B를 선택한 학생인 사건을 X, 남학생인 사건을 Y라 하면

$P(Y|X)=\frac{2}{5}$이므로

$$P(Y|X)=\frac{n(X\cap Y)}{n(X)}=\frac{200-x}{200}=\frac{2}{5}$$

$1000-5x=400,\ 5x=600 \quad \therefore x=120$

따라서 이 학교의 여학생 수는

$70+120=190$

11 답 ①

모든 함수 f 중에서 임의로 하나를 선택할 때, 선택한 함수가 일대일함수인 사건을 A, $f(1)+f(3)=f(2)$를 만족시키는 함수인 사건을 B라 하면 구하는 확률은 $P(B|A)$이다.

함수 f가 일대일함수일 확률은

$$P(A)=\frac{{}_4P_3}{{}_4\Pi_3}=\frac{24}{64}=\frac{3}{8}$$

함수 f가 일대일함수이고, $f(1)+f(3)=f(2)$를 만족시킬 확률을 구하면

$f(1),\ f(3),\ f(2)$의 값을 순서쌍 $(f(1),\ f(3),\ f(2))$로 나타내면 이 순서쌍의 개수는

$(1,\ 2,\ 3),\ (1,\ 3,\ 4),\ (2,\ 1,\ 3),\ (3,\ 1,\ 4)$의 4이므로

$$P(A\cap B)=\frac{4}{{}_4\Pi_3}=\frac{4}{64}=\frac{1}{16}$$

따라서 구하는 확률은

$$P(B|A)=\frac{P(A\cap B)}{P(A)}=\frac{\frac{1}{16}}{\frac{3}{8}}=\frac{1}{6}$$

12 답 ④

1부터 8까지의 자연수 중에서 임의로 서로 다른 3개의 수를 동

시에 선택할 때 3개의 수의 곱이 짝수인 사건을 X, 3개의 수의 합이 홀수인 사건을 Y라 하면 구하는 확률은 $\mathrm{P}(Y|X)$이다.

X^C은 선택한 3개의 수가 모두 홀수인 사건이므로 선택한 3개의 수의 곱이 짝수일 확률은

$$\mathrm{P}(X)=1-\mathrm{P}(X^C)=1-\frac{{}_4\mathrm{C}_3}{{}_8\mathrm{C}_3}=1-\frac{4}{56}=\frac{13}{14}$$

선택한 3개의 수의 곱이 짝수이고 합이 홀수인 경우는 홀수 1개, 짝수 2개를 선택하는 경우이므로 이 확률은

$$\mathrm{P}(X\cap Y)=\frac{{}_4\mathrm{C}_1\times{}_4\mathrm{C}_2}{{}_8\mathrm{C}_3}=\frac{4\times 6}{56}=\frac{3}{7}$$

따라서 구하는 확률은

$$\mathrm{P}(Y|X)=\frac{\mathrm{P}(X\cap Y)}{\mathrm{P}(X)}=\frac{\frac{3}{7}}{\frac{13}{14}}=\frac{6}{13}$$

13 답 ①

이 상자에서 임의로 한 개씩 구슬을 두 번 꺼낼 때, 첫 번째 꺼낸 구슬이 검은 구슬인 사건을 X, 두 번째 꺼낸 구슬이 검은 구슬인 사건을 Y라 하면 구하는 확률은 $\mathrm{P}(X\cap Y)$이다.

첫 번째 꺼낸 구슬이 검은 구슬일 확률은

$$\mathrm{P}(X)=\frac{3}{12}=\frac{1}{4}$$

첫 번째 꺼낸 구슬이 검은 구슬일 때 두 번째 꺼낸 구슬이 검은 구슬일 확률은

$$\mathrm{P}(Y|X)=\frac{2}{11}$$

따라서 구하는 확률은

$$\mathrm{P}(X\cap Y)=\mathrm{P}(X)\mathrm{P}(Y|X)=\frac{1}{4}\times\frac{2}{11}=\frac{1}{22}$$

14 답 ⑤

두 주머니 A, B 중에서 주머니 A를 선택하는 사건을 X, 주머니에서 임의로 꺼낸 2개의 공이 모두 같은 색인 사건을 Y라 하면 구하는 확률은 $\mathrm{P}(Y)$이다.

(i) 주머니 A를 선택하는 경우

주머니 A를 선택할 확률은

$$\mathrm{P}(X)=\frac{1}{2}$$

주머니 A를 선택했을 때 주머니 A에서 임의로 꺼낸 2개의 공이 모두 흰 공 또는 검은 공일 확률은

$$\mathrm{P}(Y|X)=\frac{{}_2\mathrm{C}_2+{}_8\mathrm{C}_2}{{}_{10}\mathrm{C}_2}=\frac{1+28}{45}=\frac{29}{45}$$

$$\therefore\ \mathrm{P}(X\cap Y)=\mathrm{P}(X)\mathrm{P}(Y|X)=\frac{1}{2}\times\frac{29}{45}=\frac{29}{90}$$

(ii) 주머니 B를 선택하는 경우

주머니 B를 선택할 확률은

$$\mathrm{P}(X^C)=\frac{1}{2}$$

주머니 B를 선택했을 때 주머니 B에서 임의로 꺼낸 2개의 공이 모두 흰 공 또는 검은 공일 확률은

$$\mathrm{P}(Y|X^C)=\frac{{}_6\mathrm{C}_2+{}_4\mathrm{C}_2}{{}_{10}\mathrm{C}_2}=\frac{15+6}{45}=\frac{7}{15}$$

$$\therefore\ \mathrm{P}(X^C\cap Y)=\mathrm{P}(X^C)\mathrm{P}(Y|X^C)=\frac{1}{2}\times\frac{7}{15}=\frac{7}{30}$$

(i), (ii)에서 구하는 확률은

$$\mathrm{P}(Y)=\mathrm{P}(X\cap Y)+\mathrm{P}(X^C\cap Y)=\frac{29}{90}+\frac{7}{30}=\frac{5}{9}$$

15 답 139

한 개의 주사위를 던져 나오는 눈의 수가 3 이상인 사건을 X, 선택한 2개의 원소의 곱이 3의 배수인 사건을 Y라 하면 구하는 확률은 $\mathrm{P}(Y)$이다.

(i) 주사위의 눈의 수가 3 이상인 경우

주사위의 눈의 수가 3 이상일 확률은

$$\mathrm{P}(X)=\frac{4}{6}=\frac{2}{3}$$

집합 A에서 임의로 동시에 선택한 서로 다른 2개의 원소의 곱이 3의 배수이려면 3과 3을 제외한 나머지 네 개의 원소 중 하나를 선택해야 하므로 주사위의 눈의 수가 3 이상일 때 집합 A에서 임의로 동시에 선택한 서로 다른 2개의 원소의 곱이 3의 배수일 확률은

$$\mathrm{P}(Y|X)=\frac{{}_1\mathrm{C}_1\times{}_4\mathrm{C}_1}{{}_5\mathrm{C}_2}=\frac{1\times 4}{10}=\frac{2}{5}$$

$$\therefore\ \mathrm{P}(X\cap Y)=\mathrm{P}(X)\mathrm{P}(Y|X)=\frac{2}{3}\times\frac{2}{5}=\frac{4}{15}$$

(ii) 주사위의 눈의 수가 2 이하인 경우

주사위의 눈의 수가 2 이하일 확률은

$$\mathrm{P}(X^C)=1-\frac{2}{3}=\frac{1}{3}$$

집합 B에서 임의로 동시에 선택한 서로 다른 2개의 원소의 곱이 3의 배수이려면 6 또는 9를 적어도 하나 선택해야 하므로 주사위의 눈의 수가 2 이하일 때 집합 B에서 임의로 동시에 선택한 서로 다른 2개의 원소의 곱이 3의 배수일 확률은

$$\mathrm{P}(Y|X^C)=1-\frac{{}_2\mathrm{C}_2}{{}_4\mathrm{C}_2}=1-\frac{1}{6}=\frac{5}{6}$$

$$\therefore\ \mathrm{P}(X^C\cap Y)=\mathrm{P}(X^C)\mathrm{P}(Y|X^C)=\frac{1}{3}\times\frac{5}{6}=\frac{5}{18}$$

(i), (ii)에서 구하는 확률은

$$\mathrm{P}(Y)=\mathrm{P}(X\cap Y)+\mathrm{P}(X^C\cap Y)=\frac{4}{15}+\frac{5}{18}=\frac{49}{90}$$

따라서 $p=90$, $q=49$이므로

$p+q=90+49=139$

16 답 ①

주머니에서 꺼낸 2개의 공이 모두 흰색인 사건을 X, 주사위를 한 번 던져 나온 눈의 수가 5 이상인 사건을 Y라 하면 구하는 확률은 $\mathrm{P}(Y|X)$이다.

(i) 주머니 A에서 임의로 꺼낸 2개의 공이 모두 흰색인 경우
주사위를 한 번 던져 나온 눈의 수가 5 이상일 확률은
$P(Y)=\frac{2}{6}=\frac{1}{3}$
주머니 A에서 흰 공 2개를 꺼낼 확률은
$P(X|Y)=\frac{{}_2C_2}{{}_6C_2}=\frac{1}{15}$
$\therefore P(X\cap Y)=P(Y)P(X|Y)=\frac{1}{3}\times\frac{1}{15}=\frac{1}{45}$

(ii) 주머니 B에서 임의로 꺼낸 2개의 공이 모두 흰색인 경우
주사위를 한 번 던져 나온 눈의 수가 4 이하일 확률은
$P(Y^C)=1-\frac{1}{3}=\frac{2}{3}$
주머니 B에서 흰 공 2개를 꺼낼 확률은
$P(X|Y^C)=\frac{{}_3C_2}{{}_6C_2}=\frac{3}{15}=\frac{1}{5}$
$\therefore P(X\cap Y^C)=P(Y^C)P(X|Y^C)=\frac{2}{3}\times\frac{1}{5}=\frac{2}{15}$

(i), (ii)에서 구하는 확률은
$$P(Y|X)=\frac{P(X\cap Y)}{P(X\cap Y)+P(X\cap Y^C)}=\frac{\frac{1}{45}}{\frac{1}{45}+\frac{2}{15}}=\frac{1}{7}$$

17 답 ⑤

두 사건 A와 B는 서로 독립이므로
$P(A\cup B)=P(A)+P(B)-P(A\cap B)$
$=P(A)+P(B)-P(A)P(B)$
에서
$\frac{7}{10}=\frac{2}{5}+P(B)-\frac{2}{5}P(B)$
$\frac{3}{5}P(B)=\frac{3}{10}\qquad\therefore P(B)=\frac{1}{2}$

18 답 ③

두 사건 A와 B는 서로 독립이므로 두 사건 A와 B^C도 서로 독립이다.
$P(A|B^C)=\frac{P(A\cap B^C)}{P(B^C)}=\frac{P(A)P(B^C)}{P(B^C)}=P(A)=\frac{3}{8}$
이므로 $P(A\cap B)=\frac{3}{14}$에서
$P(A)P(B)=\frac{3}{14}$
$\frac{3}{8}P(B)=\frac{3}{14}\qquad\therefore P(B)=\frac{4}{7}$
$\therefore P(B^C)=1-P(B)=1-\frac{4}{7}=\frac{3}{7}$

19 답 ①

두 사건 A와 B는 서로 독립이므로 두 사건 A^C과 B도 서로 독립이다.
$P(A^C)=1-P(A)=1-\frac{4}{7}=\frac{3}{7}$
이므로
$P(A^C\cap B)=\frac{1}{21}$에서
$P(A^C)P(B)=\frac{1}{21}$
$\frac{3}{7}P(B)=\frac{1}{21}\qquad\therefore P(B)=\frac{1}{9}$
$\therefore P(B|A)=\frac{P(B\cap A)}{P(A)}=\frac{P(B)P(A)}{P(A)}=P(B)=\frac{1}{9}$

20 답 ③

두 사건 A와 B는 서로 독립이므로 두 사건 A^C과 B도 서로 독립이다.
$P(A\cap B)=\frac{2}{5}$에서 $P(A)P(B)=\frac{2}{5}$
$\therefore P(B)=\frac{2}{5P(A)}$ ($\because P(A)\neq 0$) ⋯⋯ ㉠
$P(A^C\cap B)=\frac{1}{3}$에서
$P(A^C)P(B)=\frac{1}{3}$
$\{1-P(A)\}P(B)=\frac{1}{3}$
$\{1-P(A)\}\times\frac{2}{5P(A)}=\frac{1}{3}$ ($\because$ ㉠)
$6-6P(A)=5P(A)$
$11P(A)=6\qquad\therefore P(A)=\frac{6}{11}$

21 답 ⑤

(i) 첫 번째 시행에서 흰 공, 두 번째 시행에서 검은 공이 나올 확률
$\frac{{}_4C_1}{{}_9C_1}\times\frac{{}_5C_1}{{}_9C_1}=\frac{4}{9}\times\frac{5}{9}=\frac{20}{81}$

(ii) 첫 번째 시행에서 검은 공, 두 번째 시행에서 흰 공이 나올 확률
$\frac{{}_5C_1}{{}_9C_1}\times\frac{{}_4C_1}{{}_9C_1}=\frac{5}{9}\times\frac{4}{9}=\frac{20}{81}$

(i), (ii)에서 구하는 확률은
$\frac{20}{81}+\frac{20}{81}=\frac{40}{81}$

22 답 ①

(i) $a=1$, $b=1$일 확률
$\frac{1}{5}\times\frac{{}_4C_4\times{}_3C_1}{{}_7C_5}=\frac{1}{5}\times\frac{1\times3}{21}=\frac{1}{35}$

(ii) $a=3$, $b=3$일 확률
$\frac{1}{5}\times\frac{{}_4C_2\times{}_3C_3}{{}_7C_5}=\frac{1}{5}\times\frac{6\times1}{21}=\frac{2}{35}$

(i), (ii)에서 구하는 확률은

$\frac{1}{35}+\frac{2}{35}=\frac{3}{35}$

23 답 ③

두 상자 A, B에서 각각 구슬을 임의로 하나씩 꺼내어 꺼낸 구슬에 적혀 있는 수를 곱했을 때, 짝수인 사건을 A라 하면 A^C은 적혀 있는 두 수의 곱이 홀수인 사건이므로

$\mathrm{P}(A^C)=\frac{3}{5}\times\frac{4}{7}=\frac{12}{35}$

$\therefore \mathrm{P}(A)=1-\mathrm{P}(A^C)=1-\frac{12}{35}=\frac{23}{35}$

24 답 ③

(i) 관람객 투표에서 점수 A를 받고 심사 위원에서 점수 C를 받는 확률

$\frac{1}{2}\times\frac{1}{6}=\frac{1}{12}$

(ii) 관람객 투표에서 점수 B를 받고 심사 위원에서 점수 B를 받는 확률

$\frac{1}{3}\times\frac{1}{3}=\frac{1}{9}$

(iii) 관람객 투표에서 점수 C를 받고 심사 위원에서 점수 A를 받는 확률

$\frac{1}{6}\times\frac{1}{2}=\frac{1}{12}$

(i), (ii), (iii)에서 구하는 확률은

$\frac{1}{12}+\frac{1}{9}+\frac{1}{12}=\frac{5}{18}$

25 답 ④

(i) A가 첫 번째, 두 번째 경기에서 모두 이길 확률

${}_2\mathrm{C}_2\left(\frac{3}{5}\right)^2\left(\frac{2}{5}\right)^{2-2}=1\times\frac{9}{25}\times1=\frac{9}{25}$

(ii) A가 첫 번째, 두 번째 경기 중 한 경기만 이기고 세 번째 경기에서 이길 확률

${}_2\mathrm{C}_1\left(\frac{3}{5}\right)^1\left(\frac{2}{5}\right)^{2-1}\times\frac{3}{5}=2\times\frac{3}{5}\times\frac{2}{5}\times\frac{3}{5}=\frac{36}{125}$

(i), (ii)에서 구하는 확률은

$\frac{9}{25}+\frac{36}{125}=\frac{81}{125}$

26 답 ①

이 시행을 6번 반복할 때, 동전의 앞면이 나온 횟수를 a라 하면 뒷면이 나온 횟수는 $6-a$이다.

이때 시행을 6번 반복한 후 점 P의 좌표가 0이어야 하므로

$2\times a+(-1)\times(6-a)=0$

$2a-6+a=0$

$3a=6 \qquad \therefore a=2$

따라서 구하는 확률은

${}_6\mathrm{C}_2\left(\frac{1}{2}\right)^2\left(\frac{1}{2}\right)^{6-2}=15\times\frac{1}{4}\times\frac{1}{16}=\frac{15}{64}$

27 답 ②

주사위를 한 번 던졌을 때 6의 약수의 눈이 나올 확률은

$\frac{4}{6}=\frac{2}{3}$

$a+b=4$이므로

(i) $a=0$, $b=4$일 확률

6의 약수의 눈이 0번 나올 확률이므로

${}_4\mathrm{C}_0\left(\frac{2}{3}\right)^0\left(\frac{1}{3}\right)^{4-0}=1\times1\times\frac{1}{81}=\frac{1}{81}$

(ii) $a=1$, $b=3$일 확률

6의 약수의 눈이 1번 나올 확률이므로

${}_4\mathrm{C}_1\left(\frac{2}{3}\right)^1\left(\frac{1}{3}\right)^{4-1}=4\times\frac{2}{3}\times\frac{1}{27}=\frac{8}{81}$

(iii) $a=2$, $b=2$일 확률

6의 약수의 눈이 2번 나올 확률이므로

${}_4\mathrm{C}_2\left(\frac{2}{3}\right)^2\left(\frac{1}{3}\right)^{4-2}=6\times\frac{4}{9}\times\frac{1}{9}=\frac{24}{81}$

(i), (ii), (iii)에서 구하는 확률은

$\frac{1}{81}+\frac{8}{81}+\frac{24}{81}=\frac{11}{27}$

28 답 ⑤

주머니에서 2개의 공을 동시에 꺼내는 모든 경우의 수는

${}_4\mathrm{C}_2=6$

꺼낸 2개의 공에 적혀 있는 숫자의 합이 소수인 경우의 수는

(1, 2), (1, 4), (2, 3), (3, 4)의 4

즉, 주머니에서 임의로 2개의 공을 동시에 꺼냈을 때, 꺼낸 공에 적혀 있는 숫자의 합이 소수일 확률은

$\frac{4}{6}=\frac{2}{3}$

동전의 앞면이 2번 나오는 사건을 X, 꺼낸 2개의 공에 적혀 있는 숫자의 합이 소수인 사건을 Y라 하면 구하는 확률은 $\mathrm{P}(Y|X)$이다.

동전의 앞면이 2번 나올 확률은

$\mathrm{P}(X)=\frac{2}{3}\times{}_2\mathrm{C}_2\left(\frac{1}{2}\right)^2\left(\frac{1}{2}\right)^{2-2}+\frac{1}{3}\times{}_3\mathrm{C}_2\left(\frac{1}{2}\right)^2\left(\frac{1}{2}\right)^{2-1}$

$=\frac{2}{3}\times1\times\frac{1}{4}\times1+\frac{1}{3}\times3\times\frac{1}{4}\times\frac{1}{2}=\frac{7}{24}$

동전의 앞면이 2번 나오고, 꺼낸 2개의 공에 적혀 있는 수의 합이 소수일 확률은

$\mathrm{P}(X\cap Y)=\frac{2}{3}\times{}_2\mathrm{C}_2\left(\frac{1}{2}\right)^2\left(\frac{1}{2}\right)^{2-2}=\frac{2}{3}\times1\times\frac{1}{4}\times1=\frac{1}{6}$

따라서 구하는 확률은

$$\mathrm{P}(Y|X)=\frac{\mathrm{P}(X\cap Y)}{\mathrm{P}(X)}=\frac{\frac{1}{6}}{\frac{7}{24}}=\frac{4}{7}$$

Ⅲ. 통계

01 이산확률변수의 확률분포

33~39쪽

1 ④	2 ⑤	3 ①	4 ④
5 ④	6 ③	7 ④	8 ②
9 ④	10 ③	11 ③	12 12
13 ④	14 ③	15 265	16 ①
17 ①	18 ⑤	19 ⑤	20 7
21 15	22 ②	23 2	24 ④
25 35	26 ④	27 ⑤	28 47

1 답 ④

확률의 총합은 1이므로

$\mathrm{P}(X=0)+\mathrm{P}(X=1)+\mathrm{P}(X=2)+\mathrm{P}(X=3)+\mathrm{P}(X=4)=1$

$a+2a+3a+4a+b=1$

$\therefore 10a+b=1$ …… ㉠

$2\mathrm{P}(X=4)=\mathrm{P}(0\le X<4)$에서

$2\mathrm{P}(X=4)=\mathrm{P}(X=0)+\mathrm{P}(X=1)+\mathrm{P}(X=2)+\mathrm{P}(X=3)$

$2b=a+2a+3a+4a,\ 2b=10a$

$\therefore b=5a$ …… ㉡

㉠, ㉡을 연립하여 풀면

$a=\frac{1}{15},\ b=\frac{1}{3}$

$\therefore \mathrm{P}(X=2)=3\times\frac{1}{15}=\frac{1}{5}$

2 답 ⑤

확률변수 X가 가질 수 있는 값은 0, 1, 2, 3, 4, 5이므로

$\mathrm{P}(X\ge2)=1-\{\mathrm{P}(X=0)+\mathrm{P}(X=1)\}$

(i) $\mathrm{P}(X=0)$의 값

두 주사위의 눈의 수가 같은 경우의 확률이므로

두 주사위의 눈의 수가 같은 경우의 수는

(1, 1), (2, 2), (3, 3), (4, 4), (5, 5), (6, 6)의 6

$\therefore \mathrm{P}(X=0)=\frac{6}{36}=\frac{1}{6}$

(ii) $\mathrm{P}(X=1)$의 값

두 주사위의 눈의 수의 차가 1인 경우의 확률이므로

두 주사위의 눈의 수의 차가 1인 경우의 수는

(1, 2), (2, 3), (3, 4), (4, 5), (5, 6),

(2, 1), (3, 2), (4, 3), (5, 4), (6, 5)의 10

$\therefore \mathrm{P}(X=1)=\frac{10}{36}=\frac{5}{18}$

(i), (ii)에서

$\mathrm{P}(X=0)+\mathrm{P}(X=1)=\frac{1}{6}+\frac{5}{18}=\frac{4}{9}$

$\therefore \mathrm{P}(X\ge2)=1-\frac{4}{9}=\frac{5}{9}$

3 답 ①

확률의 총합은 1이므로

$\mathrm{P}(X=-2)+\mathrm{P}(X=-1)+\mathrm{P}(X=0)+\mathrm{P}(X=1)+\mathrm{P}(X=2)=1$

$(2a+b)+(a+b)+b+(a+b)+(2a+b)=1$

$\therefore 6a+5b=1$ …… ㉠

$\mathrm{P}(X\ge0)=\frac{11}{20}$에서

$\mathrm{P}(X=0)+\mathrm{P}(X=1)+\mathrm{P}(X=2)=\frac{11}{20}$

$b+(a+b)+(2a+b)=\frac{11}{20},\ 3a+3b=\frac{11}{20}$

$\therefore a+b=\frac{11}{60}$ …… ㉡

㉠, ㉡을 연립하여 풀면

$a=\frac{1}{12},\ b=\frac{1}{10}$

$\therefore b-a=\frac{1}{10}-\frac{1}{12}=\frac{1}{60}$

4 답 ④

확률의 총합은 1이므로

$\mathrm{P}(X=1)+\mathrm{P}(X=2)+\mathrm{P}(X=3)+\mathrm{P}(X=4)+\mathrm{P}(X=5)=1$

$\frac{1}{4}+a+b+2a+\frac{1}{4}=1$

$\therefore 3a+b=\frac{1}{2}$ …… ㉠

$X^2=6X-8$에서 $(X-2)(X-4)=0$이므로

$X=2$ 또는 $X=4$

$\therefore \mathrm{P}(X^2=6X-8)=\mathrm{P}(X=2)+\mathrm{P}(X=4)$

$=a+2a=3a$

$X^2=8X-15$에서 $(X-3)(X-5)=0$이므로

$X=3$ 또는 $X=5$

$\therefore \mathrm{P}(X^2=8X-15)=\mathrm{P}(X=3)+\mathrm{P}(X=5)$

$=b+\frac{1}{4}$

즉, $\mathrm{P}(X^2=6X-8)=\mathrm{P}(X^2=8X-15)$에서

$3a=b+\frac{1}{4}$

$\therefore 3a-b=\frac{1}{4}$ …… ㉡

㉠, ㉡을 연립하여 풀면

$a=\frac{1}{8},\ b=\frac{1}{8}$

$\therefore \mathrm{P}(X\le3)=\mathrm{P}(X=1)+\mathrm{P}(X=2)+\mathrm{P}(X=3)$

$=\frac{1}{4}+\frac{1}{8}+\frac{1}{8}=\frac{1}{2}$

5 답 ④

확률의 총합은 1이므로

$\mathrm{P}(X=0)+\mathrm{P}(X=1)+\mathrm{P}(X=2)=1$

$\frac{5}{3}a+\frac{1}{3}a+a=1$

$3a=1 \qquad \therefore a=\frac{1}{3}$

$\therefore \mathrm{E}(X)=0\times\frac{5}{9}+1\times\frac{1}{9}+2\times\frac{1}{3}=\frac{7}{9}$

6 답 ③

$\mathrm{E}(X^2)=\mathrm{V}(X)$이고 $\mathrm{V}(X)=\mathrm{E}(X^2)-\{\mathrm{E}(X)\}^2$이므로
$\mathrm{V}(X)=\mathrm{V}(X)-\{\mathrm{E}(X)\}^2$
$\{\mathrm{E}(X)\}^2=0 \qquad \therefore \mathrm{E}(X)=0$
즉,

$(-a+1)\times\frac{1}{6}+1\times\frac{1}{6}+(a+1)\times\frac{2}{3}=0$

이므로

$\frac{1}{2}a+1=0 \qquad \therefore a=-2$

$\therefore b=\mathrm{E}(X^2)=3^2\times\frac{1}{6}+1^2\times\frac{1}{6}+(-1)^2\times\frac{2}{3}=\frac{7}{3}$

$\therefore b-a=\frac{7}{3}-(-2)=\frac{13}{3}$

7 답 ④

$\mathrm{P}(0\le X\le 2)=\frac{7}{8}$에서

$\mathrm{P}(X=0)+\mathrm{P}(X=1)+\mathrm{P}(X=2)=\frac{7}{8}$

$\frac{1}{8}+\frac{3+a}{8}+\frac{1}{8}=\frac{7}{8}$

$5+a=7 \qquad \therefore a=2$

따라서

$\mathrm{E}(X)=(-1)\times\frac{1}{8}+0\times\frac{1}{8}+1\times\frac{5}{8}+2\times\frac{1}{8}=\frac{3}{4}$

$\mathrm{E}(X^2)=(-1)^2\times\frac{1}{8}+0^2\times\frac{1}{8}+1^2\times\frac{5}{8}+2^2\times\frac{1}{8}=\frac{5}{4}$

이므로

$\mathrm{V}(X)=\mathrm{E}(X^2)-\{\mathrm{E}(X)\}^2=\frac{5}{4}-\left(\frac{3}{4}\right)^2=\frac{11}{16}$

8 답 ②

확률변수 X가 가질 수 있는 값은 0, 1, 2, 3, 4이고, 그 확률을 각각 구하면 다음과 같다.

$\mathrm{P}(X=0)={}_4\mathrm{C}_0\left(\frac{1}{2}\right)^0\left(\frac{1}{2}\right)^4=\frac{1}{16}$,

$\mathrm{P}(X=1)={}_4\mathrm{C}_1\left(\frac{1}{2}\right)^1\left(\frac{1}{2}\right)^3=\frac{1}{4}$,

$\mathrm{P}(X=2)={}_4\mathrm{C}_2\left(\frac{1}{2}\right)^2\left(\frac{1}{2}\right)^2=\frac{3}{8}$,

$\mathrm{P}(X=3)={}_4\mathrm{C}_3\left(\frac{1}{2}\right)^3\left(\frac{1}{2}\right)^1=\frac{1}{4}$,

$\mathrm{P}(X=4)={}_4\mathrm{C}_4\left(\frac{1}{2}\right)^4\left(\frac{1}{2}\right)^0=\frac{1}{16}$

확률변수 Y가 가질 수 있는 값은 0, 1, 2이고, 그 확률은 각각

$\mathrm{P}(Y=0)=\mathrm{P}(X=0)=\frac{1}{16}$,

$\mathrm{P}(Y=1)=\mathrm{P}(X=1)=\frac{1}{4}$,

$\mathrm{P}(Y=2)=\mathrm{P}(X=2)+\mathrm{P}(X=3)+\mathrm{P}(X=4)$
$=\frac{3}{8}+\frac{1}{4}+\frac{1}{16}=\frac{11}{16}$

즉, 확률변수 Y의 확률분포를 표로 나타내면 다음과 같다.

Y	0	1	2	합계
$\mathrm{P}(Y=y)$	$\frac{1}{16}$	$\frac{1}{4}$	$\frac{11}{16}$	1

$\therefore \mathrm{E}(Y)=0\times\frac{1}{16}+1\times\frac{1}{4}+2\times\frac{11}{16}=\frac{13}{8}$

9 답 ④

확률의 총합은 1이므로

$a+b+\frac{1}{2}=1$

$\therefore a+b=\frac{1}{2} \qquad \cdots\cdots$ ㉠

$\mathrm{E}(6X)=1$에서 $\mathrm{E}(X)=\frac{1}{6}$이므로

$-1\times a+0\times b+1\times\frac{1}{2}=\frac{1}{6}$

$-a+\frac{1}{2}=\frac{1}{6}$

$\therefore a=\frac{1}{3},\ b=\frac{1}{6}$ ($\because$ ㉠)

$\therefore a-b=\frac{1}{3}-\frac{1}{6}=\frac{1}{6}$

10 답 ③

$\mathrm{E}(X)=-1$에서

$(-3)\times\frac{1}{2}+0\times\frac{1}{4}+a\times\frac{1}{4}=-1$

$-\frac{3}{2}+\frac{a}{4}=-1 \qquad \therefore a=2$

이때

$\mathrm{E}(X^2)=(-3)^2\times\frac{1}{2}+0^2\times\frac{1}{4}+2^2\times\frac{1}{4}=\frac{11}{2}$

이므로

$\mathrm{V}(X)=\mathrm{E}(X^2)-\{\mathrm{E}(X)\}^2=\frac{11}{2}-(-1)^2=\frac{9}{2}$

$\therefore \mathrm{V}(aX)=\mathrm{V}(2X)=2^2\mathrm{V}(X)=18$

11 답 ③

확률의 총합은 1이므로

$\mathrm{P}(X=1)+\mathrm{P}(X=2)+\mathrm{P}(X=3)+\mathrm{P}(X=4)+\mathrm{P}(X=5)=1$

$a+2a+3a+4a+5a=1$

$15a=1 \qquad \therefore a=\frac{1}{15}$

$\therefore P(X=x)=\frac{1}{15}x$ $(x=1, 2, 3, 4, 5)$

즉, 확률변수 X의 확률분포를 표로 나타내면 다음과 같다.

X	1	2	3	4	5	합계
$P(X=x)$	$\frac{1}{15}$	$\frac{2}{15}$	$\frac{1}{5}$	$\frac{4}{15}$	$\frac{1}{3}$	1

$\therefore E(X)=1\times\frac{1}{15}+2\times\frac{2}{15}+3\times\frac{1}{5}+4\times\frac{4}{15}+5\times\frac{1}{3}$

$=\frac{11}{3}$,

$E(X^2)=1^2\times\frac{1}{15}+2^2\times\frac{2}{15}+3^2\times\frac{1}{5}+4^2\times\frac{4}{15}+5^2\times\frac{1}{3}$

$=15$,

$V(X)=E(X^2)-\{E(X)\}^2=15-\left(\frac{11}{3}\right)^2=\frac{14}{9}$

이때 $E(X^2)=V(kX)+1$에서

$E(X^2)=k^2V(X)+1$

$15=k^2\times\frac{14}{9}+1$

$\frac{14}{9}k^2=14$, $k^2=9$

$\therefore k=3$ $(\because k>0)$

12 답 12

확률변수 X가 가질 수 있는 값은 -2, -1, 0, 1, 2이고, 그 확률은 각각

$P(X=-2)=\frac{1}{3\times3}=\frac{1}{9}$,

$P(X=-1)=\frac{2}{3\times3}=\frac{2}{9}$,

$P(X=0)=\frac{3}{3\times3}=\frac{1}{3}$,

$P(X=1)=\frac{2}{3\times3}=\frac{2}{9}$,

$P(X=2)=\frac{1}{3\times3}=\frac{1}{9}$

즉, 확률변수 X의 확률분포를 표로 나타내면 다음과 같다.

X	-2	-1	0	1	2	합계
$P(X=x)$	$\frac{1}{9}$	$\frac{2}{9}$	$\frac{1}{3}$	$\frac{2}{9}$	$\frac{1}{9}$	1

따라서

$E(X)=(-2)\times\frac{1}{9}+(-1)\times\frac{2}{9}+0\times\frac{1}{3}+1\times\frac{2}{9}+2\times\frac{1}{9}$

$=0$,

$E(X^2)=(-2)^2\times\frac{1}{9}+(-1)^2\times\frac{2}{9}+0^2\times\frac{1}{3}+1^2\times\frac{2}{9}$

$+2^2\times\frac{1}{9}$

$=\frac{4}{3}$

이므로

$V(X)=E(X^2)-\{E(X)\}^2=\frac{4}{3}-0=\frac{4}{3}$

$\therefore V(-3X+2)=(-3)^2V(X)=12$

13 답 ④

확률변수 X의 확률질량함수는

$P(X=x)={}_3C_xp^x(1-p)^{3-x}$ $(x=0, 1, 2, 3)$

이때 $3P(X=0)+P(X=1)=\frac{1}{3}$에서

$3{}_3C_0p^0(1-p)^3+{}_3C_1p^1(1-p)^2=\frac{1}{3}$

$3(-p^3+3p^2-3p+1)+3(p^3-2p^2+p)=\frac{1}{3}$

$3p^2-6p+3=\frac{1}{3}$, $9p^2-18p+8=0$

$(3p-2)(3p-4)=0$

$\therefore p=\frac{2}{3}$ $(\because 0\le p\le 1)$

14 답 ③

확률변수 X의 확률질량함수는

$P(X=x)={}_nC_x\left(\frac{1}{2}\right)^x\left(\frac{1}{2}\right)^{n-x}$

$={}_nC_x\left(\frac{1}{2}\right)^n$ $(x=0, 1, 2, \cdots, n)$

이때 $2P(X=1)+P(X=2)=2P(X=3)$에서

$2{}_nC_1\left(\frac{1}{2}\right)^n+{}_nC_2\left(\frac{1}{2}\right)^n=2{}_nC_3\left(\frac{1}{2}\right)^n$

$2\times n\times\left(\frac{1}{2}\right)^n+\frac{n(n-1)}{2\times1}\times\left(\frac{1}{2}\right)^n$

$=2\times\frac{n(n-1)(n-2)}{3\times2\times1}\times\left(\frac{1}{2}\right)^n$

$2+\frac{n-1}{2}=\frac{(n-1)(n-2)}{3}$ $(\because n\ge3)$

$12+(3n-3)=2n^2-6n+4$

$2n^2-9n-5=0$, $(2n+1)(n-5)=0$

$\therefore n=5$ $(\because n\ge3)$

15 답 265

확률변수 X의 확률질량함수는

$P(X=x)={}_nC_xp^x(1-p)^{n-x}$ $(x=0, 1, 2, \cdots, n)$

이때 $P(X=n)=\frac{1}{256}$에서

${}_nC_np^n(1-p)^0=\frac{1}{256}$

$\therefore p^n=\left(\frac{1}{2}\right)^8$

p는 $0<p<1$인 유리수이므로 n은 8의 양의 약수이다.

(i) $n=1$일 때, $p=\frac{1}{256}$이므로

$n+\frac{1}{p}=1+256=257$

(ii) $n=2$일 때, $p=\frac{1}{16}$이므로

$n+\frac{1}{p}=2+16=18$

(iii) $n=4$일 때, $p=\frac{1}{4}$이므로

$n+\frac{1}{p}=4+4=8$

(iv) $n=8$일 때, $p=\frac{1}{2}$이므로

$n+\frac{1}{p}=8+2=10$

(i)~(iv)에서 $n+\frac{1}{p}$의 최댓값은 257, 최솟값은 8이므로 그 합은

$257+8=265$

16 답 ①

확률변수 X의 확률질량함수는

$P(X=x)={}_nC_xp^x(1-p)^{n-x}$ $(x=0, 1, 2, \cdots, n)$

이때 $\frac{P(X=1)}{P(X=0)}=\frac{5}{3}$에서

$\frac{{}_nC_1p^1(1-p)^{n-1}}{{}_nC_0p^0(1-p)^n}=\frac{5}{3}$

$\frac{np(1-p)^{n-1}}{1\times1\times(1-p)^n}=\frac{5}{3}$

$\frac{np}{1-p}=\frac{5}{3}$ ($\because$ $0<p<1$)

$3np=5-5p$, $(3n+5)p=5$

$\therefore$ $\frac{1}{p}=\frac{3n+5}{5}=\frac{3}{5}n+1$

이때 $\frac{1}{p}$이 자연수이므로 n은 5의 배수이다.

따라서 자연수 n의 최솟값은 5이다.

17 답 ①

주사위를 한 번 던졌을 때 6의 약수의 눈이 나올 확률은

$\frac{4}{6}=\frac{2}{3}$

즉, 확률변수 X는 이항분포 $B\left(5, \frac{2}{3}\right)$를 따르므로 확률변수 X의 확률질량함수는

$P(X=x)={}_5C_x\left(\frac{2}{3}\right)^x\left(\frac{1}{3}\right)^{5-x}$ $(x=0, 1, 2, 3, 4, 5)$

$\therefore$ $P(X\geq4)=P(X=4)+P(X=5)$

$={}_5C_4\left(\frac{2}{3}\right)^4\left(\frac{1}{3}\right)^1+{}_5C_5\left(\frac{2}{3}\right)^5\left(\frac{1}{3}\right)^0$

$=5\times\frac{16}{81}\times\frac{1}{3}+1\times\frac{32}{243}\times1$

$=\frac{112}{243}$

18 답 ⑤

한 번의 시행에서 소수가 적혀 있는 두 공을 꺼낼 확률은

$\frac{{}_3C_2}{{}_6C_2}=\frac{3}{15}=\frac{1}{5}$

즉, 확률변수 X는 이항분포 $B\left(10, \frac{1}{5}\right)$을 따르므로 확률변수 X의 확률질량함수는

$P(X=x)={}_{10}C_x\left(\frac{1}{5}\right)^x\left(\frac{4}{5}\right)^{10-x}$ $(x=0, 1, 2, \cdots, 10)$

$\therefore$ $\frac{P(X=2)}{P(X=5)}=\frac{{}_{10}C_2\left(\frac{1}{5}\right)^2\left(\frac{4}{5}\right)^8}{{}_{10}C_5\left(\frac{1}{5}\right)^5\left(\frac{4}{5}\right)^5}$

$=\frac{45\times64}{252}=\frac{80}{7}$

19 답 ⑤

한 개의 동전을 던지는 시행에서 앞면이 나올 확률은 $\frac{1}{2}$이다.

즉, 확률변수 X는 이항분포 $B\left(n, \frac{1}{2}\right)$을 따르므로 확률변수 X의 확률질량함수는

$P(X=x)={}_nC_x\left(\frac{1}{2}\right)^x\left(\frac{1}{2}\right)^{n-x}$

$={}_nC_x\left(\frac{1}{2}\right)^n$ $(x=0, 1, 2, \cdots, n)$

이때 $P(X=7)=P(X=1)$이므로

${}_nC_7\left(\frac{1}{2}\right)^n={}_nC_1\left(\frac{1}{2}\right)^n$

${}_nC_7={}_nC_1$ ($\because$ $n\geq7$)

$\therefore$ $n=7+1=8$

따라서

$P(X=x)={}_8C_x\left(\frac{1}{2}\right)^8$ $(x=0, 1, 2, \cdots, 8)$

이므로

$P(X=4)={}_8C_4\left(\frac{1}{2}\right)^8=70\times\frac{1}{256}=\frac{35}{128}$

20 답 7

한 번의 시행에서 흰 공 1개와 검은 공 1개가 나올 확률을 p라 하면

$p=\frac{{}_2C_1\times{}_{n-2}C_1}{{}_nC_2}=\frac{2(n-2)}{\frac{n(n-1)}{2\times1}}=\frac{4(n-2)}{n(n-1)}$

즉, 확률변수 X는 이항분포 $B(3, p)$를 따르므로 확률변수 X의 확률질량함수는

$P(X=x)={}_3C_xp^x(1-p)^{3-x}$ $(x=0, 1, 2, 3)$

이때 $P(X=2)=\frac{4}{9}$에서

${}_3C_2p^2(1-p)=\frac{4}{9}$, $3(-p^3+p^2)=\frac{4}{9}$

$27p^3-27p^2+4=0$, $(3p+1)(3p-2)^2=0$

$\therefore$ $p=\frac{2}{3}$ ($\because$ $0\leq p\leq1$)

즉, $\frac{4(n-2)}{n(n-1)}=\frac{2}{3}$에서

$12n-24=2n^2-2n$, $n^2-7n+12=0$

$(n-3)(n-4)=0$ $\quad\therefore n=3$ 또는 $n=4$

따라서 모든 n의 값의 합은

$3+4=7$

21 답 15

확률변수 X가 이항분포 $\mathrm{B}(80, p)$를 따르므로

$\mathrm{E}(X)=80p$, $\mathrm{V}(X)=80p(1-p)$

이때 $\mathrm{E}(X)=20$에서

$80p=20$ $\quad\therefore p=\frac{1}{4}$

$\therefore \mathrm{V}(X)=80\times\frac{1}{4}\times\frac{3}{4}=15$

22 답 ②

확률변수 X가 이항분포 $\mathrm{B}\left(n, \frac{1}{2}\right)$을 따르므로

$\mathrm{E}(X)=n\times\frac{1}{2}=\frac{n}{2}$

이때 $\mathrm{E}(X)=4$에서

$\frac{n}{2}=4$ $\quad\therefore n=8$

즉, 확률변수 X가 이항분포 $\mathrm{B}\left(8, \frac{1}{2}\right)$을 따르므로 확률변수 X의 확률질량함수는

$$\begin{aligned}\mathrm{P}(X=x)&={}_8\mathrm{C}_x\left(\frac{1}{2}\right)^x\left(\frac{1}{2}\right)^{8-x}\\&={}_8\mathrm{C}_x\left(\frac{1}{2}\right)^8\ (x=0,\ 1,\ 2,\ \cdots,\ 8)\end{aligned}$$

$$\begin{aligned}\therefore \mathrm{P}(X\le 1)&=\mathrm{P}(X=0)+\mathrm{P}(X=1)\\&={}_8\mathrm{C}_0\left(\frac{1}{2}\right)^8+{}_8\mathrm{C}_1\left(\frac{1}{2}\right)^8\\&=1\times\frac{1}{256}+8\times\frac{1}{256}\\&=\frac{9}{256}\end{aligned}$$

23 답 2

확률변수 X가 이항분포 $\mathrm{B}\left(n, \frac{2}{3}\right)$를 따르므로

$\mathrm{E}(X)=\frac{2}{3}n$, $\mathrm{V}(X)=\frac{2}{9}n$

$$\begin{aligned}\therefore \mathrm{E}(X^2)&=\{\mathrm{E}(X)\}^2+\mathrm{V}(X)\\&=\left(\frac{2}{3}n\right)^2+\frac{2}{9}n\\&=\frac{4}{9}n^2+\frac{2}{9}n\end{aligned}$$

이때 $\mathrm{E}(X^2)=38$에서

$\frac{4}{9}n^2+\frac{2}{9}n=38$

$2n^2+n-171=0$

$(2n+19)(n-9)=0$ $\quad\therefore n=9$ ($\because$ n은 자연수)

$\therefore \mathrm{V}(X)=\frac{2}{9}n=2$

24 답 ④

확률변수 X가 이항분포 $\mathrm{B}(n, p_1)$을 따르므로

$\mathrm{E}(X)=np_1$, $\mathrm{V}(X)=np_1(1-p_1)$

확률변수 Y가 이항분포 $\mathrm{B}(2n, p_2)$를 따르므로

$\mathrm{E}(Y)=2np_2$, $\mathrm{V}(Y)=2np_2(1-p_2)$

이때 $\mathrm{E}(X)=\mathrm{E}(Y)$에서

$np_1=2np_2$

$\therefore p_1=2p_2$ ($\because$ n은 자연수) $\quad\cdots\cdots$ ㉠

$2\mathrm{V}(X)=\mathrm{V}(Y)$에서

$2np_1(1-p_1)=2np_2(1-p_2)$

$2p_2(1-2p_2)=p_2(1-p_2)$ ($\because$ n은 자연수, ㉠)

$2-4p_2=1-p_2$ ($\because$ $p_2\neq 0$)

$3p_2=1$ $\quad\therefore p_2=\frac{1}{3}$

이때 $\mathrm{E}(Y)=12$, 즉 $2np_2=12$에서

$\mathrm{V}(Y)=2np_2(1-p_2)=12\times\left(1-\frac{1}{3}\right)=8$

$\therefore \sigma(Y)=\sqrt{\mathrm{V}(Y)}=2\sqrt{2}$

참고

$\mathrm{E}(Y)=12$, 즉 $2np_2=12$에서

$2n\times\frac{1}{3}=12$ $\quad\therefore n=18$

따라서 확률변수 Y는 이항분포 $\mathrm{B}\left(36, \frac{1}{3}\right)$을 따른다.

25 답 35

두 개의 주사위를 동시에 던졌을 때 두 개 모두 홀수의 눈이 나올 확률은

$\frac{3}{6}\times\frac{3}{6}=\frac{1}{4}$

즉, 확률변수 X는 이항분포 $\mathrm{B}\left(80, \frac{1}{4}\right)$을 따르므로

$\mathrm{E}(X)=80\times\frac{1}{4}=20$

$\mathrm{V}(X)=80\times\frac{1}{4}\times\frac{3}{4}=15$

$\therefore \mathrm{E}(X)+\mathrm{V}(X)=20+15=35$

26 답 ④

한 번의 시행에서 흰 공 2개가 나올 확률은

$\frac{{}_3\mathrm{C}_2\times{}_2\mathrm{C}_0}{{}_5\mathrm{C}_2}=\frac{3\times 1}{10}=\frac{3}{10}$

즉, 확률변수 X는 이항분포 $\mathrm{B}\left(50, \frac{3}{10}\right)$을 따르므로

$\mathrm{E}(X)=50\times\frac{3}{10}=15$

$\therefore \mathrm{E}(4X-9)=4\mathrm{E}(X)-9=60-9=51$

27 답 ⑤

한 번의 시행에서 n의 배수가 적혀 있는 카드가 나올 확률을 p라 하면

확률변수 X는 이항분포 $\mathrm{B}(100, p)$를 따르므로

$\mathrm{V}(X)=100p(1-p)$

이때 $\mathrm{V}(X)=16$에서

$100p(1-p)=16$, $25p^2-25p+4=0$

$(5p-1)(5p-4)=0 \qquad \therefore p=\frac{1}{5}$ 또는 $p=\frac{4}{5}$

(i) $p=\frac{1}{5}$일 때

10장의 카드에서 n의 배수가 적혀 있는 카드가 2장 있는 경우이므로

$n=4$ 또는 $n=5$

(ii) $p=\frac{4}{5}$일 때

10장의 카드에서 n의 배수가 적혀 있는 카드가 8장 있는 경우이지만 이를 만족시키는 자연수 n은 존재하지 않는다.

(i), (ii)에서 $n=4$ 또는 $n=5$

따라서 모든 자연수 n의 값의 합은

$4+5=9$

28 답 47

한 번의 시행에서 사건 E가 일어나는 경우의 수는

$(1, 1), (1, 2), (1, 3), (1, 4),$

$(2, 1), (2, 2), (2, 3), (2, 4),$

$(3, 1), (3, 2), (3, 3), (3, 4),$

$(4, 1), (4, 2), (4, 3)$

의 15

이므로 사건 E가 일어날 확률은

$\frac{15}{6\times6}=\frac{5}{12}$

즉, 확률변수 X는 이항분포 $\mathrm{B}\left(12, \frac{5}{12}\right)$를 따르므로

$\mathrm{V}(X)=12\times\frac{5}{12}\times\frac{7}{12}=\frac{35}{12}$

따라서 $p=12$, $q=35$이므로

$p+q=12+35=47$

02 연속확률변수의 확률분포

40~44쪽

1 ②	2 ⑤	3 ③	4 2
5 ⑤	6 ②	7 ②	8 ①
9 ①	10 ⑤	11 ③	12 ④
13 ③	14 ⑤	15 ④	16 96
17 ②	18 ①	19 ②	20 ②

1 답 ②

확률변수 X의 확률밀도함수를 $f(x)$라 하면 $0\le x\le2$에서 함수 $y=f(x)$의 그래프와 x축으로 둘러싸인 부분의 넓이가 1이므로

$\frac{1}{2}\times(a+2)\times\frac{2}{3}=1$

$a+2=3 \qquad \therefore a=1$

$$\therefore f(x)=\begin{cases}\frac{2}{3} & (0\le x\le1)\\ -\frac{2}{3}x+\frac{4}{3} & (1\le x\le2)\end{cases}$$

$$\begin{aligned}\therefore \mathrm{P}(a\le X\le2)&=\mathrm{P}(1\le X\le2)\\&=\frac{1}{2}\times1\times\frac{2}{3}=\frac{1}{3}\end{aligned}$$

2 답 ⑤

확률변수 X의 확률밀도함수를 $f(x)$라 하면 $0\le x\le2$에서 함수 $y=f(x)$의 그래프와 x축으로 둘러싸인 부분의 넓이가 1이므로

$\frac{1}{2}\times(a+b)\times1+\frac{1}{2}\times1\times b=1$

$\therefore \frac{a}{2}+b=1 \qquad \cdots\cdots ㉠$

$\mathrm{P}\left(0\le X\le\frac{1}{2}\right)=\frac{1}{4}$이므로

$\frac{1}{2}\times\left(a+\frac{a+b}{2}\right)\times\frac{1}{2}=\frac{1}{4}$

$\therefore 3a+b=2 \qquad \cdots\cdots ㉡$

㉠, ㉡을 연립하여 풀면

$a=\frac{2}{5}$, $b=\frac{4}{5}$

$$\therefore f(x)=\begin{cases}\frac{2}{5}x+\frac{2}{5} & (0\le x\le1)\\ -\frac{4}{5}x+\frac{8}{5} & (1\le x\le2)\end{cases}$$

$$\begin{aligned}\therefore\ &\mathrm{P}\left(\frac{1}{2}\le X\le\frac{3}{2}\right)\\&=\mathrm{P}\left(\frac{1}{2}\le X\le1\right)+\mathrm{P}\left(1\le X\le\frac{3}{2}\right)\\&=\frac{1}{2}\times\left(\frac{3}{5}+\frac{4}{5}\right)\times\frac{1}{2}+\frac{1}{2}\times\left(\frac{4}{5}+\frac{2}{5}\right)\times\frac{1}{2}\\&=\frac{13}{20}\end{aligned}$$

3 답 ③

확률밀도함수 $y=f(x)$의 그래프가 직선 $x=4$에 대하여 대칭이므로

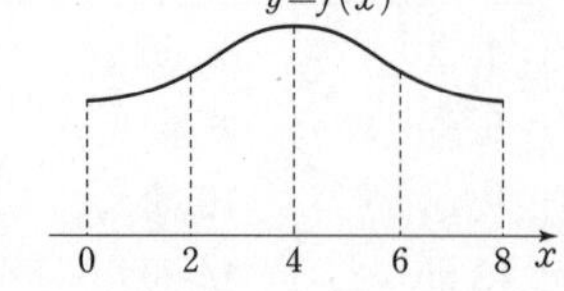

$P(2\le X\le 4)=P(4\le X\le 6)$,
$P(6\le X\le 8)=P(0\le X\le 2)$
이때 $3P(2\le X\le 4)=4P(6\le X\le 8)$에서
$3P(2\le X\le 4)=4P(0\le X\le 2)$
$P(2\le X\le 4)=a$, $P(0\le X\le 2)=b$라 하면
$3a=4b$ ...... ㉠
$0\le x\le 8$에서 함수 $y=f(x)$의 그래프와 x축으로 둘러싸인 부분의 넓이가 1이므로
$P(0\le X\le 4)=\frac{1}{2}$
$\therefore a+b=\frac{1}{2}$ ...... ㉡
㉠, ㉡을 연립하여 풀면
$a=\frac{2}{7}$, $b=\frac{3}{14}$
$\therefore P(2\le X\le 6)=P(2\le X\le 4)+P(4\le X\le 6)$
$=a+a=2a=\frac{4}{7}$

4 답 2

함수 $y=f(x)$의 그래프는 오른쪽 그림과 같고, 함수 $y=f(x)$의 그래프와 x축으로 둘러싸인 부분의 넓이가 1이므로

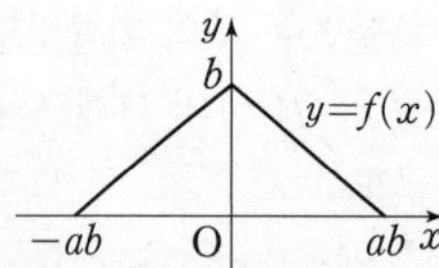

$\frac{1}{2}\times 2ab\times b=1$
$ab^2=1$ $\therefore b^2=\frac{1}{a}$ ...... ㉠
$f(1)=\frac{1}{4}$에서
$b-\frac{1}{a}=\frac{1}{4}$
$b-b^2=\frac{1}{4}$ ($\because$ ㉠)
$b^2-b+\frac{1}{4}=0$, $\left(b-\frac{1}{2}\right)^2=0$
$\therefore b=\frac{1}{2}$, $a=4$ ($\because$ ㉠)
$\therefore ab=4\times\frac{1}{2}=2$

5 답 ⑤

확률변수 X의 확률밀도함수를 $f(x)$라 하면 함수 $y=f(x)$의 그래프는 직선 $x=25$에 대하여 대칭이다.
$\therefore P(20\le X\le 25)=P(X\le 25)-P(X\le 20)$
$=P(X\le 25)-P(X\ge 30)$
$=0.5-0.22=0.28$

6 답 ②

확률변수 X의 확률밀도함수를 $f(x)$라 하면 함수 $y=f(x)$의 그래프는 직선 $x=m$에 대하여 대칭이므로
$P(0\le X\le 2m)=P(0\le X\le m)+P(m\le X\le 2m)$
$=P(0\le X\le m)+P(0\le X\le m)$
$=2P(0\le X\le m)$
$=0.56$
$\therefore P(0\le X\le m)=0.28$
$\therefore P(X^3\le 0)=P(X\le 0)$
$=P(X\le m)-P(0\le X\le m)$
$=0.5-0.28$
$=0.22$

7 답 ②

확률변수 X의 확률밀도함수를 $f(x)$라 하면 함수 $y=f(x)$의 그래프는 직선 $x=8$에 대하여 대칭이다.
$\therefore P(10\le X\le 11)=P(7\le X\le 11)-P(7\le X\le 10)$
$=P(5\le X\le 9)-P(7\le X\le 10)$
$=0.62-0.53$
$=0.09$

8 답 ①

확률변수 X의 확률밀도함수를 $f(x)$라 하면 함수 $y=f(x)$의 그래프는 직선 $x=0$에 대하여 대칭이다.
$\therefore P(-b\le X\le a)=P(X\le a)-P(X\le -b)$
$=P(X\le a)-P(X\ge b)$
$=0.71-0.11$
$=0.6$

9 답 ①

확률변수 X가 정규분포 $N(18,\ 4^2)$을 따르므로 $Z=\frac{X-18}{4}$이라 하면 확률변수 Z는 표준정규분포 $N(0,\ 1)$을 따른다.
$\therefore P(16\le X\le 22)=P\left(\frac{16-18}{4}\le Z\le\frac{22-18}{4}\right)$
$=P(-0.5\le Z\le 1)$
$=P(-0.5\le Z\le 0)+P(0\le Z\le 1)$
$=P(0\le Z\le 0.5)+P(0\le Z\le 1)$
$=0.1915+0.3413$
$=0.5328$

10 답 ⑤

확률변수 X가 정규분포 $N(10,\ \sigma^2)$을 따르므로 $Z=\frac{X-10}{\sigma}$이라 하면 확률변수 Z는 표준정규분포 $N(0,\ 1)$을 따른다.

즉,

$$\mathrm{P}(X\ge 18)=\mathrm{P}\left(Z\ge \frac{18-10}{\sigma}\right)$$
$$=\mathrm{P}\left(Z\ge \frac{8}{\sigma}\right)$$
$$=0.5-\mathrm{P}\left(0\le Z\le \frac{8}{\sigma}\right)$$
$$=0.3446$$

에서 $\mathrm{P}\left(0\le Z\le \frac{8}{\sigma}\right)=0.1554$

이때 주어진 표준정규분포표에서

$\mathrm{P}(0\le Z\le 0.4)=0.1554$이므로

$\frac{8}{\sigma}=0.4$

$\therefore\ \sigma=20$

11 답 ③

두 확률변수 X, Y가 각각 정규분포 $\mathrm{N}(6,\ 2^2)$, $\mathrm{N}(8,\ 1)$을 따르므로 $Z_X=\frac{X-6}{2}$, $Z_Y=Y-8$이라 하면 두 확률변수 Z_X, Z_Y는 모두 표준정규분포 $\mathrm{N}(0,\ 1)$을 따른다.

이때 $\mathrm{P}(X\le 2a)=\mathrm{P}(Y\ge a)$에서

$\mathrm{P}\left(Z_X\le \frac{2a-6}{2}\right)=\mathrm{P}(Z_Y\ge a-8)$,

$\mathrm{P}(Z_X\le a-3)=\mathrm{P}(Z_Y\le 8-a)$

이므로

$a-3=8-a$, $2a=11$

$\therefore\ a=\frac{11}{2}$

12 답 ④

두 확률변수 X, Y가 각각 정규분포 $\mathrm{N}(8,\ 3^2)$, $\mathrm{N}(m,\ \sigma^2)$을 따르므로 $Z_X=\frac{X-8}{3}$, $Z_Y=\frac{Y-m}{\sigma}$이라 하면 두 확률변수 Z_X, Z_Y는 모두 표준정규분포 $\mathrm{N}(0,\ 1)$을 따른다.

$$\mathrm{P}(4\le X\le 8)=\mathrm{P}\left(\frac{4-8}{3}\le Z_X\le \frac{8-8}{3}\right)$$
$$=\mathrm{P}\left(-\frac{4}{3}\le Z_X\le 0\right),$$

$\mathrm{P}(Y\ge 8)=\mathrm{P}\left(Z_Y\ge \frac{8-m}{\sigma}\right)$

이므로

$$\mathrm{P}(4\le X\le 8)+\mathrm{P}(Y\ge 8)$$
$$=\mathrm{P}\left(-\frac{4}{3}\le Z_X\le 0\right)+\mathrm{P}\left(Z_Y\ge \frac{8-m}{\sigma}\right)$$
$$=\mathrm{P}\left(0\le Z_X\le \frac{4}{3}\right)+\mathrm{P}\left(Z_Y\ge \frac{8-m}{\sigma}\right)$$
$$=\frac{1}{2}$$

이때 표준정규분포곡선은 오른쪽 그림과 같으므로

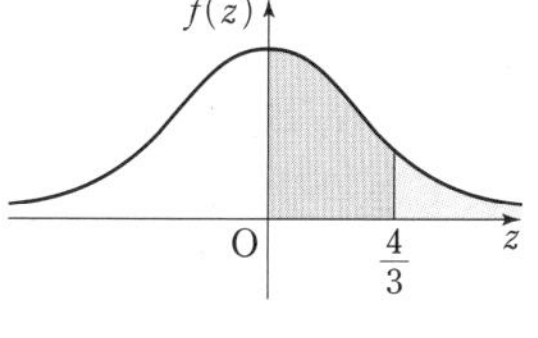

$\frac{4}{3}=\frac{8-m}{\sigma}$이어야 한다.

$\therefore\ 8-m=\frac{4}{3}\sigma$

$$\therefore\ \mathrm{P}\left(Y\le 8+\frac{2}{3}\sigma\right)=\mathrm{P}\left(Z_Y\le \frac{8+\frac{2}{3}\sigma-m}{\sigma}\right)$$
$$=\mathrm{P}\left(Z_Y\le \frac{\frac{4}{3}\sigma+\frac{2}{3}\sigma}{\sigma}\right)$$
$$=\mathrm{P}(Z_Y\le 2)$$
$$=\mathrm{P}(Z_Y\le 0)+\mathrm{P}(0\le Z_Y\le 2)$$
$$=0.5+0.4772=0.9772$$

13 답 ③

이 지역의 성인 남성 한 명의 체중을 확률변수 X라 하면 X는 정규분포 $\mathrm{N}(70,\ 10^2)$을 따르므로 $Z=\frac{X-70}{10}$이라 하면 확률변수 Z는 표준정규분포 $\mathrm{N}(0,\ 1)$을 따른다.

따라서 구하는 확률은

$$\mathrm{P}(X\le 85)=\mathrm{P}\left(Z\le \frac{85-70}{10}\right)$$
$$=\mathrm{P}(Z\le 1.5)$$
$$=0.5+\mathrm{P}(0\le Z\le 1.5)$$
$$=0.5+0.4332=0.9332$$

14 답 ⑤

이 공장에서 생산하는 볼트 1개의 길이를 확률변수 X라 하면 X는 정규분포 $\mathrm{N}(50,\ \sigma^2)$을 따르므로 $Z=\frac{X-50}{\sigma}$이라 하면 확률변수 Z는 표준정규분포 $\mathrm{N}(0,\ 1)$을 따른다.

이때 볼트의 길이가 50 mm를 기준으로 오차가 2 mm 이상일 확률이 0.0124이므로

$$\mathrm{P}(|X-50|\ge 2)=\mathrm{P}\left(|Z|\ge \frac{2}{\sigma}\right)$$
$$=\mathrm{P}\left(Z\le -\frac{2}{\sigma}\right)+\mathrm{P}\left(Z\ge \frac{2}{\sigma}\right)$$
$$=2\mathrm{P}\left(Z\ge \frac{2}{\sigma}\right)$$
$$=2\left\{0.5-\mathrm{P}\left(0\le Z\le \frac{2}{\sigma}\right)\right\}$$
$$=1-2\mathrm{P}\left(0\le Z\le \frac{2}{\sigma}\right)$$
$$=0.0124$$

에서 $2\mathrm{P}\left(0\le Z\le \frac{2}{\sigma}\right)=0.9876$

$\therefore\ \mathrm{P}\left(0\le Z\le \frac{2}{\sigma}\right)=0.4938$

주어진 표준정규분포표에서 $\mathrm{P}(0\le Z\le 2.5)=0.4938$이므로

$\frac{2}{\sigma}=2.5$ $\quad\therefore\ \sigma=0.8$

15 답 ④

두 제품 A, B의 1개의 중량을 각각 X, Y라 하면 두 확률변수 X, Y는 각각 정규분포 $N(9,\ 0.4^2)$, $N(20,\ 1^2)$을 따르므로 $Z_X=\dfrac{X-9}{0.4}$, $Z_Y=Y-20$이라 하면 두 확률변수 Z_X, Z_Y는 모두 표준정규분포 $N(0,\ 1)$을 따른다.

$P(8.9\le X\le 9.4)=P(19\le Y\le k)$이므로

$P\left(\dfrac{8.9-9}{0.4}\le Z_X\le \dfrac{9.4-9}{0.4}\right)=P(19-20\le Z_Y\le k-20)$

$P(-0.25\le Z_X\le 1)=P(-1\le Z_Y\le k-20)$

$\therefore\ P(-0.25\le Z_X\le 1)=P(20-k\le Z_Y\le 1)$

즉, $-0.25=20-k$이므로

$k=20.25$

16 답 96

A 과수원에서 생산하는 귤의 무게를 확률변수 X라 하면 X는 정규분포 $N(86,\ 15^2)$을 따르므로 $Z_X=\dfrac{X-86}{15}$이라 하면 확률변수 Z_X는 표준정규분포 $N(0,\ 1)$을 따른다.

이때 A 과수원에서 임의로 선택한 귤의 무게가 98 이하일 확률은

$P(X\le 98)=P\left(Z_X\le \dfrac{98-86}{15}\right)$

$=P(Z_X\le 0.8)$ $\cdots\cdots$ ㉠

B 과수원에서 생산하는 귤의 무게를 확률변수 Y라 하면 Y는 정규분포 $N(88,\ 10^2)$을 따르므로 $Z_Y=\dfrac{Y-88}{10}$이라 하면 확률변수 Z_Y는 표준정규분포 $N(0,\ 1)$을 따른다.

이때 B 과수원에서 임의로 선택한 귤의 무게가 a 이하일 확률은

$P(Y\le a)=P\left(Z_Y\le \dfrac{a-88}{10}\right)$ $\cdots\cdots$ ㉡

$P(X\le 98)=P(Y\le a)$이므로 ㉠=㉡에서

$0.8=\dfrac{a-88}{10}$, $8=a-88$ $\quad\therefore\ a=96$

17 답 ②

확률변수 X가 이항분포 $B\left(100,\ \dfrac{1}{2}\right)$을 따르므로

$E(X)=100\times\dfrac{1}{2}=50$, $\sigma(X)=\sqrt{100\times\dfrac{1}{2}\times\dfrac{1}{2}}=5$

이때 100은 충분히 큰 수이므로 확률변수 X는 근사적으로 정규분포 $N(50,\ 5^2)$을 따르고, $Z=\dfrac{X-50}{5}$이라 하면 확률변수 Z는 표준정규분포 $N(0,\ 1)$을 따른다.

$\therefore\ P(X\ge 55)=P\left(Z\ge\dfrac{55-50}{5}\right)$

$=P(Z\ge 1)$

$=0.5-P(0\le Z\le 1)$

$=0.5-0.3413=0.1587$

18 답 ①

이항분포 $B\left(150,\ \dfrac{2}{5}\right)$를 따르는 확률변수 X의 확률질량함수는

$P(X=x)={}_{150}C_x\left(\dfrac{2}{5}\right)^x\left(\dfrac{3}{5}\right)^{150-x}$ $(x=0,\ 1,\ 2,\ \cdots,\ 150)$

이때

$E(X)=150\times\dfrac{2}{5}=60$, $\sigma(X)=\sqrt{150\times\dfrac{2}{5}\times\dfrac{3}{5}}=6$

이고, 150은 충분히 큰 수이므로 확률변수 X는 근사적으로 정규분포 $N(60,\ 6^2)$을 따르고, $Z=\dfrac{X-60}{6}$이라 하면 확률변수 Z는 표준정규분포 $N(0,\ 1)$을 따른다.

$\therefore\ {}_{150}C_{57}\left(\dfrac{2}{5}\right)^{57}\left(\dfrac{3}{5}\right)^{93}+{}_{150}C_{58}\left(\dfrac{2}{5}\right)^{58}\left(\dfrac{3}{5}\right)^{92}$

$+{}_{150}C_{59}\left(\dfrac{2}{5}\right)^{59}\left(\dfrac{3}{5}\right)^{91}+\cdots+{}_{150}C_{66}\left(\dfrac{2}{5}\right)^{66}\left(\dfrac{3}{5}\right)^{84}$

$=P(57\le X\le 66)$

$=P\left(\dfrac{57-60}{6}\le Z\le\dfrac{66-60}{6}\right)$

$=P(-0.5\le Z\le 1)$

$=P(-0.5\le Z\le 0)+P(0\le Z\le 1)$

$=P(0\le Z\le 0.5)+P(0\le Z\le 1)$

$=0.1915+0.3413=0.5328$

19 답 ②

확률변수 X가 이항분포 $B\left(192,\ \dfrac{1}{4}\right)$을 따르므로

$E(X)=192\times\dfrac{1}{4}=48$, $\sigma(X)=\sqrt{192\times\dfrac{1}{4}\times\dfrac{3}{4}}=6$

이때 192는 충분히 큰 수이므로 확률변수 X는 근사적으로 정규분포 $N(48,\ 6^2)$을 따르고, $Z=\dfrac{X-48}{6}$이라 하면 확률변수 Z는 표준정규분포 $N(0,\ 1)$을 따른다.

$P(45\le X\le k)=0.6247$에서

$P(45\le X\le k)=P\left(\dfrac{45-48}{6}\le Z\le\dfrac{k-48}{6}\right)$

$=P\left(-0.5\le Z\le\dfrac{k-48}{6}\right)$

$=P(-0.5\le Z\le 0)+P\left(0\le Z\le\dfrac{k-48}{6}\right)$

$=P(0\le Z\le 0.5)+P\left(0\le Z\le\dfrac{k-48}{6}\right)$

$=0.1915+P\left(0\le Z\le\dfrac{k-48}{6}\right)$

$=0.6247$

이므로 $P\left(0\le Z\le\dfrac{k-48}{6}\right)=0.4332$

주어진 표준정규분포표에서 $P(0\le Z\le 1.5)=0.4332$이므로

$\dfrac{k-48}{6}=1.5$, $k-48=9$

$\therefore\ k=57$

20 답 ②

얻는 점수의 총합을 확률변수 X라 하자.
한 개의 주사위를 162번 던졌을 때 나온 눈의 수가 3의 배수인 횟수를 확률변수 Y라 하면 그렇지 않은 경우의 횟수는 $162-Y$이므로

$X=2Y+(-1)\times(162-Y)$

$X=3Y-162$, $3Y=X+162$

$\therefore Y=\dfrac{X+162}{3}$

이때 확률변수 Y는 이항분포 $\mathrm{B}\left(162, \dfrac{1}{3}\right)$을 따르므로

$\mathrm{E}(Y)=162\times\dfrac{1}{3}=54$, $\sigma(Y)=\sqrt{162\times\dfrac{1}{3}\times\dfrac{2}{3}}=6$

162는 충분히 큰 수이므로 확률변수 Y는 근사적으로 정규분포 $\mathrm{N}(54, 6^2)$을 따르고, $Z=\dfrac{Y-54}{6}$라 하면 확률변수 Z는 표준정규분포 $\mathrm{N}(0, 1)$을 따른다.

따라서 구하는 확률은

$$\begin{aligned}\mathrm{P}(X\ge 36)&=\mathrm{P}\left(\frac{X+162}{3}\ge\frac{36+162}{3}\right)\\&=\mathrm{P}(Y\ge 66)\\&=\mathrm{P}\left(Z\ge\frac{66-54}{6}\right)\\&=\mathrm{P}(Z\ge 2)\\&=0.5-\mathrm{P}(0\le Z\le 2)\\&=0.5-0.4772=0.0228\end{aligned}$$

03 통계적 추정

45~49쪽

1 ⑤	2 ④	3 ③	4 ⑤
5 ④	6 ④	7 ②	8 ①
9 ④	10 ④	11 ③	12 ③
13 ⑤	14 ②	15 ④	16 ②
17 ③	18 ②	19 ②	20 10

1 답 ⑤

$\mathrm{E}(\overline{X})=16$, $\mathrm{V}(\overline{X})=\dfrac{8^2}{16}=4$

$\therefore \mathrm{E}(\overline{X})+\mathrm{V}(\overline{X})=16+4=20$

2 답 ④

$\mathrm{E}(\overline{X})=15$, $\mathrm{V}(\overline{X})=\dfrac{2^2}{4}=1$

$\therefore \mathrm{E}(\overline{X}^2)=\mathrm{V}(\overline{X})+\{\mathrm{E}(\overline{X})\}^2=1+15^2=226$

3 답 ③

$\mathrm{E}(X)=10$, $\mathrm{E}(X^2)=116$이므로

$\mathrm{V}(X)=\mathrm{E}(X^2)-\{\mathrm{E}(X)\}^2=116-10^2=16$

$\mathrm{V}(\overline{X})\ge 3$에서

$\dfrac{16}{n}\ge 3 \qquad \therefore n\le\dfrac{16}{3}=5.333\cdots$

따라서 자연수 n의 최댓값은 5이다.

4 답 ⑤

$\mathrm{E}(\overline{X})=x\ (x>0)$이라 하면 $\mathrm{E}(X)=x$이므로

$$\begin{aligned}\mathrm{V}(X)&=\mathrm{E}(X^2)-\{\mathrm{E}(X)\}^2\\&=29-x^2\end{aligned}$$

이때 표본의 크기가 4이므로

$\mathrm{V}(\overline{X})=\dfrac{29-x^2}{4}$ ······ ㉠

한편, $\mathrm{E}(\overline{X}^2)=26$이므로

$$\begin{aligned}\mathrm{V}(\overline{X})&=\mathrm{E}(\overline{X}^2)-\{\mathrm{E}(\overline{X})\}^2\\&=26-x^2\end{aligned}$$ ······ ㉡

㉠=㉡에서

$\dfrac{29-x^2}{4}=26-x^2$, $29-x^2=104-4x^2$

$x^2=25 \qquad \therefore x=5\ (\because x>0)$

$\therefore \mathrm{E}(\overline{X})=5$

5 답 ④

확률의 총합은 1이므로

$\dfrac{1}{6}+\dfrac{1}{6}+\dfrac{1}{6}+a=1$

$\dfrac{1}{2}+a=1 \qquad \therefore a=\dfrac{1}{2}$

따라서

$E(X)=1\times\frac{1}{6}+2\times\frac{1}{6}+3\times\frac{1}{6}+4\times\frac{1}{2}=3$,

$$V(X)=(1-3)^2\times\frac{1}{6}+(2-3)^2\times\frac{1}{6}+(3-3)^2\times\frac{1}{6}+(4-3)^2\times\frac{1}{2}=\frac{4}{3}$$

이므로

$E(\overline{X})=3$, $V(\overline{X})=\frac{\frac{4}{3}}{4}=\frac{1}{3}$

$\therefore E(\overline{X})+V(\overline{X})=3+\frac{1}{3}=\frac{10}{3}$

6 답 ④

확률의 총합은 1이므로

$\frac{1}{6}+a+b=1$ $\quad\therefore a+b=\frac{5}{6}$ ...... ㉠

$E(X^2)=\frac{16}{3}$에서

$0^2\times\frac{1}{6}+2^2\times a+4^2\times b=\frac{16}{3}$ $\quad\therefore a+4b=\frac{4}{3}$ ...... ㉡

㉠, ㉡을 연립하여 풀면

$a=\frac{2}{3}$, $b=\frac{1}{6}$

$\therefore E(X)=0\times\frac{1}{6}+2\times\frac{2}{3}+4\times\frac{1}{6}=2$,

$V(X)=E(X^2)-\{E(X)\}^2=\frac{16}{3}-2^2=\frac{4}{3}$

$\therefore V(\overline{X})=\frac{V(X)}{20}=\frac{\frac{4}{3}}{20}=\frac{1}{15}$

7 답 ②

확률의 총합은 1이므로

$P(X=-1)+P(X=0)+P(X=1)=1$

$\left(a+\frac{1}{4}\right)+\frac{1}{4}+\left(a+\frac{1}{4}\right)=1$

$2a+\frac{3}{4}=1$, $2a=\frac{1}{4}$ $\quad\therefore a=\frac{1}{8}$

즉, 확률변수 X의 확률분포를 표로 나타내면 다음과 같다.

X	-1	0	1	합계
$P(X=x)$	$\frac{3}{8}$	$\frac{1}{4}$	$\frac{3}{8}$	1

따라서

$E(X)=(-1)\times\frac{3}{8}+0\times\frac{1}{4}+1\times\frac{3}{8}=0$,

$V(X)=(-1-0)^2\times\frac{3}{8}+(0-0)^2\times\frac{1}{4}+(1-0)^2\times\frac{3}{8}=\frac{3}{4}$

이므로

$\sigma(\overline{X})=\sqrt{\frac{\frac{3}{4}}{16}}=\frac{\sqrt{3}}{8}$

8 답 ①

확률변수 X가 가질 수 있는 값은 1, 2, 3이고, 각각의 확률은

$P(X=1)=\frac{3}{6}=\frac{1}{2}$,

$P(X=2)=\frac{2}{6}=\frac{1}{3}$,

$P(X=3)=\frac{1}{6}$

즉, 확률변수 X의 확률분포를 표로 나타내면 다음과 같다.

X	1	2	3	합계
$P(X=x)$	$\frac{1}{2}$	$\frac{1}{3}$	$\frac{1}{6}$	1

따라서

$E(X)=1\times\frac{1}{2}+2\times\frac{1}{3}+3\times\frac{1}{6}=\frac{5}{3}$,

$E(X^2)=1^2\times\frac{1}{2}+2^2\times\frac{1}{3}+3^2\times\frac{1}{6}=\frac{10}{3}$,

$V(X)=E(X^2)-\{E(X)\}^2=\frac{10}{3}-\left(\frac{5}{3}\right)^2=\frac{5}{9}$

이므로

$V(\overline{X})=\frac{\frac{5}{9}}{n}=\frac{5}{9n}$ $\quad\therefore \frac{1}{V(\overline{X})}=\frac{9n}{5}$

따라서 $\frac{1}{V(\overline{X})}$의 값이 자연수이려면 $9n$이 5의 배수이어야 하므로 자연수 n의 최솟값은 5이다.

9 답 ④

이 모집단의 확률분포가 정규분포 $N(10, 6^2)$을 따르므로 표본평균 $\overline{X}$는 정규분포 $N\left(10, \left(\frac{6}{\sqrt{36}}\right)^2\right)$, 즉 $N(10, 1^2)$을 따르고,

$Z=\frac{\overline{X}-10}{1}=\overline{X}-10$이라 하면 확률변수 Z는 표준정규분포 $N(0, 1)$을 따른다.

$$\begin{aligned}\therefore P(|\overline{X}-11|\le 1)&=P(-1\le\overline{X}-11\le 1)\\&=P(10\le\overline{X}\le 12)\\&=P(10-10\le Z\le 12-10)\\&=P(0\le Z\le 2)\\&=0.4772\end{aligned}$$

10 답 ④

이 고등학교 학생들의 하루 수면 시간을 확률변수 X라 하면 X는 정규분포 $N(6, 1^2)$을 따른다.

또한, 이 고등학교 학생 중 임의추출한 36명의 수면 시간의 표본평균을 $\overline{X}$라 하면 $\overline{X}$는 정규분포 $N\left(6, \left(\frac{1}{\sqrt{36}}\right)^2\right)$, 즉 $N\left(6, \left(\frac{1}{6}\right)^2\right)$을 따르므로 $Z=\frac{\overline{X}-6}{\frac{1}{6}}$이라 하면 확률변수 Z는 표준정규분포 $N(0, 1)$을 따른다.

따라서 구하는 확률은

$$\mathrm{P}\left(\frac{17}{3} \le \overline{X} \le \frac{37}{6}\right)=\mathrm{P}\left(\frac{\frac{17}{3}-6}{\frac{1}{6}} \le Z \le \frac{\frac{37}{6}-6}{\frac{1}{6}}\right)$$
$$=\mathrm{P}(-2 \le Z \le 1)$$
$$=\mathrm{P}(-2 \le Z \le 0)+\mathrm{P}(0 \le Z \le 1)$$
$$=\mathrm{P}(0 \le Z \le 2)+\mathrm{P}(0 \le Z \le 1)$$
$$=0.4772+0.3413=0.8185$$

11 답 ③

이 공장에서 생산되는 배터리 1개의 수명을 확률변수 X라 하면 X는 표준정규분포 $\mathrm{N}(500,\ 30^2)$을 따른다.
또한, 이 공장에서 임의추출한 n개의 배터리의 수명의 표본평균을 $\overline{X}$라 하면 $\overline{X}$는 정규분포 $\mathrm{N}\left(500,\ \left(\frac{30}{\sqrt{n}}\right)^2\right)$을 따르므로

$Z=\dfrac{\overline{X}-500}{\frac{30}{\sqrt{n}}}$이라 하면 확률변수 Z는 표준정규분포 $\mathrm{N}(0,\ 1)$을 따른다.
이때 배터리의 평균수명이 490시간 이상일 확률이 0.9772이므로

$$\mathrm{P}(\overline{X} \ge 490)=\mathrm{P}\left(Z \ge \frac{490-500}{\frac{30}{\sqrt{n}}}\right)$$
$$=\mathrm{P}\left(Z \ge -\frac{\sqrt{n}}{3}\right)$$
$$=\mathrm{P}\left(Z \le \frac{\sqrt{n}}{3}\right)$$
$$=0.5+\mathrm{P}\left(0 \le Z \le \frac{\sqrt{n}}{3}\right)$$
$$=0.9772$$

$\therefore\ \mathrm{P}\left(0 \le Z \le \frac{\sqrt{n}}{3}\right)=0.4772$

주어진 표준정규분포표에서 $\mathrm{P}(0 \le Z \le 2)=0.4772$이므로

$\frac{\sqrt{n}}{3}=2,\ \sqrt{n}=6$

$\therefore\ n=36$

12 답 ③

표본평균 $\overline{X}$는 정규분포 $\mathrm{N}(0,\ 4^2)$을 따르는 모집단에서 크기가 9인 표본을 임의추출하여 구한 것이므로 $\overline{X}$는 정규분포 $\mathrm{N}\left(0,\ \left(\frac{4}{\sqrt{9}}\right)^2\right)$, 즉 $\mathrm{N}\left(0,\ \left(\frac{4}{3}\right)^2\right)$을 따른다.

표본평균 $\overline{Y}$는 정규분포 $\mathrm{N}(3,\ 2^2)$을 따르는 모집단에서 크기가 16인 표본을 임의추출하여 구한 것이므로 $\overline{Y}$는 정규분포 $\mathrm{N}\left(3,\ \left(\frac{2}{\sqrt{16}}\right)^2\right)$, 즉 $\mathrm{N}\left(3,\ \left(\frac{1}{2}\right)^2\right)$을 따른다.

$Z_{\overline{X}}=\dfrac{\overline{X}-0}{\frac{4}{3}},\ Z_{\overline{Y}}=\dfrac{\overline{Y}-3}{\frac{1}{2}}$이라 하면 두 확률변수 $Z_{\overline{X}},\ Z_{\overline{Y}}$는 모두 표준정규분포 $\mathrm{N}(0,\ 1)$을 따른다.
이때 $\mathrm{P}(\overline{X} \ge 1)=\mathrm{P}(\overline{Y} \le a)$에서

$$\mathrm{P}\left(Z_{\overline{X}} \ge \frac{1-0}{\frac{4}{3}}\right)=\mathrm{P}\left(Z_{\overline{Y}} \le \frac{a-3}{\frac{1}{2}}\right)$$
$$\mathrm{P}\left(Z_{\overline{X}} \ge \frac{3}{4}\right)=\mathrm{P}(Z_{\overline{Y}} \le 2a-6)$$
$$\mathrm{P}\left(Z_{\overline{X}} \ge \frac{3}{4}\right)=\mathrm{P}(Z_{\overline{Y}} \ge 6-2a)$$

이므로

$\frac{3}{4}=6-2a$

$2a=\frac{21}{4}$

$\therefore\ a=\frac{21}{8}$

13 답 ⑤

표본평균이 90, 모표준편차가 20, 표본의 크기가 16이므로 모평균 m에 대한 신뢰도 95 %의 신뢰구간은

$$90-1.96\times\frac{20}{\sqrt{16}} \le m \le 90+1.96\times\frac{20}{\sqrt{16}}$$

$\therefore\ 80.2 \le m \le 99.8$

따라서 구하는 자연수의 개수는
81, 82, 83, ⋯, 99의 19

14 답 ②

표본평균이 50, 모표준편차가 10, 표본의 크기가 25이므로 모평균 m에 대한 신뢰도 95 %의 신뢰구간은

$$50-1.96\times\frac{10}{\sqrt{25}} \le m \le 50+1.96\times\frac{10}{\sqrt{25}}$$

$\therefore\ 46.08 \le m \le 53.92$

따라서 $\alpha=46.08,\ \beta=53.92$이므로
$2\beta-\alpha=2\times53.92-46.08=61.76$

15 답 ④

표본평균의 값을 $\overline{x}$라 하고 모표준편차가 σ, 표본의 크기가 n이므로 모평균 m에 대한 신뢰도 99 %의 신뢰구간은

$$\overline{x}-2.58\times\frac{\sigma}{\sqrt{n}} \le m \le \overline{x}+2.58\times\frac{\sigma}{\sqrt{n}}$$

위의 신뢰구간이 $57.1 \le m \le 82.9$이므로

$\overline{x}-2.58\times\frac{\sigma}{\sqrt{n}}=57.1$ ⋯⋯ ㉠

$\overline{x}+2.58\times\frac{\sigma}{\sqrt{n}}=82.9$ ⋯⋯ ㉡

㉡−㉠을 하면

$2\times2.58\times\frac{\sigma}{\sqrt{n}}=25.8$ $\quad\therefore\ \frac{\sigma}{\sqrt{n}}=5$

한편, 모평균 m에 대한 신뢰도 95 %의 신뢰구간은

$\overline{x}-1.96\times\frac{\sigma}{\sqrt{n}}\le m\le\overline{x}+1.96\times\frac{\sigma}{\sqrt{n}}$

$\therefore\ \overline{x}-1.96\times5\le m\le\overline{x}+1.96\times5$

따라서 $a=\overline{x}-1.96\times5$, $b=\overline{x}+1.96\times5$이므로

$b-a=(\overline{x}+1.96\times5)-(\overline{x}-1.96\times5)=19.6$

16 답 ②

전기 자동차 100대를 임의추출하여 얻은 1회 충전 주행 거리의 표본평균이 $\overline{x_1}$이므로 모평균 m에 대한 신뢰도 95 %의 신뢰구간은

$\overline{x_1}-1.96\times\frac{\sigma}{\sqrt{100}}\le m\le\overline{x_1}+1.96\times\frac{\sigma}{\sqrt{100}}$에서

$\overline{x_1}-1.96\times\frac{\sigma}{10}\le m\le\overline{x_1}+1.96\times\frac{\sigma}{10}$

$\therefore\ a=\overline{x_1}-1.96\times\frac{\sigma}{10}$, $b=\overline{x_1}+1.96\times\frac{\sigma}{10}$

전기 자동차 400대를 임의추출하여 얻은 1회 충전 주행 거리의 표본평균이 $\overline{x_2}$이므로 모평균 m에 대한 신뢰도 99 %의 신뢰구간은

$\overline{x_2}-2.58\times\frac{\sigma}{\sqrt{400}}\le m\le\overline{x_2}+2.58\times\frac{\sigma}{\sqrt{400}}$에서

$\overline{x_2}-2.58\times\frac{\sigma}{20}\le m\le\overline{x_2}+2.58\times\frac{\sigma}{20}$

$\therefore\ c=\overline{x_2}-2.58\times\frac{\sigma}{20}$, $d=\overline{x_2}+2.58\times\frac{\sigma}{20}$

이때 $a=c$이므로

$\overline{x_1}-1.96\times\frac{\sigma}{10}=\overline{x_2}-2.58\times\frac{\sigma}{20}$

$\overline{x_1}-\overline{x_2}=0.067\sigma$

또한, $\overline{x_1}-\overline{x_2}=1.34$이므로

$0.067\sigma=1.34\qquad\therefore\ \sigma=20$

$\therefore\ b-a=2\times1.96\times\frac{\sigma}{10}=2\times1.96\times2=7.84$

17 답 ③

표본평균이 70, 모표준편차가 σ, 표본의 크기가 25이므로 모평균 m에 대한 신뢰도 95 %의 신뢰구간은

$70-1.96\times\frac{\sigma}{\sqrt{25}}\le m\le70+1.96\times\frac{\sigma}{\sqrt{25}}$

위의 신뢰구간이 $66.08\le m\le73.92$이므로

$70+1.96\times\frac{\sigma}{\sqrt{25}}=73.92$

$1.96\times\frac{\sigma}{5}=3.92\qquad\therefore\ \sigma=10$

18 답 ②

표본평균이 $\overline{x}$, 모표준편차가 6, 표본의 크기가 n이므로 모평균 m에 대한 신뢰도 99 %의 신뢰구간은

$\overline{x}-2.58\times\frac{6}{\sqrt{n}}\le m\le\overline{x}+2.58\times\frac{6}{\sqrt{n}}$

위의 신뢰구간이 $7.42\le m\le12.58$이므로

$\overline{x}-2.58\times\frac{6}{\sqrt{n}}=7.42\qquad\cdots\cdots$ ㉠

$\overline{x}+2.58\times\frac{6}{\sqrt{n}}=12.58\qquad\cdots\cdots$ ㉡

㉠+㉡을 하면

$2\overline{x}=20\qquad\therefore\ \overline{x}=10$

㉡−㉠을 하면

$2\times2.58\times\frac{6}{\sqrt{n}}=5.16$

$\sqrt{n}=6\qquad\therefore\ n=36$

$\therefore\ \overline{x}+n=10+36=46$

19 답 ②

표본평균이 101, 모표준편차가 σ, 표본의 크기가 16이므로 모평균 m에 대한 신뢰도 95 %의 신뢰구간은

$101-1.96\times\frac{\sigma}{\sqrt{16}}\le m\le101+1.96\times\frac{\sigma}{\sqrt{16}}$

위의 신뢰구간이 $100.51\le m\le a$이므로

$101-1.96\times\frac{\sigma}{\sqrt{16}}=100.51$에서

$0.49\times\sigma=0.49\qquad\therefore\ \sigma=1$

$\therefore\ a=101+1.96\times\frac{1}{\sqrt{16}}=101.49$

$\therefore\ a+\sigma=101.49+1=102.49$

20 답 10

표본평균의 값을 $\overline{x}$라 하면 모표준편차가 σ, 표본의 크기가 64이므로 모평균 m에 대한 신뢰도 95 %의 신뢰구간은

$\overline{x}-1.96\times\frac{\sigma}{\sqrt{64}}\le m\le\overline{x}+1.96\times\frac{\sigma}{\sqrt{64}}$

위의 신뢰구간이 $a\le m\le b$이므로

$a=\overline{x}-1.96\times\frac{\sigma}{\sqrt{64}}$, $b=\overline{x}+1.96\times\frac{\sigma}{\sqrt{64}}$

이때 $b-a=4.9$이므로

$\left(\overline{x}+1.96\times\frac{\sigma}{\sqrt{64}}\right)-\left(\overline{x}-1.96\times\frac{\sigma}{\sqrt{64}}\right)=4.9$

$2\times1.96\times\frac{\sigma}{\sqrt{64}}=4.9$

$0.49\times\sigma=4.9\qquad\therefore\ \sigma=10$